U0124627

追风暴的人

[美] 马修·卡普奇 著
Matthew Cappucci

姜昊骞 译

Looking Up

The True Adventures of a
Storm-Chasing Weather Nerd

中信出版集团 | 北京

图书在版编目（CIP）数据

追风暴的人 / （美）马修·卡普奇著；姜昊骞译
. -- 北京：中信出版社，2023.11
ISBN 978-7-5217-5629-6

I. ①追… II. ①马… ②姜… III. ①气候学－普及
读物 IV. ① P46-49

中国国家版本馆 CIP 数据核字（2023）第 157162 号

追风暴的人

著者： [美]马修·卡普奇
译者： 姜昊骞
出版发行：中信出版集团股份有限公司
（北京市朝阳区东三环北路 27 号嘉铭中心 邮编 100020）
承印者： 嘉业印刷（天津）有限公司

开本：880mm×1230mm 1/32 印张：10.5
插页：12 字数：227 千字
版次：2023 年 11 月第 1 版 印次：2023 年 11 月第 1 次印刷
京权图字：01-2023-4452 书号：ISBN 978-7-5217-5629-6
定价：69.80 元

↑ 2013 年 6 月 24 日晚上，我的神经高度紧张。第二天，我就要乘飞机去纳什维尔，在美国气象学会的会议上进行首次发言。大气向我展露善意，上演了多年来科德角湾最丰富的一次闪电盛宴，不仅分散了我的注意力，也缓解了我的恐惧。每分钟有多达 60 次云对地闪电击中水面。妈妈开车带我去了海滩，我则摆弄着 20 美元的柯达傻瓜相机。我之前从没听说过 "长时间曝光"，但我鬼使神差地拍下了这张照片。从此，我就迷上了摄影。

↑ 2014 年 2 月 21 日，不寻常的温和空气造访新英格兰南部，接下来就是强烈的冷锋，气温从 50 多华氏度骤降至 30 多华氏度（从约 10 摄氏度降到约零下 1 摄氏度）。冷锋引发了一连串强雷暴，伴有阵风和频繁的闪电。这些风暴是线性的，意味着存在广阔的水平电场，而且有可能出现蜘蛛闪电。我幸运地拍下了这张既有闪电，又有地面残雪的照片。

↑ 2017 年 5 月 16 日，俄克拉何马州塞尔市附近，我第一次见到"真正"的超级单体雷暴。它是孤立的单体，转得像陀螺一样。这座螺旋高塔向内卷入空气，形成两条形如手臂的"入流"通道。照片拍摄时，风暴底部下方正在下垒球大小的冰雹。风暴中央能看见下沉的云墙，云墙最终触及地面，在埃尔克市形成了一场裹在雨中的致命 EF2 级龙卷风。

↑ 火积云是一种雷暴云，源于野火释放出的热量。图中的火积云摄于 2018 年 5 月 12 日，当时我正在俄克拉何马州埃尔克市。我本来是在俄克拉何马市南郊的穆尔，但烟云刚刚开始喷射闪电，我就马上往西疾驰了 2 小时的路程。我目睹了人生中见过的最具异世界风情、形似荷包的"乳状云"，一个个下沉气团从暗淡的雷雨云砧垂了下来。

↑ 在埃尔克市附近追踪由火灾引发的雷暴时，我被铁锈色烟流中滚滚而上的焦褐色调所震撼。我本来想拍落日，结果却有一道近距离的紫色闪电乱入画面中央，效果比我追求的目标还要好。

↑ 这张幸运的照片来自 2019 年 5 月 17 日，内布拉斯加州麦库克龙卷风形成前夕。云墙的前部和中部都明显可见。图中能看见一片没有乌云的"晴空隙"像拳头一样冲入环流，那里的侧后下沉气流在环绕收紧，把龙卷风"挤"出来。2 分钟不到，底部的漏斗云就接触到了地面。

← 玻利维亚的乌尤尼盐沼是世界上最大的盐滩，面积约 4 000 平方英里（约合 10 360 平方千米），冠绝全球。几乎纯平的亮白色表面使它成为卫星校准的理想参照物。海市蜃楼是荒漠环境中的常见景象，包括我亲历的这一次，山和车仿佛飘浮在空中。远处的雷雨云砧其实位于数百英里外的巴西热带雨林上空。

↑ 这幅广角镜头拍摄的照片展示了教科书级的风暴结构——倒转的龙卷风被拉往东北方向，明亮的"晴空隙"使漏斗云"窒息"，旋风和尾随的侧后下沉气流共同掀起了一道尘墙。

↑ 2019 年 5 月 17 日的第二场龙卷风，位于内布拉斯加州斯托克维尔附近。我前方大约 100 英尺（合 30.48 米）外的地里能看见几处溅起来的水花，那是鸡蛋大小的冰雹砸在了积水的草丛里。

↑ 2019 年 5 月 22 日，俄克拉何马州奥克马尔吉附近，云墙从超级单体风暴的底部降下，这里后来出现了一场短暂的 EF0 级龙卷风。我当时刚刚跟凯比见完面，正和迈克尔一起飞速南下，拦截这场风暴。

↑ 2019 年 6 月 4 日,新墨西哥州克洛维斯上空注定会相撞的两道风暴边界。照片拍摄时,我正在一条干线正下方——前景里的云就是这么来的。背景中的高层积云固定在即将抵达的冷锋沿线。

↑ 风暴的两道边界终于在克洛维斯相撞了,产生了一连串严重雷暴,降下瓢泼大雨,不断有闪电击中空旷的灌木丛,每次击中的地面范围都很小。

↑ 2019 年 6 月 5 日，一场边界外沙尘暴逼近得克萨斯州拉伯克。沙尘暴（更确切地说是"哈布沙暴"）一般发生在美国西南部荒漠地带。

↑ 2019 年 7 月 2 日日全食，摄于智利比库尼亚东北部山村。几秒钟后，我们摘下了护目镜。图中能看到日冕（即太阳大气）从月球投下的阴影背后向外伸展。"贝利珠"，也就是直射阳光的最后残余，已经汇聚成了"钻石环"。

↑ 从附近山上拍摄的日全食远景照片。因为太阳只在地平线上11度，所以比较容易让太阳和如画的地貌背景同框。月影可以在中上部位看到，直径约为90英里（约合144.8千米）。

↑ 2020年5月13日，时速60英里（约合96.6千米）的风吹过俄克拉何马州西南部的一片土地，周围是一场降下冰雹的重度雷暴。炽红的落日从云底下方探出，美好的时刻，平静的瞬间。

↑ 2020 年 5 月 22 日，经典的母舰超级单体降临得克萨斯州伯克伯内特附近。我当时正站在 20 英尺（约合 6.1 米）高的沙堆上，祈祷自己不要被闪电击中。祈祷看来奏效了，因为我还活着，更有这张凶险的照片为证。右下角高压线旁边的漏斗云最后形成了短暂的 EF0 级龙卷风。

↑ 2020 年 6 月 4 日，南达科他州拉皮德城东南方向形似魔毯的"雹雾"。远处能看见又一个下着大冰雹的超级单体雷暴正尾随而来。

↑ 2021 年 3 月 20 日，阿拉斯加航空 234 号航班，北极光正在阿拉斯加州中部上空舞动。艾伦已经乘坐前一班飞机抵达西雅图，而我正在 35 000 英尺（合 10 668 米）高空掠过天堂的下层。

↑ 我和艾伦去费尔班克斯城东 62 英里（约合 99.8 千米）外的切纳温泉泡澡，回城路上遇到了光柱。

→ 2021 年 4 月 23 日，我赶在对流初生之前将防雹罩安到了汽车上。

↑ 2021 年 4 月 23 日，降临在得克萨斯州洛克特附近的云墙，不久便产生了一场龙卷风。

↑ 2021 年 4 月 23 日，烟囱状 EF2 级龙卷风席卷得克萨斯州洛克特附近田地。我们来迟了——我们从西边过来的时候，龙卷风已经越过马路，天上已经往下落玉米皮了——但晚来总比没来强。

↑ 2021 年 4 月 23 日，得克萨斯州洛克特附近的第二场龙卷风。烟尘飞扬的漏斗云像大象喝水一样吸起红土。在我拍下这张照片后不久，网球大小的冰雹就朝我们砸了过来。

↑ 2021 年 4 月 23 日，俄克拉何马州雷德河周边遭到恶劣天气"围攻"，之后发生了图中的景象，闪电穿过被阳光照亮的雷暴下半部分。

↑ 2021 年 5 月 17 日，得克萨斯州斯特灵城附近的经典超级单体雷暴。我们正看向西面旋转着的上升气流，当时还没有下雨或冰雹。最后，龙卷风周围盘旋起了棒球大小的冰雹。

↑ 由于地表附近存在干燥空气，所以尽管龙卷风已经触地，但我们看不到直通地面的"冷凝漏斗"。

↑ 2021 年 5 月 24 日，堪萨斯州塞尔登附近形成了龙卷风。对我来说，那是一次临时起意的意外追风之行，龙卷风离我住的酒店只有几分钟车程。吊坠漏斗像被裹在一张脏兮兮的灰毯子里面，周围是一圈奇特的海蓝宝石色。

↑ 2021 年 5 月 24 日，一场多涡旋 EF1 级龙卷风扫过堪萨斯州塞尔登的公路。注意看每个漏斗都在绕着同一个中心旋转。每个漏斗都会让局部风速升高，产生受灾更严重的狭长区域。

↑ 2021 年 5 月 24 日，堪萨斯州科尔比，当天经历了多场破坏性的风暴后，漫天乳状云的暮色令人惊叹。凯比和我在"两枚金币墨西哥风味餐厅"吃饭时，室内光线突变，仿佛屋子着火了一样。我们冲到外面，看到东边风暴沐浴在柔和的日光下，正在离去。云砧下方能看见悬着的乳状云。

↑ 2021 年 5 月 26 日上午 10 点前后，堪萨斯州科尔比附近的意外超级单体雷暴。上午出现强力雷暴是极为罕见的。那天上午本来预报说是大部分地区为晴朗天气，结果下起了网球大小的冰雹。

↑ 2021 年 5 月 26 日，堪萨斯州科尔比城北旷野的低降水超级单体，也就是不下雨的自旋风暴。风暴发生半个多小时后，美国国家气象局才发布警报。28 号州际公路以东开阔地带落下了酸橙大小的冰雹。

↑ 堪萨斯州阿特伍德附近，低降水超级单体从头顶经过。

↑ 信仰之跃——2021 年 6 月 18 日，从佛罗里达州泰特斯维尔上空 15 000 英尺（合 4 572 米）跳伞。艾伦紧跟着我跳了下去。

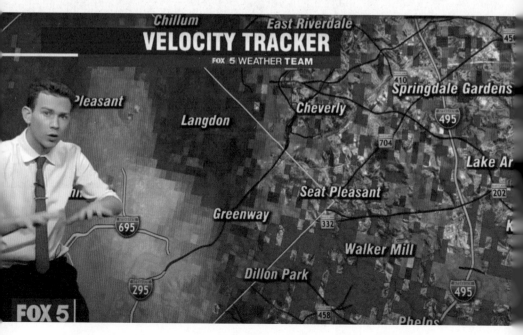

↑ 我的电视节目首秀——福克斯 5 台华盛顿特区分台 2021 年 7 月 1 日晚间龙卷风实时报道。

→ 右图：2021 年 7 月 3 日，我第一次全身出镜做天气预报。

↓ 中图：2021 年 9 月 1 日，一场 EF2 级龙卷风越过维姆斯溪，在马里兰州安纳波利斯附近造成破坏。当时我正沿着罗伊大道行驶。

↓ 下图：2021 年 12 月 28 日，我在福克斯 5 台华盛顿特区分台开心地主持节目。

↑ 2021 年双子座流星雨期间，艾伦和我站在智利阿塔卡马沙漠的一颗流星下。我们左边就是广袤无垠的银河。

↑ 2021 年 12 月 16 日，智利与阿根廷边境的佩里托莫雷诺冰川。

致我的父母——你们生了一个怪小孩，

在他人生的每一步，都给了他全世界。

哪怕这意味着在高速公路上尾随一辆豪车40英里（约合64.4千米），

只为了让5岁的他盯着车看；

在银行换了50美元的硬币，

只为了让7岁的他分堆玩；

在铁路交叉口坐了好长时间，

等待列车驶来，栏杆落下，警示灯亮起；

还在凌晨2点开车载着10岁的他去海滩，

只为了看一场海上暴风雨。

我还向母亲承诺过，

我会在第一次艾美奖获奖感言中向她致谢。

可惜我还没得奖，所以，妈妈啊，

现在先把一本书献给你吧。我们不久就会获得艾美奖。

我大概还要感谢我的妹妹。尽管她比我小4岁，

但我依然（有点儿）害怕她。最起码是她让我保持谦虚。

另外，谨以此书献给华夫屋。赞助费该给了啊！

序言
给中国读者的一封信

中国的朋友们，大家好！我很高兴与大家分享我的故事。我很享受写《追风暴的人》这本书——更享受追风暴的过程。谢谢你们读我的书，与我一同踏上冒险之旅。

我出生于 1997 年，今年 26 岁。我是一名气象学家，也是天气预报员。不过，我不是普通的预报员。我超爱科学的。

我供职于电视台、报纸和广播台，还为一款 App 提供内容，教课则是我的副业。我登上过英国广播公司新闻、德国国家电视台、英国的天空新闻台阿拉伯分站，还有许多其他节目——在世界各地的屏幕上不时亮相。我靠播报天气赚钱，赚的钱用来研究天气。

我的人生不走寻常路。小时候，我一直是个理科迷，朋友不多，家里也很少出门旅行。现在的我环游世界，可谓"朋友遍天下"。在我看来，"人"是人生最重要的东西。人活着不是为了金钱，为了分数，为了光鲜亮丽的头衔，也不是为了得奖受赏。而是为了遇见特别的人，共同创造回忆，分享喜悦和笑容；是为了理解不同背景的人，并向他们学习。

我在美国长大，对中国了解不多。初中历史课不怎么讲中国。上高中的时候，我记得美国政客们讲中国的不好，好像中国是敌人似的。似乎没有人谈中国，除了那些新闻，中国被描绘成一个神秘遥远的国度。我一直很想去中国，看看中国实际是什么样子。

我在哈佛大学读大二的时候，机会来了。我们平常每天都会收到好多邮件，但有一封让我目不转睛——"中国支教行动招募"！项目要求是在春假期间去北京的蒲公英中学做一周教学志愿者，那是北京市大兴区一家服务于贫困家庭儿童的学校。机票费用需自理。我的想法是："去去吧？"

我在线上填写了申请表，就是一个简单的谷歌表格。会问道，"你想来中国的原因是什么？"我敲了几行字，说我多么喜欢教课。这是我的真心话。第二天，我就收到了邀请我与项目负责人面谈的邮件，她是一名叫特丝的学姐。邮件左上角是她的真人头像，看上去非常正式、"官方"。我打了个腹稿，希望给对方留下一个好印象。

等到见面的时候，我非常紧张。我把青绿色的 Polo 衫熨了一遍，还提前抚平了裤子的褶皱。她让我去哈佛大学的教育学研究生院找她。第二天，我上了摆渡车，到的时间跟约的时间相差不到一分钟。

"你就是马修吧？"一个精灵般的声音从笔记本电脑后面传了过来。特丝坐在一个高高的桌子旁，背对窗户。她体格娇小，戴眼镜，细长脸，不过看着挺和气，笑容热情宜人。

她也没那么吓人嘛！我心想。结果她就比我大一个年级，还跟我住一栋宿舍楼。我们在随和的气氛中聊了聊中国、行程还有教学安排。她不停地在电脑上做笔记。我不知道她记了什么，希望是好话吧。

到现在，6 年过去了，特丝是我最好的朋友。我们多次同行历险。她把我逗笑的次数比世界上任何一个人都多。中国是我最喜欢去的地方之一。我去过中国 4 次，几乎走遍了全国各大城市。我喜欢上海浦东的磁浮列车，在西安品尝到的川菜，还有成都超棒的大熊猫。中国的基建、科技和发展都很了不起。中国的文化底蕴深厚，人们也特别友善。我做过将近 100 次演讲，线下观众超过 20 万人次——线上观看数有 150 万。

不过，我还注意到一点——在中国，每个人工作都太拼了，大家几乎不怎么能休息。各方面都要争个第一，要比朋友厉害，要光宗耀祖。孩子们用功到半夜，大人为了名声、奖项和功业奋斗。我能理解这种欲望。毕竟，我就是这么过的！

不过，我最终明白，生活的意义要宽广得多。获得金钱，在职场或学业上获得尊重，这很有意义——但更重要的是与他人的共同经历。我从我遇到的人身上学到的东西，要远远多于课堂上学到的。我还追随了我的热爱，哪怕我爱的东西很怪。（像我一样喜欢天气的人可不多！）

说到底，如果你心里爱的是文学，那数学拿第一有什么好的呢？我们不会用跑得多快来评判一个获奖的钢琴家。每个人都有属于自己的天赋和热爱。因此，我们必须自己定义成功。生活是为了自我定义的成功，而不是社会对你的期待，或者往上爬的欲望。每个人追求的都是自己的幸福。

我记得 2019 年 1 月在武汉做的那场励志演讲。我当时和我的波兰朋友米哈乌在一起，有一个母亲拉着两岁儿子的手来找我。小男孩身穿一件哈佛大学的毛衣，年纪太小，还不会说话。他妈妈对我说："他的梦中情校是上哈佛大学。"

不，不是的！我心里想。他哪有什么梦中情校！他连话都不会说啊！回顾这段经历，我为男孩感到一丝悲伤。他年纪那么小，连自己的梦都理解不了，就被塞进了另一个人的梦里。

我上哈佛大学是因为学费低，不是仅仅因为我想要名校的学位。说实话，哈佛大学的课没那么不同凡响。哈佛大学有魔力的地方是遇见的人——比如特丝。是这些人让生活变得难忘。

我希望我的读者明白，我们活着不只是为了考试的分数，也不是为了高考的成绩。高考和上学都极其重要，但它们并不意味着一切。幸福不一定非要读最好的工科，或者进法学院。家长也需要理解这一点。

我有好多门课如大气科学、数学和动力学都上得很吃力，分数也不好看。好像是个人都比我强。人生差不多也总是这样。电视里有人说话比我犀利，或者长得比我帅。但很少有人有我这样的天赋组合，所以观众才来看我。

当回望自己的人生，我对冒险经历的记忆不计其数——追逐龙卷风，跳伞，在篝火旁和朋友们畅饮，或者突然无预告地跑回家。我不记得方程、教材，或者谁比我哪一门学得好啊。

令我惊讶的是，生活中我以为最麻烦的事，到头来却是最容易的；而我预计最简单的事，结果倒是最困难的。我以为难的是从哈佛大学毕业，制订气象学方向的课程，找工作，赚钱。其实难的不是这些。一件事做成了，别的事也能做成。

但我以为简单的事却不好做。我最大的目标就是成家，这个比什么目标都重要。我想要伴侣、孩子和一条狗。我想要的伴侣也得是我的长期冒险搭档。我想带家人一起去每一次旅行——没准儿还会来中国！我希望和家人一起看流星雨，一起爬火山，一起横渡地中海，一起在星空下露营。我想要有人一起来场说走就走的旅行，可能在家门口，也可能在环球旅行的路上。我想要一个人容忍和接纳我的怪癖，有灿烂的笑容，还有无尽的幽默感。

我渐渐相信人生是有计划的。该发生的就会发生。宇宙给予我们一切所需，虽然当下所欲未必圆满，但只要我们坚持自己的道路，那长远里终将得到丰厚的喜乐。

翻开书，开始阅读，我们一起踏上冒险之旅吧！请记住——你的自我价值不是与某个数字绑定，不管是分数还是薪酬。你不一定要按照别人定义的幸福去做到最好。你必须定义自己的幸福。

目　录

第一章　开端

　　如果你想克服怕坐飞机的毛病，不妨去坐坐始发于波士顿，终点到华盛顿特区，散发着臭汗味的双层长途客车，全程 10 个小时，药到病除。那是 2012 年 7 月，我的朋友们夏天要么是去少年足球比赛当球童，要么是去当裁判，而我正要去天气夏令营。对，这个活动是真实存在的。

　　我当时 14 岁，刚刚在马萨诸塞州科德角市（Cape Cod）上完高一。这不是我第一次参加与众不同的活动了。

　　大多数小学生课余时间都在换游戏王卡片（Yu-Gi-Oh！）或者彩色橡皮筋（Silly Bands）；[1] 我则是眼睛盯着天，手下记笔记。我二年级时最好的朋友是班主任和学校办公室的老师。（首席秘书蒙斯卡女士的桌子上有一台糖豆机，我每天早晨都去那里，从未缺席。）

　　我的同学都有 PS 游戏主机，但我把初领"圣餐"后领到的钱拿去买了台笨重的相机。只要远方传来隆隆雷声，我就会飞奔到车库，跨上自行车，绕着小区来一场随性的"风暴追逐赛"。虽然我拍摄的

1　游戏王卡片是日本厂商科乐美 1999 年推出的集换式卡牌，改编自同名动漫。"Silly Bands"是一种由硅胶制成的彩色橡皮筋，有动物、数字、字母等多种图案，可以戴在手腕上。——译者注（若无特殊说明，本书页下注释皆为译者注）

影像达不到《国家地理》杂志的水准，但毕竟是个好的开始。

"爸爸，我又拍到闪电了，"还在上二年级、口齿不清的我欢呼道，我那台笨相机完全没拍到要拍的放电现象，"是粉色的。"接下来，我给看着我的"听众们"讲解带状闪电的原理，什么是云墙，云为什么是黑色的。虽然我在波士顿郊区长大，但我听上去活像个大平原[1]上的播报员。从那时起，我的热情从未减弱，更不曾离去，反而伴着我一同走向成熟。

我四年级时的班主任是德洛伦索老师，我每天都在晨会上给同学们预报天气。到了运动会和课间休息时，我的天气预报会通过广播响彻印第安溪小学。9岁的我会凌晨2点跑到父母床边，拍着他们的肩膀，把他们从沉睡中唤醒。他们都习惯了。我哀求道："咱们去海滩吧？"我渴望那里的景色，看到什么都行。

我每年生日都会把全家人叫到门口的院子，大家一起躺在毯子上，凝视英仙座流星雨划过天际。要是天气预报说有雷雪，我能一连好几天不睡觉。

初中时光也差不多。别的孩子都是打球，玩电子游戏《使命召唤》，我是背化学元素周期表，暑假除草剪树，赚钱买笔记本电脑。七年级的时候，我报名参加了"助人学习班"，授课教师是知名科普人士沃伦·菲利普斯（Warren Phillips），他那年入选了美国教师名人堂。那是一个关键的转折点。

菲利普斯先生的课程结合了服务学习与科学探究，他在课堂上不断拓展可能性的边界。他带着我们每个人做凝胶电泳，开展了一项雄

1　指美国中央大平原，是美国重要的农牧业区。

心勃勃的全校资源回收活动，还有最重要的一件事，他拿到了资金做一档学生新闻节目。第一次开机刚 3 秒，我就不能自拔了。

事实证明，初中并不适合致力于长大做科学家的怪小孩。我在这里显得格格不入。我深受校领导和老师们的喜爱——尤其是科学部老师，但我没有跟同学们打成一片，这是当然的了。大多数人沉溺于电视剧和手游《涂鸦跳跃》。八年级快上完一半的时候，我就在想办法转学了。

转学的目标是斯特吉斯高中，这是一所位于马萨诸塞州海恩尼斯市（Hyannis）的特许学校[1]，离我老家普利茅斯（没错，就是"五月花"号朝圣者登陆的地方）大约 30 分钟车程。斯特吉斯高中有一个煽情的称号——"异类的孤岛"，素有兼容并包的名声（或许连我也能融入）。此外，学术水准也是首屈一指。

斯特吉斯高中改建自一座家具城，使用的连接件或许是胶带和泡泡糖。每逢雨雪天气，屋顶就会漏水。校内没有食堂和体育馆，美术教室是学校在邻街买下的一栋房屋。校园无甚可观。有一年寒假，有人把香蕉落在了储物柜里，引发了一场果蝇虫灾，直到 1 月份才被发现。为了除虫，校方决定到处摆放苹果醋，醋碟很快就被打翻了，弄得走廊一年多都黏黏糊糊的。

因为学校旁边就是一排店铺、餐厅和美术馆，所以楼里经常有一时兴起，进来闲逛的游客。学校大厅里不时会有人遛狗。建筑构造像迷宫一样。

老师们同样不同凡响。我的历史老师说话是"朝圣腔"，偶尔还

---

1 美国 1991 年之后出现的一种民营学校类型，可以不受部分教育行政法规的约束。又译"宪章学校"。

会代入角色。还有个历史老师动不动脑袋上扣着个滤锅，假装自己是苏联卫星"斯普特尼克"。西班牙语老师刚过 22 岁。开学第一天，蓄着小胡子的美术老师挥舞着锤子和无针订书机冲进教室。化学老师有时一边躺在地上划动手脚，一边讲课，样子活像"雪天使"[1]，说是他"腰不好"。物理老师卡拉先生什么话都说得出——开起玩笑是百无禁忌。数学老师课上到一半会跑回家里，确保炉子关好了。

学校没有配货车，于是就用一台别人捐的车来回拉乐队和学生会的物料，管理员给它起了个昵称——"爬墙车"。我们每年 3 月份会搞一场义卖会，名叫"粘老师"，学生只要花 5 美元就能用胶带把一名老师粘到墙上。有一年，我们不小心把数学老师邓尼根 - 阿特利粘到了学校门口的电线杆上，他两条胳膊向外伸展，有点像受难的耶稣……结果那天正好是耶稣受难日。（《科德角时报》撰文表示反对。）我们闹出的另一桩新闻是，印了 400 本学校年鉴，上面赫然写着"斯特吉斯特许公立学校"。那没准儿是我的错，也没准儿不是。

那是一所不走寻常路的怪学校，人人都和我一样怪。不到一个礼拜，我就知道自己找到"组织"了。

* * *

在斯特吉斯学校的高一时光即将结束，我则要前往首都，参加霍华德大学举办的为期两周的天气夏令营活动。几乎不知疲倦的母亲搜遍了互联网，才终于"找到了适合我的地方"。夏令营活动由美国国

---

1 躺在雪地上摆动手脚，在雪上留下的痕迹有些像长着翅膀的天使，故名。

家海洋大气管理局（NOAA）资助，以沉浸式课程为特色，负责人是一位曾在美国国家气象局工作的专家。

更重要的是，它能让我置身于其他十几名像我一样沉迷于天气的"书呆子"之间。有生以来第一次，我对天气不可动摇的迷恋会成为身边人的常态。我知道我非报名不可。几周后，我与装得鼓鼓囊囊的大号文件夹吻别，手指交叉，开始等待。之后的一个月里，我每天都会查看邮箱。终于，喜讯来了——唯一的问题是，我们必须自己想办法去华盛顿。

我把消息告诉高中校车司机时，她对我说："试试超级巴士[1]吧！"（因为斯特吉斯高中是特许学校，所以我们得自行租车和聘请司机。）她名叫乔治，我们下午坐车时日常能听到她路怒症发作的污言秽语，还有大声的咆哮。她开车的时候要么是发短信，翻多伦多道明银行的手机应用软件，要么就是散播可疑的人生建议。但当她提到坐车去华盛顿只要 5 美元的时候，我留心了。

那是我第一次离开家乡，我有一点害怕。我那圣人一般的母亲同意陪我去华盛顿，看样子对坐大巴沿着美国东北走廊铁路线的旅程满怀激情。7 月初的一天上午，我们动身前往波士顿南站，洋溢着对实惠票价的兴奋之情。我们还不知道自己即将陷入怎样的境地。

90 分钟后，硕大无朋的双层大巴缓缓驶入车站，一股柴油烟味，还有车内厕所"蓝冰"的味道。一群群乘客蜂拥上车，乱糟糟地把行李堆在司机那里，还要求司机把车底下的储物空间打开。我和妈妈登上了超重型客车的二层。（我们被人流挤到了后排，但好在离上下层

---

1 超级巴士（Megabus），一家长途客车公司。

连接处的楼梯位置不远——谁让超级巴士的司机惯常往狭窄的立交桥上乱钻呢。）

用"可怕"来形容这次旅程都算是低估。旅程很快就演变成了连绵不断的头疼，但不知怎的，这一切反而让我对第一次参加天气夏令营更兴奋。

中途休息期间，一名女乘客在汉堡王下了车。之后，我们在康涅狄格州尤宁（Union）又走了半个小时的回头路。由于纽约市内的交通状况，车晚点了90分钟。到了纽瓦克（Newark），一层厕所的水漫到了地上。在新泽西州霍博肯市（Hoboken），有个人企图搭便车。没过多久，有两个女人差点因为一副失窃的墨镜打起来。我左边的女乘客觉得我是个合适的诬陷对象。

由于空调故障，车内温度在费城升到了109.2华氏度（约合42.9摄氏度）。我之所以知道温度，是因为带了一个便携温度计。在无法忍受的热浪中抵达华盛顿时，我的感受是饥肠辘辘，头晕目眩。

刚到华盛顿，我的心情马上就变成了单纯的惊骇。我离家400英里（约合640千米），刚刚拿到了人生中的第一台手机，然后被丢在了一个陌生的地方，身边全都是陌生人。现实来得太快了。吃完鸡柳和碱水软面包后，我断断续续地睡了一觉，对接下来要发生的事情忧心忡忡。

第二天早晨，我迷茫地盯着餐盘，精神紧绷，连一片培根都吃不下。（认识我的人都会马上意识到，此事非同小可。）到了大约10点钟，我和妈妈乘地铁前往霍华德大学，我打算在那里跟她道别。父母不在身边我倒是不怕，但与11个同龄人朝夕相处让我害怕。

项目负责人做完介绍后，我的心情并没有多少好转。接下来是领队，气象学家迈克·莫吉尔（Mike Mogil）发言。他刚说了一句话，我就蹦起来叫了一声，好像裤子着火了似的。我兜里有东西在振动和尖叫。所有人都扭头看我。

我突然想起来，我带着美国国家海洋大气管理局的便携天气警报器。我脸唰地一下红了，想找个地缝钻进去。我赶忙小声道歉，想把仍然在响的警报器静音。

"等等，"莫吉尔先生说，"现在有警报了吗？"他伸手示意我把警报器给他。

合成语音"完美保罗"[1] 尖声说道："国家气象局发布第 413 号强雷暴预警，预计将持续至今晚 9 时。"屋内爆发出阵阵喊声与欢呼声，莫吉尔先生咧嘴笑了。

他朗声道："欢迎来到天气夏令营！"我一瞬间就明白，我来到了属于自己的天然栖息地。

我身边的孩子们和我一样对雷暴预警激动万分。几个小时后，我在分析下午 3 点的气象数据，身边围着 6 名营员，听我解释笔记本电脑屏幕上不断传入的图表数字。我人生中最神奇的两周就这样开始了。由于从小就迷恋天气，我成了伙伴里的明星，莫吉尔先生还邀请我参加当年夏天在波士顿举办的美国气象学会年会。我发誓第二年不仅要参会，还要发言。

目睹来自各种背景的气象学家发言后，我就知道自己的痴迷不是怪癖了。高二期间，我将自己的成果整理成了一份摘要，题为"与外流边界相关的水龙卷：远程探测与警报"。2013 年 1 月，我将它提交

1　1983 年，美国数字设备公司（DEC）推出了语音合成器，内置了多款语音包，默认设置就是"完美保罗"（Perfect Paul）。

给美国气象学会审阅。到了 3 月，我就订好去纳什维尔的票了。

但我当时才 15 岁，这意味着我不能订旅馆，不能租车，甚至不能独自坐飞机。我知道我能行，但社会不允许。幸好妈妈同意陪我去。

因为酒店里全都是气象学家，所以每一次坐电梯，每一次在走廊的眼神交汇，每一次早餐排队，都变成了快捷版的人脉搭建活动。但没人想跟我说话，毕竟，我怎么会是气象学家呢？他们默认是找我妈妈，一位在波士顿儿童医院工作多年的儿科护士。她能把摔了大跟头的鸡蛋胖胖[1]缝好，让他起死回生，但云彩和水蒸气是**我的**强项。我觉得自己像是妈妈的影子。

我静静地在会场转了两天，一直遭受冷眼，只有一个出身小镇的气象观测员可怜我，偶尔跟我客套几句。接下来是周三。我在后排检查自己的演示文稿，一言不发，确定要在哪里插一句俏皮话，再抖一个包袱。我前面的发言人讲完后，我就朝讲台走了过去。

"下一位，马修·卡普奇，发言主题：'与外流边界相关的水龙卷'。"主持人报幕道。我网上申请时填写的身份是本科生 / 研究生，因为那是最接近十年级学生的选项。但我的论文还是通过了。

现在，我站在离家 1 000 英里（约合 1609.3 千米）的讲台上讲解我的假说，阐释我为什么认为 2012 年夏季马萨诸塞州沿海出现过一连串强度弱、不规律、持续时间短的龙卷风。听众席鸦雀无声。我重点介绍了准备好的三项案例研究，每一项都配有水龙卷横扫海岸、造成破坏的实例记录。它们均形成于外流风暴为主的日子，且空气流出

1　鸡蛋胖胖（Humpty Dumpty）是英语儿歌集《鹅妈妈童谣》里的角色，其中有一句是这样写的："鸡蛋胖胖坐墙头，摔了一个大跟头，国王将士齐会聚，鸡蛋摔破也没办法。"

均大于流入。我综合得出的理论解释了低递减率、涡旋拉伸和涌降流为什么是重要因素。我还用气象观测结果佐证了我的主张。

本质上，雷暴接近海岸时会吹出冷风，冷风偶尔会螺旋上升，在地表 1 000 英尺（合 304.8 米）或以上的高度形成肉眼不可见的横向管状气流通道。这在正常情况下不是问题。但如果与海岸相交成钝角的话，通道就会分解，于是形成一系列小规模的横向旋涡。如果风暴内部与顶部温差足够大，阵风锋面前方就会有暖空气抬升，让气流通道发生倾斜和纵向拉伸，从而形成水龙卷。在来自后方的不规则运动冷空气影响下，水龙卷就容易向陆地运动。

这足以说服当地气象局在 2013 年 9 月启用的恶劣天气警报末尾加一段补充播报了。众人赞同地点头，不时交换眼神。我听到了几声低语。在那一瞬间，我与听众的年龄差烟消云散。我意识到，大家不再把我当成"小孩"，而是一位新同事，一个和屋里所有人拥有同样热情的人。至少我是这么告诉自己的。

发言结束时，我注意到计时器在闪黄字了，于是开始接受提问。一位老者慢悠悠地走向过道上的麦克风，从远处看，他的年龄在 60 岁上下。我拔出了 U 盘，摆弄着激光笔，等着他提问。

"首先，你远远用不上 6 年就能干上我的工作。"老人说道。我都没从讲台内嵌显示器抬头看，就一下子辨认出了他的声音。我睁大了眼睛。他继续说道："我要说的第二件事是，你在这个年龄，在人生中的这个阶段就能做出这样的原创性研究，然后讲出来，这简直是不可思议。"老者是哈维·伦纳德（Harvey Leonard），波士顿 WCVB-TV 电视台的首席气象学家。我是怀着崇拜的心情，看着他的节目长大的。我在家里常说："哈维在讲的时候，你们都别说话。"他是我的气象学偶像。我的膝盖在讲台后颤抖。（他从此成为我的良师益友。）

在我发言后的茶歇期间，我经历了之前从未遇到过的事：获得了超高的人气。气象学家们来祝贺我，开玩笑说要请我喝啤酒，甚至向我咨询或者讲述他们观察到的气象现象。（现在身为一名科班出身的气象学家，我最亲近的同事们也是我的挚友。我多年来像风滚草一样四处游荡，凝望天空，但现在我终于找到组织了。今天，在参加了七八次会议之后，我终于到了可以喝啤酒的年龄。）

对我来说，一跃成为风云人物是全新的体验。会议之后又继续开了两天，人人都想跟我说话。我高兴极了。参会的两百名气象学家似乎全都在我身上看到了自己的身影，追忆当年和我一样的境遇。我常常回想他们表现出的善意，希望用我今天站上的平台来回馈他们。

在回科德角斯特吉斯学校上高二的路上，我忙着制订计划，思考如何用好新来的冲劲。会议重新燃起了我心底的火焰，我可不想白白浪费机会。我继续记录天气状况，决定再给本地报纸投稿，一试身手。

2012 年 10 月 29 日，前一天曾肆虐新泽西的飓风"桑迪"扫过美国东北地区，整个普利茅斯和科德角大面积停电，吹断的树杈到处都是。我写了一篇 800 字的文章，通过电子邮件发给本地报社，看他们感不感兴趣。我的文章刊登在了下一期双周特辑的"科学看桑迪"栏目。

那是我第一次主动分享我自己热爱，同时能引起大众共鸣的事物。几天后，一场时速 100 英里（约合 160.9 千米）的微下击暴流（雷暴系统引发的尺度很小但猛烈的下沉气流）造成了严重损失，刮沉了我家附近两座城镇的几条船。我又写了一篇后续报道。

我很快受邀在普利茅斯的《老殖民地纪念报》开设了定期专栏，

不久就开始发上千字的科普文章，解读本地、区域和全国气象活动的原理。我知道我小小的读者圈子以养老院里的老人和退休人员为主，但这也算是成就了。我希望有人能学到新知，什么人都行。

看样子是有人学到了。没过多久，我就迎来了一桩小小的惊喜。我一翻开我们这座小城的报纸的本周新版，就看见了我的名字。不过不是在我自己写的文章里，而是一封写给编辑部的信，题目为"向马修·卡普奇脱帽致敬"。我马上抓起那一版认真读了起来。

这篇只有一段话的投稿来自一位老先生，他显然很喜欢我讲飓风的文章。我不禁欣喜若狂。我有读者了，活生生的读者！信的署名是埃里克·J.海勒，本地人，住在我家北边几千米外。我请求编辑帮我通过电子邮件联系他，然后给老先生写了一封信，感谢他拨冗写下如此善意的话语。我们在网上简短交流后，我感谢了他，然后回到了原本平常的生活，做作业，研究气象图。我当时 15 岁。这件事看似无关紧要。

事实证明，我错了。

第二章　高三那一年

"你谁呀?!"我一头扑向电话。当时正是我读高三那一年的11月。托马斯尖声笑着,他在家自学,我是他的家教。"你要干什么?!你干吗不停给我打电话?!我**不想要你的太阳能电池板**!"

我恶狠狠地撂了电话,把翻盖手机扔到桌面上,然后苦笑一声,摇了摇头。托马斯之前一直在努力憋笑,现在终于放声狂笑。

"电话推销员就得这么收拾,托马斯。"我指导道。他笑得鼻涕泡都快出来了。我给托马斯上一个小时的拉丁文课,其间电话响了4次。他13岁,与专横又虔诚的监护人一起住在家里。我是唯一获准与他交流的外人。我当然不能让垃圾电话搅扰了工作。

收养托马斯的是他的叔叔和婶婶,两人都承受着生活的重压。理查德叔叔是一名前绿色贝雷帽特种兵,患有创伤后应激障碍。他离群索居,家里拉着百叶窗,每间房都安装了空气净化器。托马斯的婶婶黛比是个和善的女人,每天早早就要起床祷告和照顾托马斯的妹妹韦罗妮卡,韦罗妮卡患有重度残疾和言语障碍。

托马斯天资聪颖,博闻强识,但叔叔婶婶让他从公立学校退学,以免他"遇到生活方式违背《圣经》教诲的人"。我到他家教他英语、西班牙语、拉丁文和数学,他家人都很喜欢我,把我当作他的学习榜样。我心中暗笑，**眼前这一幕真是讽刺啊！**

因为托马斯在家里的生活受到严格规定和监视，所以他没有任何朋友。我尽量把课程安排得不那么正式，至少让他能体验到一点友谊的味道。在初中，出类拔萃往往意味着茕茕孑立，我知道托马斯的感受。于是，那天下午接到第五通未知来电时，我决定戏耍一番。如果能把他逗乐或者展露难得一见的笑颜，那就是一次小小的成功了。

上完两个小时课之后，我感谢了他的叔叔，领了60美元的报酬，悠然走进外面我爸妈的车里，一会儿就能到家。我刚扭车钥匙，电话又响了。还是同一个号码。

"什么事？"我翻着白眼厉声道，停在绿树成荫，安静得让人想睡觉的小区旁边。我没那个心情。

"先生，你好，我是海利·肖尔，"一个友善的声音说道，"我是哈佛大学招生办的工作人员。请问马修在吗？我们希望安排他参加面试。"

我反应过来那个号码不是电话推销员的，瞬间面色惨白。我半个钟头前真的对"哈佛大学"咆哮了吗？

"请稍等，女士。"我嘟囔道。**没准她听不出来之前那个人是我呢。**我把电话听筒扣在系了安全带的大腿上，调整好呼吸，然后把手机放到耳边，露出笑容，换上洋溢着暖意的天气预报腔。我希望自己的音色变了。

"你好，我就是马修！"我说道。她又说了一遍自我介绍，提到之前联系我时遇到了麻烦。我心中默念，**不是我，不是我，不是我**。这招似乎奏效了。

我只申请了三所大学。第一所是林登州立大学，这是一所佛蒙特州的小学校，离圣约翰斯伯里市（St. Johnsbury）不远，我一个月前去看过。校园建在一座山丘上，俯瞰山林和宁静的小镇林登维尔（Lyndonville）。林登州立大学虽不是大牌名校，却出过几位经常上节目的著名气象学家。天气频道[1]台柱子，以追踪风暴闻名的吉姆·坎托雷（Jim Cantore）就是在20世纪80年代毕业于该校。林登州立大学与我完美契合。我刚踏进学校的新闻演播室就立即爱上了它。

尽管校园环境与文化立即吸引了我，但林登州立大学也亮了几盏"红灯"——99.4% 的录取率是其中之一，此外还有一些我关注的数字，一年26 000美元的学费也是个问题。我当时正在申请净金额超过90 000美元的第三方奖学金，能覆盖4年的大部分学费，只是我明白，如果演播事业走不通的话，我在林登州立大学就没有多少退路了。我确定我在那里会快乐，我也喜欢遇到过的林登学子，但我还需要考虑自己的未来。

我报的第二所学校是康奈尔大学，它似乎是最优解。康奈尔大学拥有全球闻名的气象专业，还是常春藤联盟的成员。但经过计算，即便算上奖助学金，我每年还是要交37 000美元左右的学费。这可是沉重的经济负担。正在那时，我注意到了2010年《康奈尔大学年鉴》上的一篇文章："康奈尔大学宣布，如果录取学生还获得了其他藤校的录取通知书，校方将为其提供因需资助。"

这对我来说是个好消息。我以前就在超市用过沃尔玛的保价退款政策。现在，我只需要找到一家以慷慨闻名的藤校就行了。这能有多少区别呢？于是我申请了哈佛大学，这是我要的花招，而且我承认这

1　一个提供24小时天气预告服务的气象频道。

是不诚信的行为。我之前肯定忽略了面试的事情。

* * *

接到那通尴尬电话的第二天，我站在"大坑"里等海利。"大坑"是斯特吉斯高中主办公室正面下沉入口通道的别名。结果她不只是负责安排日期，而且还亲自从剑桥市驱车来面试我。

一位衣着考究，拿着笔记本的女士从我身旁走过。我问她："你好，请问你是海利吗？"她的样子与周围格格不入。

"马修？"她问道。我露出微笑。她也笑了。

"学校里面跟迷宫似的，咱们就在外面聊吧。"我说。我从一开始就知道，我给她留下了良好的印象。

我们在乱糟糟的走廊里漫步，途经教师休息室时，马修斯老师正在复印机旁吃玛芬蛋糕。我当天早晨抢在最后一刻预定了旁边的会议室，毕竟，我提前也没接到通知。房间角落里放着一箱节庆用品和一台漏水的饮水机。

等她落座后，我自己才找了把椅子。我俩斜对着坐在凌乱的会议桌的一角。

"再次感谢你开车一路跑过来，"我摆出了优雅而真诚的天气播报员的迷人腔调，"这就好比费了九牛二虎之力把我爸折腾起来去波士顿，结果就为了去趟机场。"她笑了。

我们聊得自然而通畅，我假装是在跟我妈妈的朋友说话。话说回来，我本来就更擅长跟成年人而非同龄人打交道。我觉得大人是讲道理的。《使命召唤》和网络段子没道理可讲。

"你最喜欢的书是哪本？"她问道。

我毫不犹豫地给出了回答：

"洛伊丝·劳里的《记忆传授人》。"这是一本反乌托邦小说，探讨人在没有选择，也不承担后果的情况下感受到的满足。书中的意象给了我深切的共鸣。"你看过吗？"我问她。她似乎吃了一惊。

"其实，洛伊丝就是我的朋友。"她说的时候眼里有光，正如几分钟前她问我水龙卷的事，我也眼睛一亮。我感觉很好。

* * *

感恩节过后，冬季的大地迎来了一场长时间的严重寒潮。还没秃的树只剩下遍布科德角的短叶松。我继续着每周 40 小时的日常学习与打工生活。我在冰激凌店打工，给《巴恩斯特布尔爱国者报》写有偿天气专栏文章，当家教，还在马路边的乡村俱乐部里收拾盘子。我忙起来的时候最快乐。

1 月份，我从朋友克里斯那里接了个新的家教工作。他不懂初阶微积分，所以把学生介绍给了我。客户是南普利茅斯高中的一名高三数学挂科学生，他只要拿到这个学分就能毕业了。**小菜一碟**，我想着。

我把第一堂课安排在周二放学后的傍晚，在地图网站 MapQuest 上打印好导航路线，然后驱车 3 英里（约合 4.8 千米）前往普利茅斯塘区，学生家就在那边。当时下着小雪，雪为大地铺上了白毯，也吸收了声音，周遭一片祥和宁静。我再三核对了地址，在车道末端停好车，手里拿着写字板，走到了大门口。

"闭嘴！"我听见屋里回荡着吼声，听上去像是两个男人在吵架。

我连门铃都还没按呢，好几条狗就叫了起来。我在短信里给父母发送了地址，深吸一口气，然后敲门。我的车胎痕迹已经消失在了雪中。

一个 50 岁出头的男人把门打开了。他身高大约 6 英尺 4 英寸（约合 1.93 米），体重看上去比 220 磅（约合 99.8 千克）多一点。从表情来看，他见到我并不高兴。

"喂，你一个小时多少钱来着？"他一边问我，一边侧身挡住蠢蠢欲动的罗威纳犬，免得它跑出门。没打招呼，没有客套。

"30 美元。"我说道，努力让身穿毛绒蓝夹克的自己显得威武严肃。我当然希望在这里被认真对待。他给我写了张支票，我猜他是学生的父亲。

"没用的，这就当是打水漂了。"他说话的时候目光四处乱瞟。我看得出来，他心里发慌。

"这是什么意思？"我疑惑地问道。

"他把自己关在屋里，什么活儿都不干，"父亲气势汹汹地说，"他不出来。我是没招儿了。他想退学也可以。我说完了。抱歉浪费你的时间。"他当着我的面摔上了门。

我在雪地里艰难地往回走，赚了 30 美元，心里却很生气。**这家人的做法大错特错**，我想着，**管他呢**，反正我试过了。**我今天不会被一头罗威纳犬吃掉了。**

我爬回车里，开车回家。我刚刚空降到了一场家庭危机中，与平静的落雪形成了鲜明对比。当我驶离学生家，拐上长塘路后，挥之不去的罪恶感开始啮噬我的心。我回想起一位位我最喜欢的老师——鲁尼恩老师、菲利普斯老师、卡丁老师、卡尔斯贝肯老师、约尔登老师。他们会怎么做？我给当老师的姑姑打了电话，想征求她的意见。

随后我双眼一眯，掉转车头，开回了学生家。这一次，我把车停在了车道的最里面。我用力砸门，按门铃，直到那位父亲再次应门。他浑身冒汗，喘着粗气。

"除非你让我教 30 分钟，否则我是不会走的。"我说。我甚至连他儿子叫什么都还不知道。"你要是让他退学，你会后悔一辈子的。我不会让那样的事情发生。"

还没等他说"不"，我就进了屋，站在门垫上。我靴子上的雪在融化，雪水流到了地板上。

"在这等着。"父亲说道，显然对我的在场感到恼火。他上了楼，留下我挡着罗威纳先生和哈巴狗先生，它俩能成为朋友真是不可思议。**它们怕你多过你怕它们**，我反复默念。

"伊恩，开门！"他爸爸一边咚咚砸门，一边吼道。接下来是一连串刻意压低的骂声，我听不清内容。没过几秒钟，一场彻头彻尾的对骂就开幕了。我敢肯定，他儿子——看起来是叫伊恩——把书架挡在门口，用这种方式把自己关了起来。从喉咙里挤出来的沙哑咆哮声越发凶猛。

突然间，我听到了木头破裂的声音。两条狗几秒钟前还在烦我，现在已没了踪影。我抬头往楼上看，焦虑又害怕。我听见伊恩朝着焦头烂额的父亲丢出了语言手榴弹。过了几秒钟，父亲重新出现在楼梯顶端。

他朝我挥挥手，说了句"你自己上来跟他讲吧"。为什么**让我干这种事**？我想着。

我登上铺着地毯的楼梯，身上还是那件祖传蓝夹克，接着朝走廊深处走去。卧室门靠合页半挂着，放倒的书架周围全都是书本和碎玻璃。我小心翼翼地迈过一片狼藉的现场，只见一个小混混似的大块头少年趴在床上，生闷气。他扭过头看我。原来是伊恩·威尔逊——我读小学六年级时班里的恶霸。

"呃……"我开口了，不清楚要怎么起头。我**没有**料到会是这样。"我记得你。你可能也记得我。别管那些了。我希望你毕业。那是你欠自己的东西。"

我得到的回应是怒吼和怀疑的眼神。有那么一瞬间，六年级时的恐惧感回来了。我强撑着继续："你给我30分钟，要是你觉得没用，我就走。但请你给我一个机会。"

他耸了耸肩。

"我等你几分钟，我在楼下等你。"我说道。我转身离开房间，没有给他回答的时间。

7分钟后，我心不在焉地盯着威尔逊家木餐桌上的一张空白线稿纸。无声笼罩着房间，仿佛连绵暴雨过后那令人神清气爽的宁静。令我惊讶的是，我听见楼梯传来了脚步声。伊恩决定接受我的邀请了。

* * *

前半个小时很快就过去了——简直太快了，以至于我都没告诉伊恩时间到了。他忙着转换标准式和顶点式，绘制抛物线，也没有注意时间。我很快推断出，他实际掌握的知识比他自己以为的更多。但他缺少的是信心，我要做的第一步就是让他重拾信心。

我们那天晚上学了两个小时。我的任务是将公式代入生活——直线、曲线、数字的实际意义都是什么？如何将它们可视化？课程结束时，伊恩小声问我："你明天有空吗？"这句话弥补了他当年的所作所为，我看得出来，他心怀感恩。

时间一周一周地过去，伊恩水平渐长，斗志日增。展示学到的知识让他感到自豪，后续的考试中，他得到了82分（满分100分）。成绩从D提升到了B。亮起的灯泡取代了紧锁的眉头。终于，他毕业了。

当时，这似乎是一件小事。伊恩是我教的学生，我完成了自己的任务——教数学。我那年17岁。我短暂走进了他的生活，事后证明，那是他人生中的关键转折点。就这么一回事。我朝正确的方向轻轻推了一把，必将对他的未来产生巨大的影响。

这让我不禁思考：我到底乘上过多少次这样的波澜？哪些因缘际会塑造了我的人生？我到底有没有注意到它们的影响？是教我八年级科学课的鲁尼恩老师吗？那一年，他宽慰我说，热爱气象学是一件好事。是萧氏超市的收银员杨吗？我从学前班开始就在那里排队付款，尽管杨女士拥有的东西不多，但总是尽力帮助每一个有需要的人。是印第安溪小学办公室的蒙斯卡和芬利吗？我每天上午都会去蹭这两位女士的糖豆吃。

回望过去，他们，还有其他人全都影响过我。我坚信，出现在生活中的每个人都有值得学习的地方。我只是运气好，我生活里的人都教了我许多事。

我与伊恩和托马斯的交流还表明，教育和信心能够带给人力量。我长大以后都一直信奉这条道理。今天，我欣然接受自己在所有平台上扮演的教育者角色。如果我的视频观众、粉丝、读者和听众能学到一条新知识，或者睡前觉得自己聪明了一点点，我的任务就算是完成了。

* * *

高三接下来的一两个月波澜不惊。我把弥足珍贵的空余时间中一大半用来申请奖学金，在网上搜索教材，或者幻想着有朝一日去一趟俄克拉何马州，那是我盼望的旅程。我搞到了一套托马斯·格拉祖利斯（Thomas Grazulis）编写的《重大龙卷风记录》。这本 1 400 页的书按时间顺序辑录了 1680—1991 年的每一次有记录的 F2 级（F2 中的 F 指的是 Fujita Scale，中文名为藤田级数，得名自已故日裔龙卷风研究专家藤田哲也。F2 级龙卷风的风速超过每小时 178 千米。）或以上的龙卷风。我知道我会在美国东部时间 4 月 1 日下午 5 点收到哈佛大学和康奈尔大学的回复。这一天也叫"藤校日"。我紧张的不是两所学校会不会录取我——我更担心怎么交学费。那一天，那一刻终于到来时，我正忙着在地下室观看 WCVB 新闻台 5 套的晚间 5 点天气新闻。

"你不去查查吗？"妈妈来缠着我问。她焦虑。我内心毫无波动。

"哈维在讲呢。"我回答道。我正在看天气预报。

"大家都来了，"她催促我，"去查查。**就当是为了我**。"她已经把爷爷和梅格姑姑请来吃比萨了。不管是欢呼还是泪水，最起码爷爷也许能给我一些智慧。

我叹了口气，爬了两层楼，悄无声息地溜进自己的房间，打开 MacBook。这台笔记本电脑是我 4 年前靠时薪 6 美元的暑期修草打工赚来的。我关上了房门。

"恭喜你！"康奈尔大学的邮件写道。**已查**，我心想。我打算之后再看奖学金邮件。我想先下去看 5 点 15 分的哈维天气预报！

我找到哈佛大学的邮件，里面有我的报名系统用户名和密码。**复**

制、粘贴，复制、粘贴。弹出的页面看着有点像宣传册，一个文本框上面有各色本科年纪的学生在欢迎我。他们都在笑。我被录取了。

不错，我想。就这样了。我达成了预期。但我没有庆祝的心情。我知道要实现自己的目标还有很长的路要走，现在只是开始。此外，我还想解决粉刺问题呢。

我看了时钟：下午5点16分。如果我冲回地下室的话，还能赶得及收看哈维的7日天气预报。我点了关机键，沉重地走下楼梯。

"怎么样？"妈妈问我。她正站在厨房里，脸上绷着笑，还带着驰名全家的"隔热手套"。她在烤蛋糕。手套是我的曾祖母送的圣诞礼物。据传，那年她忘了去圣诞节购物，就从储物柜里把手套拽了出来。

"哈佛大学拒了，康奈尔大学候补。"我用陈述事实的语气说道。妈妈眉头一皱。随后表情松弛下来，作势要安慰我。这是我临时撒的谎。现在，我想要赶上哈维播报的尾巴。话越少说越好。再说了——我之后会告诉他们真相的。

我还有许多事情要考虑。

第三章　在哈佛大学的岁月

我出乎意料地进了我的末选校：哈佛大学。算上奖学金的话，林登州立大学的开销比较高。开车去了一趟伊萨卡（Ithaca）[1] 之后，我对康奈尔大学产生了新的想法——"防自杀网兜"也实在算不上加分项。最后，我觉得大不可以从哈佛大学**转学走**，但**转学**进入哈佛大学是不可能的。哈佛大学是一张金奖券[2]，只是内容需要我自己写。

点击"同意入学"让我生畏。我锁定了自己的命运，进入了一所压根没有大气科学系的大学。我甚至不是自己点击的。我哄着我那只邋里邋遢、脾气火暴的狗狗"面条"，让它用爪子在触控板上替我按了键。

夏天很快过去，还没等我反应过来，入校日就到了。我的室友是一名特拉华来的好脾气数学天才，我俩分到了阿普莱公寓的一间豪华宿舍，屋里甚至有壁炉，还有足够安装绿幕的空间。三天后我见了辅导员，给他看了白板上用颜色标记的四年学习计划。我确定我能凑出一套大气科学的课程，尽管这样做不符合常规。

1　康奈尔大学的所在地。
2　电影《查理和巧克力工厂》里旺卡巧克力工厂推出的一种促销奖券，获得者可以进入工厂参观。

这就需要特别分支，也就是请哈佛大学校方给我自己开设专业。哈佛大学之前从未有过为本科生开设的大气科学专业方向。学校每年平均会批准一个特别专业方向，绝大部分申请都被驳回了。此外，我只有到春季学期才能申请，即便到了那时候，我也要做好打持久战的准备。

我很快在哈佛大学感受到了文化冲击。我在斯特吉斯高中是尖子生。现在我是个普通学生——如果不是中等偏下的话。我的物理实验搭档是货真价实的王子，我的室友每两周就能收到父母给的 500 美元零花钱。学生们使用 apropos（关于）和 intersectional（交叉的）一类的单词，好像那是他们的命根子似的；有人甚至离谱到在 historic（有历史意义的）前面加冠词 an（一个）。[1] 我不知道是谁在装腔作势，也不知道有没有哪个人是真诚的。我简直就是个小老头儿。

我们的小公寓楼只住着 26 个人，楼长经常会组织出游和聚会，帮助学生联络感情。在第一次活动上，大家先要介绍自己的名字，家乡，还有 PGP（Preferred Gender Pronoun）。

"不好意思，PGP 是什么？"我问道。我不幸被选中第一个发言。

"你希望别人怎么称呼你？"楼长说道，"就是你**认同**你是什么样的人。"

认同？我还以为是夏令营里的那种破冰游戏，要求大家每人给自己起一个绰号，绰号的首字母要和名字的首字母相同。我想了一分钟，然后满怀激情地给出了回答。

---

1 apropos 和 intersectional 这两个词都属于生僻词。按照目前的通行英文规则，historic 应该使用的不定冠词是 a，因为 h 在这里是发声的辅音；但也有不少人使用 an，而且会被一些用 a 的人认为是拿腔拿调。

"我叫马修。我来自科德角。我是自然灾害，因为我追逐风暴。"

鸦雀无声。20多个学生回头瞥我，眼神空洞。还有人斜眼看我，好像我说了什么冒犯人的话。**好极了**，我想，**我已经搞砸了**。

我听从辅导员的建议，选择了CS50（计算机导论课CS50）。他告诉我，我之后肯定需要读一些对编程有预先研修要求的物理课，而CS50就能满足这个要求。

"这门课及格就行，"辅导员说，"信我没错。"

在CS50的第一堂课，我和将近1 000名学生涌入了纪念堂，一座位于安嫩伯格食堂后侧的礼堂大小的圆形阶梯教室。恍如霍格沃茨魔法学校餐厅的安嫩伯格食堂始建于19世纪70年代，供大一新生使用。人满为患的纪念堂有四层，吊杆摄像机和录音设备从一群群学生中间向外伸出。灯光终于熄灭，DJ开始敲击混音台了。

"这里是CS50，"一个声音随着彩灯跳跃。一名快要谢顶的男子身穿紧身黑色牛仔裤和深色V领T恤衫，昂首阔步，我估计他就是教授。学生们纷纷鼓掌。两名助教推出了一张硕大的展示用方形蛋糕。

我们学习了计算机的语言，二进制——0和1。这够简单了。我能学会。第二堂课同样一目了然，第三堂课难度合理。退课期限一过，CS50的难度就火箭般飙升。我甚至每次的作业都不知道从何入手，分数就更别提了。每天晚上12点前3小时的答疑时间，我都和200名学生涌向教授办公室，由于教师人数有限，我能有一个问题得到解答就算运气好了。

我的其他课要顺利一些，但也好不到哪去。一个念头挥之不去：哈佛大学录取我是一个巨大的错误。其他学生跟我不一样。我变胖了，满脸粉刺，而且不想出宿舍。我来到了一所一门气象学课程都不开设的学校。我知道，就算哈佛大学没错，我也错了。

开学 4 周后的 9 月底，我遇到了一次低潮。我当时壮着胆子前往迷宫一般的杰斐逊实验楼，我要在那里参加第一次期中考试。我不知道考试时间改了——我不知怎的漏看了邮件。

我当然没找到考场：压根就没有考场。于是我就在楼里游荡，房间就像是一个喝醉酒、斗鸡眼的蜥蜴给编的号。我经过了 453 室，尽管楼总共就 3 层。没过多久，我就彻底迷路了。我想我失去了寻找考场的宝贵时间。

9 点 45 分变成了 10 点，10 点又变成了 10 点 10 分。最后，我放弃了。就这样吧——门肯定已经关了，考试已经开始了。**收拾好行李，我想，你完蛋了，回家吧，就这样了**。我在这座弯弯绕绕的楼的 2 层，身边一个人都没有。我倚在墙上，把书包丢到地上，哭了起来。我完了。我人生中第一次听天由命。我彻底放弃了。我灰心了。

一束泛黄的阳光穿过灰尘，照亮了我对面的教师办公室门上的黄铜名牌。上面的字吸引了我的注意：埃里克·J. 海勒。

我的脑海中一下子闪现了 5 年前的那份周三版报纸。他会不会就是夸过我文章的那位热心读者？我敲了敲门，应门的是一位 30 岁上下的和善女子。经过简短交流，我得知里面就是那个埃里克·J. 海勒。看样子，2013 年我的文章的那位读者是一位全球闻名的哈佛大学物理学家。我约了时间与他见面，反正对我也没坏处。

* * *

10 月一天天过去，树叶开始变黄。我在 CS50 课上刚刚入门，但我交了一个名叫马丁的朋友，我俩每天晚上都一起做习题集。我们都在勉强挣扎，但至少我们是一起挣扎。我们通常凌晨 2 点结束自习，在阿普莱公寓的地下室来一把乒乓街机游戏。我开始感觉没那么孤独了。

万圣节前后的某一天，马丁不见了，杳无音信。其他学生都不知道他去了哪里。他的宿舍空着，之前贴在宿舍门上的手工印刷海报被撕了下去。我的指导老师也负责马丁的学业，但是他也拒绝向我透露马丁的去向。据说是学术诚信问题。我感到悲伤，不只是因为失去了一个朋友，更因为他帮助我适应了在哈佛大学的生活，这连他自己都不知道。也许马丁也需要一个同样的角色，哪怕只是听他说话。

等到我与海勒博士见面时，我不知道会发生什么。我熨平了自己的纽扣领衬衫 [1]，因为我很想营造良好的形象。他的助理罗埃尔在门口迎接我。

"还要花一点儿时间，"他笑着说，"他应该很快就好了。"

大约 5 分钟后，海勒博士办公室的门开了。一位 70 岁上下的老者拖着脚步走了出来。他面色坚毅，戴着一副金属边框眼镜，还留着小胡子。他一见我就咧嘴笑了。

"马修！"他热情地说，"快进来！"这让我想起了《查理和巧克力工厂》开头的场景。衣衫褴褛、步履蹒跚的吉恩·怀尔德（Gene Wilder）[2] 突然俯身蹲下，翻了个筋斗，活力让大家吃了一惊。我跟着海勒进了办公室。

1　纽扣领衬衫（button-down shirt）指的是除了正面的一排扣子外，在领子下沿尖端也有两枚扣子的衬衫，这样领子就不会翘起来，显得更正式。
2　1971 年版《查理和巧克力工厂》中威利·旺卡的饰演者。

我们的谈话与传统学术交流相差甚远——我们聊普利茅斯的生活，海勒在物理学和化学领域的广泛研究，还有他关于疯狗浪（Rogue Waves）的 TED 讲座。他问起我对天气的热情，于是我们聊了很久与外流边界相关的水龙卷。

"你在这里打算怎么研究气象学？"他问我。

"我希望能编排一个特殊分支，但那会是一场挑战。"我说。

"那意味着什么？"他问道。

"我需要把大学 4 年的所有课程都编排好，还得问人要一大堆文件……我还要找一个导师。"我解释道。过程漫长又费力。

"你要找导师？"他笑着问道，"我给你当。"我花了一分钟才明白他刚才说的那句话的分量。

我找到导师了？我片刻之后心想。**这就有了？**找导师——一个陪伴你度过 4 年学术生涯的人——按理说得用好几个月时间，甚至一年都打不住。我们第一次见面有 20 分钟吗？

"不好意思？"我问道。我依然不敢相信，他主动提出了一个要持续数年的承诺。

"我会做你的导师！"他说。我没听错。

我感到震惊。之前万事都不顺，但突然间，最重要的一件事搞定了。前路突然间光明了起来。

* * *

"我找到导师了！"我急不可耐地告诉了我的本系指导教师，他负责督促我的大一学习进展。他似乎有些怀疑。

"是谁啊?"他问道。我看得出来他持谨慎乐观的态度,但也为我感到兴奋。他站在我一边。

"埃里克·海勒。"我说道,然后详细讲述了我们第一次"会见"是通过我的报纸文章。像海勒这样智商高、地位高的人竟然也会读那份报纸,我依然有些吃惊。我不觉得自己值得他耗费时间。没准儿还有什么人默默地关注我呢?

之后几个月里,我不知疲倦地撰写 40 页的特别分支申请书。这意味着要搞定无穷无尽的文书,包括院系的许可书,还要设计一套严密的教学方案。我努力寻找资源,发现哈佛大学怀德纳图书馆地下室里有一间鲜为人知的录音室,价值 400 万美元,配有绿幕。我结交了录音室管理员,他给我在每周五安排了一个练习播报的时段。

我大一下学期选了麻省理工学院的课。我仍然孤身一人,但至少有大气动力学可以让我忙起来了。这门课有两位授课教师,一位是意大利裔老奶奶,另一位男老师让我想起了西蒙·考埃尔(Simon Cowell)[1]。这是我第一次体验到支配着大气的"底层"公式。我着迷了。

* * *

大二的第三周,2016 年 9 月 14 日,我接到了那通电话。对面是哈佛大学教授兼族裔、移民与权利委员会委员特莎·洛温斯克·德斯蒙德(Tessa Lowinske Desmond),她还是特别分支项目的负责人,学生只有四五个。我不认识电话号码,但这一次,我接了。

---

1 英国唱片制作人,为《美国达人秀》等多档热门电视选秀节目做过评委,以"毒舌"著称。

"我要通知你，特别分支委员会开会后批准了你的申请，"她说完停顿了片刻，"你已经正式获得了大气科学特别分支。"

我惊呆了。哈佛大学建校已经有将近400年了，之前从没做过这件事。现在，他们要委托我来做。之前就连写申请书都是顶风作战——地球与行星科学系主任导师拒绝支持，说我太年轻了，还不知道自己想做什么。我写了一封洋洋洒洒的信，激烈反驳了他的答复。令我惊讶的是，委员会选择站在我一边。我准备好全力以赴了。

我选了好几门大气动力学的研究生课，因为哈佛大学没开设面向本科生的同类课程。我上的第一门是动力气象学，这是一门基于方程的物理学课，要求学生熟练掌握多元微积分、微分方程和抽象线性代数。这通常是临毕业的大四学生要上的课。我才刚刚上完微积分（II），但如果这意味着进入实战领域的机会，我会一边上课，一边自学多元微积分的。

我一边选修麻省理工学院的课，一边申请哈佛大学让我上更多本校的课。授课时间未必总能对得上，因此凡是能上的课，我都会竭尽所能。我周四要在1个小时内出席3堂课——其中有一节是在2英里（约合3.2千米）外的麻省理工学院。我经常会在哈佛大学的小院飞奔，手里拿着袋装午餐，从大群游客中间穿身而过，就为了赶上M2路摆渡车。

我几乎没有时间睡觉，但我第一次感觉自己走上了正轨。

第四章　追逐同名飓风

那是 2016 年 10 月初，一个周二的晚上，意味着我要上物理学 12B 的实验课。教室里没有烧瓶、试管或爆炸物，令我大失所望。相反，我们要用微型单片机 Arduino 来制作无线电天线。教授在教室里藏了一块电磁铁，我们的任务就是找到它。

任务看上去很有趣，然而我的注意力在别处——时速 145 英里（约合 233.4 千米）的飓风"马修"正在海地肆虐。飓风在周末急剧走强，成为大西洋 9 年来的首次 5 级飓风。上一次 5 级飓风还是 2007 年荼毒尼加拉瓜和洪都拉斯的"费利克斯"飓风。

我之前预测过飓风，但这次感觉不一样。报道飓风"马修"的新闻主播声音里能听出焦虑；每次有新的计算机模拟结果出来时，推特天气频道都会炸锅。媒体渲染出一幅佛罗里达每况愈下的图景，当地已经进入紧急状态。宣布闭园，这是开园 45 年来迪士尼乐园第四次宣布闭园。

我回想起自己的愿望清单，"身处与我同名的风暴中"还没有划掉。同样有待完成的还有"去肯尼亚的凯里乔（Kericho）""在基韦斯特追逐水龙卷""记录雷雪""交一个好朋友"。我今年必须至少完成一项。

飓风名称是提前定好的，每隔6年一轮换。我觉得我可以等到2022年，那是下一次轮到飓风"马修"的年份，但这样做有一定的不确定性。按照惯例，如果一场风暴造成了极其重大的经济或生命损失，以至于未来再用同样的名字会显得欠考虑的话，那么这个名字就会"退役"。比方说，"卡特里娜""安德鲁""威尔玛"都退出了名单。这可能是我最后一次与同名飓风相逢的机会了。

心血来潮之下，我决定去查询航班——达美航空有一班飞机周四上午10点35分从波士顿起飞，下午4点9分抵达佛罗里达州代托纳比奇（Daytona Beach）。酒店也便宜，障壁岛上的万豪酒店只要100美元。我周五也没课，所以我去了也只会耽误两节课。**这事真能行，我想。**

"大家都知道要求了吧？"助教的问话把我的注意力拉了回来。我意识到我之前一直在做飓风的白日梦，完全没听见她说的话。其他学生都在频频点头，于是我也点头了。

* * *

饭、水、护目镜、电池、椒盐脆饼、薄荷口香糖、相机设备、数学教材。现在是周三，我在心里过了一遍要装包的东西。昨晚实验课结束后才过去几个小时，我就想好步骤，买好机票了。我要飞往佛罗里达州太空海岸（Space Coast）[1]，置身于风暴中心，让我母亲忧心不已。

尽管我之前从未追逐过飓风，但我知道自己要面对什么。如果飓

1　太空海岸是佛罗里达州的众多"主题海岸"之一，得名于附近的肯尼迪航天中心和卡纳维拉尔角空军基地。

风眼壁（飓风云系的最内层，是风力最强的位置）朝海岸移动的话，就会造成严重破坏。街区会被整个抹除，强力风暴潮会席卷内陆，一大片区域会有数周或数月不能住人。这一次造成的影响有可能与"卡特里娜"飓风比肩。我将独自面临一切危险的可能性。

我个人的预测没有那么可怕，但依然严峻。我因此有了些许安全感，但也不多。如果我想保持安全的话，那计划起来就简单了：远离水，躲开风。

引导气流似乎在把飓风"马修"往平行于海岸的北路推，岸线会受到波及。这意味着会有时速 100 英里（约合 160.9 千米）以上的强风，遭殃最严重的地区大概会变成佛罗里达的近海水域了。飓风令人惊心动魄，无论怎样，我能近距离感受飓风现场了。

* * *

飓风是热机，能量来源是温暖的热带大洋海水。在 7 月至 10 月间，热带大洋表层水温通常在 85~90 华氏度（约合 29.4~32.2 摄氏度）之间徘徊。大西洋上的飓风和热带风暴，以及其他洋面上的类似风暴系统，统称热带气旋。热带气旋能造成灾难性后果，但也有其意义——有学者估计，地球每年由赤道向极地的热量输送有 10% 来自热带气旋。

飓风不同于中纬度大气系统。温带或非热带风暴的形成依赖于空气温度差与密度差，能量来自变动不定的风。飓风则需要中高层风力微弱、温度场均匀的平和环境。地球上最可怕的风暴是从安宁中诞生的，这听上去可能有些讽刺。

飓风形成的第一个要素是热带波，常表现为不断发展组织化的雷暴云团。在飓风季初期，热带波可能会在美国东海岸外的冷风末端生旋。到了飓风季中期，也就是 8 月和 9 月，飓风通常会在非洲海岸外，大西洋洋面的主要生成地区（Main Development Region）成形。进入 10 月和 11 月，在美国致灾的飓风可能会在墨西哥湾或加勒比海悄然酝酿。

一场热带波内的每一个单体雷暴都有一个上升气流和一个下沉气流。从一个单体冲出的下沉冷空气会让相邻的单体"窒息"，让后者消散。雷暴必须组织起来才能近距离共存。最高效的组织方式就是一起绕着一个中心转动，这样每个单体的上升和下沉气流就可以协同运作。

中心形成后，散乱的雷暴就都会在它周围聚集。暖湿气流会在风暴内部上升，其中整体气旋的下层中心周边风速最高。这会造成气压下降，因为空气正在被排出，物质减少了。从那开始，系统开始了"呼吸"。

空气从高压处向低压处运动。于是，空气就会被抽进气旋中心。在地球自转产生的科里奥利力作用下，气块会沿着一条曲线进入萌芽状态的气旋中心。这就是气旋会旋转的原因。

飓风在北半球逆时针旋转，到了赤道以南则是顺时针旋转。尽管全球水温最高的海域在赤道上，不过那里一般不会形成飓风，因为科里奥利力在赤道上等于零，没有力能让风暴转起来。

新生热带气旋中心外侧的气块组成涡旋，气压降低，气块则随之膨胀。于是，热量被释放到大气中，产生云和雨。通常情况下，这会导致气块温度下降，但因为气块与高温海水接触，所以会保持恒温。

气块升温速率等于向环境散热降温的速率。只要风暴下方是开阔水域，且海平面温度足够暖和，风暴就能持续从海洋吸热。

由于降水效率高，热带气旋内部的降水强度可达每小时 4 英寸（合101.6 毫米）以上。因为整个大气气柱都处于饱和状态，所以雨滴下落过程中的蒸发量很小。因此，热带气旋造成的头号灾害就是内陆洪灾。

风力最强的位置是热带风暴的中心附近，在飓风里就是眼壁。那里的气压梯度（单位距离间的气压差）最大。梯度越大，风力越强。这是因为空气是顺着梯度运动的。想一想滑雪就明白了——坡越陡，滑得就越快。

最大持续风速超过每小时 39 英里（约合 62.8 千米）的热带气旋被称为热带风暴，超过每小时 74 英里（约合每小时 119.1 千米）则为飓风。强飓风的风速达每小时 111 英里（约合 178.6 千米），即 3 级飓风的最低标准。5 级飓风内的极端风速可达每小时 157 英里（约合252.7 千米）。

空气涌向空洞，也就是空气少的区域，这就形成了风。因此，最猛烈的飓风往往气压最低。危害最大的飓风和台风的最低中心气压可能只有外部环境气压的 90% 左右。这意味大气质量少了 10%。

设想你在用茶匙搅动咖啡。你知道旋涡中心那个凹陷吧？凹陷（流体缺口）越深，流体肯定就转得越快。飓风同理。但是什么在阻止凹陷被"填入"呢？

飓风眼壁处于旋转平衡状态，意思是力达成了完全的静态平衡，以至于外物填入稳态下的风暴几乎是不可能的。因为绕飓风眼旋转的气块曲率半径小，所以气块会受到一个不可思议的离心力，恰好等于向心的气压梯度力。于是，气块就会做连续圆周运动。

如果你体验过海拔变化，比如坐飞机甚至爬到摩天大楼顶层，你大概都会注意到耳鸣现象。这是因为你的耳朵在适应高处更低的气压。现在，想象高处下方的空气完全消失了。那就是一场大飓风风眼的气压。用电影《圣诞精灵》中精灵巴迪的话说，飓风"倒霉，倒霉透了"，原因就在于气压差。

飓风有时会经历眼壁更替周期，也就是旧眼壁萎缩崩塌，落入飓风眼，同时旧眼壁外围形成新眼壁，新眼壁向内收缩，取代旧眼壁。这通常会导致风暴中央附近出现双重极大风速，风力也会短暂进入平稳期。

除了眼壁内部的强风以外，龙卷风、规模与龙卷风相当的涡旋、微型旋风，以及其他人类了解较少的小尺度风现象也会出现在风暴眼周围，沿途造成极大破坏。一个微型风暴的影响范围一般不超过几米。但在背景风速为每小时 100 英里（约合 160.9 千米）的情况下，时速70 英里（约合 112.7 千米）的旋风会在一条窄带上产生的破坏力相当于时速 170 英里（约合 273.6 千米）的风。1992 年 5 级飓风"安德鲁"扫过佛罗里达州之后，首次有人提出了微飓风假说。通过利用移动多普勒雷达研究飓风眼壁的当代研究，我们对微飓风的存在有了一定的了解。

飓风眼内部空气下沉，气温升高，水分减少，从而造成云量稀少。万里无云也不稀奇，甚至经常能看见阳光。这里空气滞热，是地狱环绕下的一方平静绿洲。

眼壁狂风肆虐，飓风眼却是死一般的平静。大气会努力在两者的割裂之间建立过渡。飓风眼中往往充斥着中尺度涡旋，也就是数千米大小的中小旋涡，它们会将角动量分散导入飓风眼。有时飓风眼中会挤进去四五个中尺度涡旋，将眼壁搅成四叶草的形状。于是就会出现一段奇景，中尺度涡旋像鞭子一样抽打着眼壁内侧边缘，不时狂风外泄，飓风眼到来时又进入平静期，两者交替出现。

＊　＊　＊

我前往亚特兰大的航程波澜不惊。我在哈茨菲尔德－杰克逊国际机场 D 航站楼买了不少软糖，开心地前往星期五餐厅，然后翻开了微积分（Ⅲ）的课本。不管来不来大飓风，我下周都有一门课要考试。

吃完一顿暖心的鸡柳薯条午餐，我又检查了一遍酒店预订。我预订了好几家，以防酒店方面决定疏散。代托纳比奇已经下达了强制疏散令，但万豪酒店和它旁边的欢朋酒店都打算继续营业，让客人安然度过风暴。万豪酒店的前台告诉我，已经有一批媒体人员预订了酒店。

当我登上飞往代托纳比奇的接驳航班时，我才意识到现实的严重性。加上我，飞机上只有五名乘客。**也许没人坐飞机去代托纳比奇是有原因的**，我心想。飞机降落的时候，机场里全是躲着往外跑的佛罗里达人。我乘坐的飞机在代托纳比奇落地后，便全速掉头飞回了亚特兰大。

我叫了一辆优步，等了 20 分钟。全城只有 3 辆车还接单。当时是下午 4 点，官员计划在日落时封闭通往障壁岛的全部道路。佛罗里达天气闷热，我的眼镜都起雾了。

我们穿过已经疏散的居民区和大门钉着木板的店铺，刚刚深入这座鬼城，司机就马上跟我道别了。万豪酒店入口处被沙袋堵死，于是我决定绕到后门。停车场空无一车。

酒店里找不到一丝活人的迹象，我心里开始发毛了。我在楼里兜了3圈，终于注意到正门上贴着一张手写通知。皱巴巴的纸上歪歪扭扭地写着：因强制疏散令暂停营业。大堂黑漆漆的，毫无生气。

我一看手机，电量还剩10%，而且在湿热的佛罗里达，仅存的那点电量很快就会耗尽。绿色通话图标旁出现了一个红色的数字1。有人给我发语音邮件了。

我是欢朋酒店的工作人员萨曼莎，语音播放道，**由于本地预计会发生极端天气，所以酒店将关门暂停营业。您的预订已经取消，费用将于5个工作日内退还。请注意安全。**

我的胃里一阵绞痛。我的A计划和B计划全部落空。我的手机现在没电了，我也没有C计划。**这可能不是个好主意，我想。**

我走在南大西洋大道上，意识到我距离海平面只有几米。我有4张20美元钞票，但目力所及的地方都没有付费电话。再说了，我能打给谁呢？周围空无一人。

过了30分钟，我才在远处看见一个人。随着人影越来越近，我认出那是一位金发老妇人，她的皮肤像皮革一样。她肯定能帮我。

"夫人，不好意思打扰了，你知道还有哪家酒店营业吗？"我问道。我说明了自己的情况。从她的表情来看，我分不清她是要骂我为什么要跑来代托纳比奇，还是要把我迎进她家客厅。

"沙滩冲浪酒店。"她不带感情地回答道，眼睛都没有眨一下。她手朝南一指："就在那边。"

我走了差不多800英尺（合243.84米），几分钟后就碰见一栋不起眼的棕黄色水泥楼。百叶窗漆成了和房顶一样的蓝色。**不是防飓风百叶窗**，我心想。正门锁着，但我听见酒店后面有人声。我拖着行李箱，决定朝着声音的方向走，最后看见一个男人坐在露台椅上。

"你是经理吗？"我问他。他穿着脏兮兮的白背心和运动裤，摇了摇头。

"我不是，经理已经走了。"他操着浓重的南方腔说，"他说只要我们帮忙看店，就可以留在这。"

我复述了一遍自己的经历，结果打开了他的话匣子。他讲述了在亚拉巴马州长大和对抗龙卷风的故事。

"你可以跟我们一起住！"他喊道，"我们是海景房！"他给我看了他和他妻子挑的房间。房间看样子海拔 6 英尺（约合 1.8 米）左右。我没看见他妻子。

"一楼临海房！"他说话时眼里闪烁着骄傲的光芒。他掏出烟斗，抽了一口。浪花已经飞溅到了玻璃门上。我看着自己斑驳的倒影，它也在盯着我，仿佛是未卜先知的幽灵。感觉有点不对劲。男人的塑料椅旁边放着半瓶朗姆酒。直觉告诉我该走了。

"小心点，别**葬身**大海了。"我说完对男人表示了感谢，然后就溜了。尽管我迫切想要目睹飓风，但我意识到自己玩大发了。我必须离开障壁岛。我走回街上，不时焦虑地朝身后看，确保没有其他人。

我远远地在大约数百米外瞄见一辆车。我的机会来了！我决定坐在行李箱上，双手抱住脑后，尽全力做出多萝西·兰格（Dorothy Lange）[1] 作品《移民妈妈》里的样子。也许，只是也许，这事能成。

1　美国摄影师，以拍摄"大萧条"时期的作品闻名，其中最著名的作品就是《移民妈妈》。

面包车渐渐开近，我认出了熟悉的红色标志：CNN（美国有线电视新闻网）！面包车开始减速，最后停在了我面前。副驾驶座上是一个古铜色皮肤的男人，他化了妆，穿着一件挺括的 Polo 衫。耳机线缠在他左侧肩膀上。

"你还好吧？"他问道。他说他和摄影师正要撤回奥兰多，然后提议送我去机场。那就恭敬不如从命了。

我走到面包车后面，把行李箱装进后备箱。帆布袋、麻布包和电线上面放着 24 听装的百威昕蓝啤酒。

* * *

在沃尔玛参加睡衣派对也就是这样了吧？ 我心想。耗人的 4 个小时过去，我总算可以过夜了。美国有线电视新闻网的人把我放在了机场，我被要求去警察局。他们先把我送去了大卫·C. 欣森爵士初中，然后又让我坐优步去城市另一侧的冠军小学。等我到了那边，学校已经满员了，但司机还是让我下车。他也必须出城了。我给了他 60 美元，祝他好运，然后便溜进了风暴避难所。

150 人挤在长宽都是 200 英尺（合 60.96 米）的食堂里。校舍其余部分都封闭了。这里有形形色色的人：有一对带着孩子的年轻夫妇，刚刚从休斯敦搬过来；有一对害怕失去权力的退休老两口；还有一群安柏瑞德大学的学生。不过，他们中还有一群我能看出来会干坏事的人。

午夜时分，灯熄灭了，大风呼呼作响。食堂角落里有一小块瓷砖地，我就在上面蜷缩成一个球，拿相机包当枕头。我担心睡觉的时候笔记本电脑和摄像机会被偷。我的 Bose 牌消噪耳机已经被顺走了。

我刚睡着就被一阵骚动吵醒。一个满脸皱纹，穿着人字拖的女人正对着站在门边的警官大吼大叫，一说话就唾沫横飞。

"你必须让我！"她的吼声有气无力，却透着刻薄和沙哑，让我不禁想起砂纸。过了一会儿，我明白她想干什么了：出去抽烟。警官平和地解释说，门上锁了，出门也不安全。但她寸步不让。相反，她慢慢纠集起了一群怒气冲冲，装备着打火机的疏散人员。我静静观察着这场纠纷。

紧张的几分钟过后，女人默默顺从了，回到地板上堆得像鸟窝一样的毯子里。她在背包里摸东西。透过黑暗，我勉强看到她在找什么：药瓶。她把四五粒小白药片晃出来，倒在颤抖的手上，一口吞掉就躺下入睡了。我低声为她祈祷。

我的注意力转向了一个男人，他睡在差不多 15 英尺（约合 4.6 米）外的地方。他身旁有一根绳子似的东西被盖了起来，小小的，形状有点像蚯蚓。我一个激灵，意识到"绳子"是活的——是蛇！它在男人身下蠕动着，仿佛要依偎在他身上。过了一会儿，他醒了，大叫起来。

从那时候起，情况越来越诡异了。凌晨 4 点左右，我睁开眼，看见一个女人正要偷走我的数学教材。我的行李箱被拉开了。就在她蹑手蹑脚地离开时，我清了一下嗓子。她转过头，对上了我的目光。

"我得用它垫后背。"她恶狠狠地小声说了句，好像是我冒犯了她似的。还没等我开口，她就走开了。她长得活像学习频道的综艺节目《甜心妈妈来啦》里的妈妈琼。[1] 我可不敢招惹她。

---

1 这档节目开播于 2012 年，主角是选美小公主"甜心波波"一家人。她全家都体重严重超标，尤其是她的妈妈琼，以至于 2017 年该频道还专门为琼推出了一档个人减肥主题真人秀节目。

*　*　*

日出前后，飓风"马修"内侧雨带进入了城市，风力渐强，轰鸣呼啸。我的手机还有一格信号，于是我决定看一下天气监测图。飓风眼还有几个小时才会抵达距离我们最近的位置。现在看上去还在海上，但也很近了。

"呀！"一个老男人叫了一声，声音里透着疼痛与恼火。我正倚靠着食堂南端附近的一扇窗户。我认出了前一天晚上遇到的休斯敦来的夫妇。他们正在不停向老人家和他的妻子道歉。

我后来才知道发生了什么。小两口有一个3岁的女儿，名叫埃琳，平常喜欢"玩过夜游戏"。就是爸爸、妈妈把床垫拖到女儿自己的房间里，在她旁边睡觉。他们之前对女儿说，飓风避难所其实只是一场大型的过夜游戏，是他们给她准备的生日活动。这看上去是一个好办法，免得小女孩对风暴紧张。结果这招儿在早晨6点起了反作用。埃琳当时自作主张，想来一场枕头大战，眼镜被打坏的老先生就是她的第一个目标。

10点左右，风速超过了每小时70英里（约合112.7千米），学校操场上装点精美的树都被吹倒了。室内情况同样不甚乐观：一伙沃卢夏县居民挥舞着香烟，要求到户外吸烟，再次与警察发生冲突。他们似乎不明白，风力催动下的瓢泼大雨会浇灭他们的小火苗。

"未遂政变"的带头人还是前一天那个老太太。口角结束后，她偷偷溜进了女厕所。大约20分钟后，餐厅地面就被水淹了。她故意堵住了厕所里的所有水管，以此报复警察和避风群众。当天晚些时候，官员发现她在室外停车场晃悠。没有人知道她是怎么跑出去的。不知怎的，她似乎对空中飞来的杂物免疫。

那一天还发生了更多的疯狂的事。一名男子掏出一袋子看着像是大麻的东西，开始把内容物分成小堆，倒在棕色的纸上。还有个女的似乎是受到某种药物的影响，又是箭步蹲，又是做瑜伽——而且没穿裤子。

下午我跟安柏瑞德大学的学生们成了朋友，他们大部分与我同龄，读的是飞机驾驶员专业。我们聊了好几个小时的气象学、航空学和空中交通管制的种种微妙细节。

我的数学课本还没找回来，于是当天晚上，我决定不惜一切代价保护我那价值 6 000 美元的摄影器械。我离开人群，躲在食堂餐台背后的落地隔断后面，练了好几样沉重的健身器械，还拿金属管道当单杠吊，看着跟人猿泰山似的。最后，我藏到了球门里，被汗水浸透的 T 恤衫挂在球网上晾干。空调在之前的 36 个小时里一直全力开动，我一整天都冻得哆哆嗦嗦。**看我怎么在佛罗里达得低温症吧**，我想。

* * *

第三天阳光明媚，平静凝滞的空气将佛罗里达的招牌湿气一扫而空。离开代托纳比奇国际机场的航班已经恢复运行，城里却还打不到优步，我只好坐进了安柏瑞德大学的一辆货车的货舱里。车是学校派来接我在避难所认识的那几十个学生的。

尽管离开小学食堂让我松了一口气，但我知道我会怀念在这里遇到的一些真正的好人。从冠军小学离开时，我夸了埃琳妈妈的衣服好看。她好几天席地而睡，也没洗澡，可看上去还是体体面面，这让人十分惊叹。

"飓风来也好，不来也好，我都一定要漂漂亮亮的。"她笑着说。

冠军小学教职员工的善良让我汗颜。警察执勤有工资，校长可是志愿服务。她将100多个陌生人迎进了自己的学校，还为他们提供了热腾腾的家常菜和避身之所。尽管大多数疏散人员对待冠军小学和校长的方式让我沮丧，但我还是想要对她献上我个人的谢意。

最后，飓风"马修"一直停留在海岸外几千米的地方。佛罗里达免遭劫难。飓风"马修"后来还是被从名单里勾除了，因为它在海地过境时造成500余人丧生，经济损失高达30亿美元。美国的大陆免遭劫难，但不是每个人都如此幸运。

虽然那意味着我永远无法站在与我同名的风暴中，这次旅行还是有其他方面的价值。它给我留下了不可磨灭的教训，引导着今天的我要如何对待自己的工作。

现在，我的工作是教育和服务那些可能会经历风暴疏散的群众。2016年，我当了3天的飓风疏散群众。我目睹了为什么许多有孩子的家庭选择不疏散，也开始理解为什么许多人无法疏散，尤其是缺钱或者患病的人。围绕飓风疏散的讨论极其微妙，不管是预警时间有限，预测不准且复杂，人口特征和社会经济层面的问题，还是物资供应困难，比如汽油短缺或者公路实施单侧双向行驶。我在沃卢夏县的经历会让我成为一个更好的人，进而成为一名更优秀的科研工作者。

第五章　我们得换挡风玻璃了

还没等我反应过来，哈佛大学大二的春季学期就开始了。波士顿冬日典型的阴沉天气过去了，晴朗的天空满怀希望，鸟儿和虫儿似乎也活跃了。积雪开始融化，弄得地面湿漉漉的，哈佛大学的小院成了烂泥塘。我搬进了高年级宿舍卡瑞尔楼，楼院熙熙攘攘，学生们蜂拥而出，有的扔飞盘，有的玩魁地奇。我以前都不知道还真有这个东西。

我在哈佛大学和麻省理工学院选了 6 门课，忙得不亦乐乎，课业都堆到脖子了。我觉得自己需要《哈利·波特与阿兹卡班的囚徒》里赫敏的时间转换器。6 门课里有 4 门是本科生和研究生混上的，那肯定需要一个渐入佳境的过程。神奇的是，课程一切顺利，我就不去追问是怎么回事了。

时间回到 1 月，我当时收到了一封发给全校学生的电子邮件，大家可以申请免费去以色列。在妈妈的教育下，我建立了一种条件反射，每次听到或者看到"免费"这个字眼都会打起精神，于是我自然关注了邮件。3 月份，我就到了以色列的内盖夫沙漠（Negev Desert），体验了漂浮在死海上的感觉。那时我意识到，自己可以拿哈佛大学的资金，完成旅行。我发誓大四要出国游学。

就近期而言，我的关注点是 5 月份去追逐风暴。我一直梦想着到野外做这件事，直到那时为止，我从来没有随性跑到俄克拉何马州"外郊"。现在我再无牵绊了——我有空闲时间，还有合法驾照——但我知道问题是缺钱。

我在初版特殊分支申请书的脚注里加入了"风暴追逐"这一项，是4学分的中尺度气象学研讨课的一部分。这就是说，严格来说，风暴追逐是货真价实的1学分。于是，我就可以找可口可乐公司——我获得了其颁发的校外奖学金——报销了，因为这项活动确实是算学分的。

是有点出格，但话又说回来，我在哈佛大学干的事基本都是不走寻常路。

问题只有一个。可口可乐公司每年总共给我5 000美元。尽管他们对我以"追逐风暴"为申请事项没意见，但公司规定支票要开给机构，不能开给个人。这意味着收到钱的会是哈佛大学，我必须说服学校把钱转给我。之前从没有人做过类似的事，但我觉得值得一试。我给格里芬奖助学金办公室发了一封邮件，想要咨询能不能通融一下。

令我惊讶的是，哈佛大学校方似乎对我要做的事感到非常兴奋。他们知道野外经验的价值与课堂教学一样重要。我联系上了奖助学金副主任埃米·斯塔菲尔。我们线下见了一面，讨论了我提出的计划。她很快就开票了。

钱到手后，我立即着手规划西行路线。父母坚决要求我找一个人同行，但我们"系"就我一个人，实在没有多少选择的余地。我在哈佛大学2019级的脸书主页上面发了个广告，说可以免费带任何愿意冒险的人出发。有一个家住马萨诸塞州中部的数学系卷毛学生回复了。

他名叫阿隆。他读统计学专业，宿舍在卡波特楼，离我的宿舍就隔着一个四方院，而且他也是马萨诸塞人。相互发了几封简短的电子邮件后，我们约了个午饭。他看上去是个好脾气、随和热情的人。我尽力向他说明了行程。

"开车要很久，等待要很久，无所事事也要很久，还会有一些真正的紧张时刻。"我解释道。他点了点头。"我们一天要在车里待8个小时以上。"我必须确保他知道自己要干的是一件什么样的事。

"我从没去过那边，"他笑着说，"挺新鲜的。"

我把笔记本屏幕转过去给他看，演示了雷达回波图，会产生龙卷风的雷暴截面示意图，还有得克萨斯州、俄克拉何马州、堪萨斯州的地图。我解说每张图的意义时，他只是默默地点头。我比画的样子就像一个木偶，仿佛由一个咖啡因摄入过量的匠人在操纵。他承诺会来一周时间，然后就要坐飞机去洛杉矶参加暑期实习了。

* * *

"天地开阔"，迪克西小鸡乐队（Dixie Chicks）的歌声从父母借给我的2014年款本田山脊线皮卡的扬声器中传了出来。我那台2007年款绿色 iPod Shuffle 音乐播放器放在杯架上，通过一根打结的辅助信号端子音频线与车载扬声器相连。我的风暴追逐歌单里只有我最爱的42首歌，这就意味着每隔3小时歌曲就会循环一次。我不在意，哪怕在从波士顿开去俄克拉何马城的3天车程中，我把同一批歌反复听了9遍。"足够去犯大错。"[1]

现在是2017年5月16日，是时候出发了。5月是龙卷风旺季，

---

1 本段开头和结尾引号里的两句话都出自美国女子乐队"迪克西小鸡"的歌曲《天地开阔》（*Wide Open Spaces*）。

这个月里全美平均会有 276 场龙卷风。其中绝大部分发生在大平原和美国中部地区，冬寒渐衰，暑气日长，不难料到，两者会在这个时节来一次交锋。今年我占到了目睹这一切的前排座位。

第一次驶上堪萨斯收费高速公路后，我看到了前所未见的空旷景象。没错，我在美国东北和新英格兰上过一些没有商场、没有连锁快餐店和没有超市的路段，但这一次是**真的**什么都没有。

没有建筑，没有山丘，没有河溪，我看到的树用一只手就能数得过来。5 英里（约合 8 千米）外有一辆拖拉机的侧影，沐浴在和煦的阳光下。我感到前所未有的安乐平和，不停运转的大脑也开始减速。15 年来，我幻想有朝一日来到龙卷风之乡，现在，我来了。我感觉护道上随时会有桃乐丝和托托[1]在等着跟我打招呼。**终于到家了**，我心里想。

* * *

月初有些平淡，龙卷风不多。5 月 11 日和 12 日前后大气躁动起来，有过一阵短暂的风暴迹象，但大部分风暴都是打了个招呼就走。阿隆到俄克拉何马城就在这段时间。我们无事可做，就在附近开车转悠，打发时间。

我们住在俄克拉何马城南郊的穆尔（Moore）。1999 年 5 月 3 日的 F5 级龙卷风将大半个穆尔夷为平地。1 英里（约合 1.6 千米）宽，时速 300 英里（约合 482.8 千米）的旋风扫荡了多个街区，楼房沦为瓦

---

1 桃乐丝是童话故事《绿野仙踪》的主角，托托是她养的狗。她们第一次到奥兹国就是被龙卷风带着房子一起吹过去的。

砾，共有 36 人丧生。那是美国国家气象局首次发布龙卷风紧急预警。为了用更严厉的措辞表达事态生死攸关，气象学家绞尽脑汁。

穆尔的龙卷风简史从这里才刚刚开始。2003 年 5 月 8 日，一场 F3 级龙卷风再次席卷市区，吹倒了一部分不久前才重建的住宅。2013 年 5 月 20 日，又有一场高级别龙卷风——全美国 10 年来的最后一场 EF5 级龙卷风——夺走了 24 名穆尔市民的生命。为此，有关当局又发布了一份严峻的龙卷风紧急预警，让人不禁想起 14 年前那个宿命般的下午。

我刚刚进城就明白，西南 119 号街拉昆塔连锁酒店前台助理戴利娅，华夫屋餐厅服务员马克，北大街理发店员工埃米，每个人都有自己的龙卷风故事。我感觉自己正站在一处庄严的战场。居民们仿佛知道如何在 5 月份屏住呼吸。

有一次，阿隆提议到别处消磨几个小时，看场电影。他沿着公路开了 1 英里（约合 1.6 千米），和我一块进了华伦影院。2013 年龙卷风期间，这里曾用作分诊设施。风暴留下的痕迹被新房和蓬乱植被取代，但"伤痕"从未真正消失。

* * *

5 月 15 日，阿隆和我在得克萨斯州"锅柄"地带[1]追逐雹暴。我之前只见过一次 25 美分硬币[2]大小的冰雹。现在高尔夫球大小的冰雹

1　得克萨斯州"锅柄"地带（Texas Panhandle），位于得克萨斯州北端，放在州地图里形似伸出的锅柄，故名。东侧和北侧与俄克拉何马州接壤。
2　25 美分硬币直径 24.26 毫米，厚度 1.75 毫米，略小于我们的 1 元硬币。

从天而降，像淋浴似的，落在一处土路交叉口，周围是大片的空地。当然，这造成了几处代表胜利的瘀伤，但至少我戴了头盔。

第二天的起点是盖蒙（Guymon），俄克拉何马州"锅柄"地带[1]的一座农业小镇。我知道这会是我们真正"追逐"的开始（我后来发现，在那个几乎破纪录的平淡龙卷风季中，这也是唯一一次高水平的追逐）。我一边和阿隆大吃酒店提供的内陆式早餐里不新鲜的蓝莓玛芬松饼，一边审视清晨的气象数据。**今天估计得有点磕磕碰碰了**，我想。

到了午餐时间，阿隆和我来到了俄克拉何马州西界，那里已经画了一个红色的预警标靶，表示中午会有严峻天气。当局实施了罕见的PDS（particularly dangerous situation，意思是"特别危险的状况"）龙卷风监测。太阳出来了，但景象很快就会变得灰暗。

风暴兴起于下午2点左右。3个尺寸小但力量大的"单体"在活跃的大气环境下引爆了像蘑菇云一样的强烈积雨云。它们以每小时30英里（约合48.3千米）的速度朝西南方向移动。半小时后，龙卷风警报响了。我聚精会神地驱车前往非建制城镇阿伦里德，小镇由3条半废弃的街道和1座公墓组成。我们在那里等着西南侧的风暴席卷而来。

阳光散去，先是蒙蒙细雨，继而是瓢泼大雨，后来雨里还夹杂着弹珠大小的冰雹。多普勒雷达显示风暴即将穿过我们，但真正穿过的时候，什么事都没有发生。龙卷风还没来。我决定再次转移到风暴正前方，要与它正面交锋。

这时，我意识到自己犯了新手的错误：我其实被风暴抛在了后面。

---

1 俄克拉何马州"锅柄"地带（Oklahoma Panhandle），位于得克萨斯州"锅柄"地带的正北方。

风暴一旦擦身而过，再想赶到它前头就几乎不可能了。接下来的一个小时慌乱而徒劳，只能在堵车中看着云层退去。

到了下午 5 点，我承认了自己的错误，接受了自己的无能。风暴在阿伦里德与我们擦肩而过，后来在区区 12 英里（约合 19.3 千米）外形成了龙卷风，而我错过了它。但直觉告诉我，那一天还没完。结果我是正确的。

一场新的风暴正在俄克拉何马西南部形成，如果我们立即动身的话，还能赶得上。我们在 40 号州际公路上向东狂奔，1 小时后抵达了塞尔（Sayre），这是俄克拉何马西部城市埃尔克城（Elk City）西侧近郊的一个乡村社区。

我们的车 6 点刚过时下了高速，转头向南，驶上了山峦起伏的俄克拉何马 283 号州道。正下着大雨，但雷达数据表示雨快停了，而我只要再过片刻，就会与人生中经历过的最强雷暴狭路相逢。

"上帝啊！"我冷不丁对阿隆来了一句。他似乎同样大受震撼。仿佛接到导演指示一般，雨幕拉起，显露出位于我们西南侧的一座螺旋黑云巨塔，它正在缓缓转动。一个形似大钟的低气压带从塔底探出头来，雨水和冰雹笼罩在它周围，让我们看不清晰。两条"手臂"——两条汇入风暴的气流通道，像螺丝刀一样拧进了 5 000 英尺（合 1 524 米）高的巨塔——彼此缠绕，恍如一条水汽蒸腾的螺旋楼梯，直冲同温层。我们正在目睹超级单体。它看上去凶巴巴的。

一个小时内，这个单体就会在我们东侧的埃尔克城降下致命的 EF2 级龙卷风。旋涡裹在雨水中，但这并没有阻止我们凑近一睹真容。这意味着，我们要驶入风暴的中心。

"阿隆，你现在该藏到座位底下，抓紧我给你准备的安全装置了。"

我说这句话的时候是晚上 7 点，我们正在接近风暴的核心。我做好准备了，但阿隆以为我在开玩笑。

"我没开玩笑。"我过了一会儿又说，声音更加坚定。大自然正在愤怒地嘶鸣，似乎想要闯进卡车。"我们马上就要挨雹子了。"

我已经在副驾驶座位底下放了硬质安全帽、护目镜和劳保手套，为的就是这种情况。发现这些装备后，阿隆看样子吓了一跳。

他突然焦躁起来，问我道："这雹子有多大？是 5 美分硬币那么大，还是 25 美分硬币那么大？"

"都不是，"我坏笑着说，"垒球那么大。我们的挡风玻璃是保不住了。"

我是对的。而且，那是我人生中最美好的一天。

第六章　剖析超级单体

超级单体是雷暴之王，高度可达 10 英里（约合 16.1 千米）以上，旋转如同陀螺，地球上最猛烈的一些天气状况就来源于它。它优雅又极具破坏力，充满魅力又令人恐惧。它是必须严肃对待的力量。

普通雷暴会聚集成堆，或者形成线形的阵雨带。超级单体则不同，它小而强劲。单个超级风暴可能只有 5 英里（约合 8 千米）到 10 英里（约合 16.1 千米）宽，但这狭小的空间中满是破坏力极大的飑线风、垒球大小的冰雹、洪水般的暴雨，还有龙卷风。

超级单体的特殊之处在一个"单"字。其他雷暴可能会与相邻的雷暴单体争夺资源，超级单体却是茕茕孑立。于是，超级单体完全掌控着周围的环境，就像无人开发的燃料堆。

所有雷暴都有两个主要区域：一个是暖湿气流向内向上运动的上升气流，另一个是下沉气流，其内的雨水（有时还有冰雹）会落向地面，带动上空的冷空气下降。普通雷暴是垂直"发育"的，意思是下沉气流最终会"扼杀"上升气流，从而为风暴画上句号。所谓的雷阵雨常见于夏季，持续时间可能只有一两个小时。

超级单体就不一样了，因为它有切变，也就是风速、风向会随着高度而变化。这就产生了旋转和倾斜，上升气流和下沉气流相互分离，有利于延长超级单体的寿命。超级单体能够横行数百千米，越过州界，旋转好几个小时。在恶名昭彰的 2011 年 4 月 27 日美国东南部龙卷风暴发事件中，有个超级单体一连转了 7 个小时，穿行 350 英里（约合 563.3 千米），从密西西比州东部一直刮到北卡罗来纳州西部。

超级单体中旋转的上升气流叫作中尺度气旋，范围可达数英里，形似理发店门口的旋转灯，从西南向东北方向移动。来自南方的暖湿空气向内盘旋，形成螺旋形的轨迹，伸向高空。空气向上运动的时速可达 100 英里（约合 160.9 千米），悬停的雹块可以长得硕大无朋。最强劲的超级单体能够产生直径达 6 英寸（合 152.4 毫米）的冰雹。

超级单体雷暴共分三种，每一种都能给风暴追逐者带来不一样的乐趣与挑战。典型超级单体最容易追逐，因为它们经常会形成龙卷风，而且符合课本里讲的上升气流与下沉气流分离的特征。于是，我们能够更快确定龙卷风的形成位置。

高降水型超级单体裹挟在雨水中，因为风暴湿度较大，从而形成笼罩上升气流的雨幕。追踪这种环境下的龙卷风是危险的，因为这种龙卷风往往直到最后一刻才会现身。

低降水型超级单体大概是最容易达到拍摄效果的。它们存在于干燥环境中，上升气流的筒状结构一览无余。其钩状回波有时难以被雷达侦测到，因此容易受到低估，但也可能一面滴雨未下，一面降下棒球大小的冰雹。尽管其视觉效果震撼，却很少形成龙卷风。

超级单体的螺丝刀形上升气流的底部，潜藏着风暴最凶险的部分。这里有旋转的云墙，也就是一种诡异的不规则形状低空云，它会将空气吸入风暴。从这些缓缓旋转的、烟雾一般的云块中会向地面伸出一条条更集中的旋转触手：漏斗云。蛇行到地表的漏斗云就是龙卷风。

有些龙卷风形如细长的绳子，在辽阔的大地上肆意跳跃，比较上镜。另一些则笼罩在雨中，宽度可达 2.5 英里（约合 4 千米），会将整个城镇吞噬。上升气流不停转动的同时，一条由雨水、冰雹和冷空气组成的条带会被带着一起走，拖到风暴的后侧。这就是后侧下沉气流。这些风暴形成后涌出的稠密冷空气会收紧上升气流的旋转范围，挤压和拉扯上升气流，使其成为龙卷风。有时，后侧下沉气流会将龙卷风整个包住，把水幕都拽到自己身边。这种隐形龙卷风最是危险。

如果超级单体向你袭来，状况会瞬息万变。你一开始可能会注意到远处有一团蓬松的白云，里面缠绕着羽状上升气流。它越来越近，颜色也逐渐加深。云的顶盖将会遮蔽阳光，同时风也停了，微弱的雷鸣不时被焦急的鸟鸣打断。

最后风暴近了，淅淅沥沥的小雨迅速变成如注的暴雨。雨变得更冷、更少，但更大的雨滴砸在路面上。你可能会注意到雨滴在跳舞。**跳舞**？你自问道。几秒钟后，雨停了，换成豌豆大小的冰雹落下，中间还掺杂着更大块的雹子。天空染上了荧光绿。天空变绿的原理目前还不完全确定，但很可能是橙色的晚霞穿过云砧厚厚的雨柱时变得偏蓝。这些不同颜色的光平均起来就是绿光。

冰雹变得更大了，跳得更高了，轰击着地面。冰雹原来是弹珠大小，现在是高尔夫球和网球大小，落地时炸成四溅的冰凌，有的还会砸出坑来。现在冰雹有垒球那么大了，落地的没有几颗，但个头很大。

突然间，你注意到大约 1 英里（约合 1.6 千米）外有一片云正直扑过来。它看起来也太低了。不对劲。其他所有云似乎都向它奔去。

片刻之后，云雾盘旋中显出了一个指向地面的尖锥，在下方卷起一片烟尘。又过了几秒钟，漏斗云完全形成了。这就是龙卷风，并且在不断变大。

第七章　路边的风景

如果你是风暴追逐者，那你大概要习惯行驶里程大增了。我很快就发现，仅仅在 5 月份的一周内，我可能就要走遍内布拉斯加、堪萨斯、俄克拉何马和得克萨斯。风暴系统是会动的，这意味着你也要动。大部分日子里，我每天都要开车 300 英里（约合 482.8 千米）以上。

我穿越过大平原上的几乎每一条铺装高速公路。我知道每一个（好吧，应该是**几乎**每一个）测速区都在哪里，风景最优美的野餐地点是哪里，还有哪些加油站带微波炉。我随时都知道离下一个有奇利斯餐厅的城市还有多少英里。另外，我还有十来个秘密观星点，无论在什么时候，我都能在一个小时内赶到其中一个地方。

白天开车 8 小时是一个漫长而单调的过程，尤其是孤身一人的情况下。如果《美丽的美国》这首歌是按照面积比例来写的话，那么琥珀色的麦浪就要独占三段歌词。真是没完没了。如果目力所及只有庄稼和筒仓，单人版"我发现"游戏[1]也没多大意思。我的绿色 iPod Shuffle 音乐播放器歌单里只有 46 首歌，3 小时一个轮回。大草原上的网络信号也不太好。

1　这本是一种亲子游戏"I Spy"，现在是通过观察力找物体的各种游戏的统称。

不过，我开车时最喜欢的消遣来自路边的广告牌。大平原上的大多数广告不是可口可乐或者麦当劳，而是赌场、枪展、三级片商店、保释代理人、农机、赔率最高的老虎机，还有油炸馅饼。所有广告牌都能博君一笑，但有一些却透着威胁的意味。

我 2018 年经过一个广告牌，不祥的猩红烈火上印着火红的大字："你会下地狱吗?！"还有个牌子在惊呼："地狱是永罚。"其他广告牌还要更狠："神在看。神喜悦吗?""《圣经》带"的高速公路两旁充斥着吓人的警示标语。

有的牌子内容具体而直白，列出了所有会直接把你送进地狱的恶行。酗酒? 下去吧你。贪食? 千万别。我每次看到这个都会翻白眼，因为我往往正忙着规划下一顿饭去哪里吃呢。不道德性行为? 广告牌上也在警示。坦白地说，地狱听上去也没那么糟糕。再说了，上天堂得爬梯子，下地狱可是有高速公路的。"地狱高速"没准儿也有广告牌。

每隔一段时间，我就会经过一个特殊的广告牌。"你要寻找神吗? 现在拨打！"然后下面是一串用加粗字体写的 1-800 号码，背景是从图库里找的蓝天照片。我最喜欢的就是这个了。我每次都会怀着那天是神接电话的渺茫希望打过去。可惜，神到现在还没有接。

不过，有些地方偏僻到连广告牌都没有。我最喜欢这种地方了。除了远方的山岩，高空飞机拉出的尾迹，眼中别无一物，纯洁而生机勃勃的落日一览无余。

大平原的景色乍看平平无奇，其实洋溢着美。大草原的每一处峰谷起伏都属于一段舒缓身心的旋律，驾车就好比随着海船与波浪轻轻摇摆。唯一的区别是什么? 大多数船长都是要将船开进避风港，我却要在外面追逐风暴。

第八章　大三与雷雪

到了大三，我的目标已经完成了一半，而且绝对过上了随心所欲的生活。我睡眠不足，进食过盛，难得闲暇。

我没有打造完整社交圈的信心和时间，而且实话说，我也不懂必要的技巧。于是，我全身心投入了工作。如果我忙于专业和赚钱的话，那就很容易把个人生活往后推一推了。再说了，我当时也没有特别想要面对私人状态下的自己。现在有时候依然如此。

幸运的是，填满日程表并不困难。在学业上，我几乎一个人上了两个人的课，而且搞副业的机会像蒲公英一样层出不穷。这个学期快开学的时候，一个名叫贾森·塞姆瑙（Jason Samenow）的人突然给我发了一封邮件。他是《华盛顿邮报》天气版的编辑，还是"首都气象队"博客的主笔。"你的成绩相当惊艳，我也欣赏你的激情，"他写道，"如果你以后某个时候感兴趣与我们合作的话，欢迎你联系我。"他的栏目有一批狂热追随者，在华盛顿特区、都会区和其他地区都深受粉丝喜爱。

我们约了下周电话沟通。我没过多久就发现，贾森会是我的良师。他本来只是随便开了一个当作副业爱好的天气主题博客，后来发展成了一个年阅读量过亿的高人气品牌。他邀请我提交选题，试着写写文章。我的第一篇文章是关于闪电的。

2017 年是气象报道的大年。"入队"后两周内，我每天都会写稿，第一篇是讲 8 月 21 日美国大日食的，我为此坐飞机去了趟内布拉斯加。接着，我又报道了登陆美国多个州和领地的自然灾害，4 级飓风三连击："哈维""厄玛""玛丽亚"。我履新入职后，风暴似乎也马不停蹄地肆虐了起来。

大约在同一时期，我开始在哈佛大学做导游。我的雇主是一家第三方公司，为急于探索知名学府的游客组织了 72 分钟的环校游览项目。我还在波士顿大学当家教。工作很轻松，收益特别高：每篇文章净收入是 80~120 美元，每次带团的小费有 60~120 美元，家教时薪是50 美元。我感觉自己正在开创未来。

我在大气科学专业课上也站稳了脚跟，这让我有了大量的钻研时间。但这并不意味着就万事亨通——我有一道作业题是说，假设有一面鼓在外太空飞行，同时以给定角速度自旋，求以直径和密度为自变量，气温和气压为因变量的函数。我不是每次（其实我就没拿过）都能拿满分，但我在尝试的过程中学到了很多。

海勒博士在那个学期开了一门通识课，名字叫"你为什么听到了你听到的声音"。海勒博士是那种刚培养一门爱好，不管是什么领域，没多久就能发表前沿开创性研究成果的人。我在哈佛大学读书时，他恰好在研究声学。出于好奇鼓捣了一两年后，他就写了一本 1 000 页的教材，还开课讲授他的种种发现。我希望有朝一日能像他一样。

不过，我那个学期最喜欢的课，严格来说根本不是一门课，而是特别分支委员会批准的一对一辅导。教师是物理 12B 的教具设计师丹尼尔·戴维斯，他负责按照教授的要求设计展示资料和实验。其实他是个博士，研究方向是大气电动力学（闪电）。

戴维斯之前是波士顿科学博物馆闪电与电学常驻专家，负责向观众表演节目，还曾勇敢地站在展厅里的法拉第笼里，身边 20 000 伏特的高压电弧噼啪作响。再之前，他曾在新墨西哥州洛斯阿拉莫斯国家博物馆向雷雨云砧发射火箭，希望能激发闪电。

辅导课采取的形式是每周五下午 1 点见面。戴维斯每周一会通过 Dropbox 发给我多篇阅读材料，上课时会进行深入讨论。

尽管阅读材料都很有趣，但有一篇特别吸引我。那是一篇 1994 年的论文，作者是 N. 北川和 K. 道本，从气候学角度研究了日本的冬季闪电现象。作者发现，成熟的冬季雷暴会表现出三极电场，中层是负电荷区域，夹在云层顶部和底部厚厚的正电荷区域之间。这引发了我的思考。

* * *

每一个气象学家和天气迷都渴望亲身经历雷雪。雷雪是难得一见的现象，大多数人的天气积分卡和愿望清单上都还没有勾掉这一条。顾名思义，雷雪就是伴随着暴雪的雷电天气。因为雪有消音作用，所以只有在雷雪正下方的人才能听到它的轰鸣。

有时，雷雪的形成过程与普通雷暴没有差别，只是温度低到了可以下雪的程度。但这种情况本质上是罕见的，因为当水银柱降到冰点以下时是很难有不稳定的大气条件和上升气流的。

雷雪还有其他的产生方式。雷暴在高空形成，地表温度虽然很低，但距离地表几千米的气温并不低。换句话说，雷暴发源于地面半英里以上的暖空气。抵达地表的任何降水都有可能在低空冷空气团中冻结，但形成的往往是冻雨，而不是雪。

我小时候注意到，雷雪有时会沿着马萨诸塞州东侧海岸线形成，也就是可怕的雨雪分界线。温和的海洋空气团为海岸线带来了雨水，而往内陆走上几千米就是数十厘米深的雪。除了让天气预报员遭人恨以外，温差有时还会增强上升运动（ω，读作"欧米伽"），足以引发雷雪。

形成雷雪最活跃的气象条件包括倾斜对流，这种对流是有条件的对称不稳定的产物。词语听上去拗口，但其实很简单。在这种情况下，气块缺乏垂直浮力，因此不会像在正常雷暴中那样上升。相反，等位温面（位温描述的是气块干绝热变化到 1 000 百帕层面的温度）比等角动量面（根据旋转低压系统吸入空气的速度推导得出）更陡峭。空气形成一个个筒状结构，晃晃悠悠地沿着密度梯度向斜上方运动，雷与大雪交加的地段就这样出现了。

我接受辅导期间还读了 2010 年芝加哥雷暴风雪的相关资料。当时，天气频道首席气象学家吉姆·坎托雷风中凌乱的样子像病毒一样大肆传播，带火了"雷暴风雪"这个词。在这场风暴中，云对地闪电击中的绝大部分显然都是高耸的人造物，地表物体几乎没有被击中的。

戴维斯告诉我，聚集的电荷会将周围空气电离，形成相反电性的遮蔽电荷，从而防止物体被击中。这就起到了防闪电的作用。但他在实验中发现，如果物体周围的空气流速足够快的话，遮蔽电荷就会被带走，让物体暴露于放电现象之下。

我开始关注全美各地的雷雪事件，画到地图上，发现大部分遭到电击的物体不是摩天大楼，就是风力发电机。我回想起自己经历过的两件事，其中一件是 2016 年 12 月 29 日的暴风雪，我追它一直追到缅因州牛津市。我在一家空荡荡的赌场酒店里租了一间房，整晚无精打采地盯着窗外，只看到闪电击中了位于波士顿市中心的保诚中心大厦。

2018 年 1 月 4 日，一枚高强度的"气象炸弹"（急剧增强的风暴系统）袭击新英格兰岸线，导致新英格兰南部到处都有被闪电击中的物体。其中大部分都是康涅狄格州和马萨诸塞州中西部的广播电视塔，但普罗维登斯（Providence）以西也有几座风力发电站遭了殃。

我与戴维斯探讨了一年前（2017 年 2 月 8 日）发生的一次冬季风暴。那是我见过闪电最多的一次雪暴。狂风呼啸，地面很快就形成了积雪，天上打了数百次雷，我在科德角的父母经历了 5 个钟头的电闪雷鸣。我曾建议父亲不要在风暴期间打开吹雪机，以防电击危险。我的运气好极了，甚至在哈佛大学科学中心楼顶欣赏了一次电击。我是唯一一个有私人楼顶钥匙的学生。

* * *

利用戴维斯教我的知识，我开始设想当时发生了什么。温暖季节的雷雨云会产生强电场，释放出看似无穷无尽的闪电。到了冬季，上升气流宽而弱，产生的电场也就比较弥散和稀薄，尤其是在美国东海岸低压出现倾斜对流期间。

在大多数时候，这些电场的强度都不足以独立产生闪电。但有尖顶的人造物（通常高度在 244 米以上）可以汇聚雪云下层的正电荷，发生"电晕放电"，喷射出一道电子流。这又会促进闪电发育，加热上方空气。空气的电介质击穿系数（即激发闪电所需的电场阈值）会随着温度上升而下降。在加热的作用下，零散的闪电发育过程就会持续进行。

雪暴的闪电通常是正闪电，而且相比于温暖季节的闪电，回击（脉冲式的闪烁）较少，峰值电流也较低。它们很可能会弥合云层下部正电荷与中部负电荷之间的失衡。戴维斯和我特别感兴趣的一点是，风在吹走遮蔽电荷，让高耸物体容易遭到电击的过程中扮演了什么角色。他之前的实验室研究表明，这种效应在风速达到每小时 35 英里（约合 56.3 千米）以上时最强。该理论也有助于解释叶片正在转动的风力发电机为什么更容易被电击。

在与戴维斯相处时，我全身心投入这个课题。我当时还没有独自给出答案的能力。第一流的科研就是这样的——顽强乃至偏执地努力回答一个令人不得安宁的问题。

也许未来有一天我会更正式地探究雷雪，或者发表一篇相关论文，但就目前而言，我可以睡得安稳一点了。既然好奇心得到了满足，我便少了一个夜里萦绕在我脑海中的问题。

第九章　火与雨

"如果有人感兴趣的话……"鲍勃扫视着教室里昏昏欲睡的学生们，说完了最后一句话。为了看PPT更清楚一些，教室里的灯关了。我右边的研究生忍住了哈欠。这是我第一次在海洋学课上聚精会神。

"我感兴趣！"我叫了一声，音量可能比我本来想要的大了一点。我的手嗖地一下举了起来，仿佛是本能一样，尽管屋里只有11个学生。鲍勃是一名来自伍兹霍尔海洋研究所的客座嘉宾，他刚刚邀请我们参加接下来的夏日北极科考活动。他刚把"差旅免费"这几个字说出口，我就决定加入了。

"太好了，"他笑着对我说，"给我发一封邮件，然后咱们聊聊。"别人都没有举手，我吃了一惊。**那更好**，我心想。

当时是大三的末尾，倒计时开始了，我距离2018年5月的追风季还有几周时间，之后要去亚特兰大天气频道实习，接着马不停蹄飞去北极。我还要安排大四秋季学期的出国访学。这段时间以来，我的生活第一次有蒸蒸日上的感觉……至少短期内是这样。

在求学的隧道里走了四年，如今终于开始看到出口的亮光。同时，玩命、孤僻和冒牌者综合征也来向我讨债了。另外，我也有理由思考自己是不是在往死胡同里钻——我在 Indeed.com[1] 上只见过一个面向电视气象专家的全职岗位，工资是 25 000 美元至 40 000 美元。这个行业似乎正在流失人才，客群迅速流向互联网，正在面临一场"健康"危机。我的同事们都在转行去其他领域，这让我不禁怀疑自己是不是应该做一个备用方案了。如果我拿到的工资和兼职服务员差不多，那读一个哈佛大学的学位是不是浪费呢？

不管我往哪里看，大家似乎什么都比我强。上一门大气动力学的研究生课，我还在想要用哪个方程呢，同学已经把方程解出来了。他们编程毫无障碍，而我只要一看见 Courier New 这个字体就打哆嗦。我的同学都有结婚的了，而我最亲近的伴侣是一盆仙人掌，还浇水浇多了。（小刺先生，一路走好。）与此同时，我还在怀疑自己今后会不会恋爱，而且如果我的家人、同事和高中时代的朋友知道了我正在隐瞒的事情，他们会怎么想。**现在是事业第一，私生活以后再说吧**，我心想。最起码我终于用上了异维 A 酸，脸上的痘痘开始消了。

4 月底的课刚结束，我便重返大平原，赴一年一度的"大气之约"。我升级了装备，开上了一辆崭新的本田山脊线，我还给它起了个爱称——"小山脊"。本季的第一次风暴追逐是在堪萨斯州苏珊克（Susank），冰雹有垒球那么大。现在坑坑洼洼的"小山脊"算是出道了。

我和鲍勃几周后进行了一次 Zoom 通话，当时我在俄克拉何马州伍德沃德（Woodward）。他在之前的一封电子邮件里问我："你知道 Zoom 是什么吗？"我回答说不知道（那是 2018 年）。下载了软件后，

---

1 求职网站，2004 年成立于美国。

我坐在一股烟味的凯富酒店房间里，看鲍勃带我远程游览美国海岸警备队的破冰船"希利"号。

我还不知道自己之后将会经历什么，但我已经跃跃欲试了。这听上去是那种一期一会的冒险。但在那之前，我还要追几周风暴。而且大气已经做好了足够让我忙碌的计划。

*　*　*

大气是真正的教育家。它总是把牌摆在我面前，却从不说明将怎么出牌。找到正确答案需要敏锐观察、用心做笔记、认真听讲，还要有开放的心态。有时，你会得到意料之外的收获。

从课本上直接抄下来一串大气的规则和公式，这样做很容易，但理解变幻无常的大气意味着要把握它的个性。与所有老师一样，大气教的课程并不总是合乎常规。你有时学到的是课程内容，偶尔也能收获人生道理。每隔一阵子，你还能发现自己以前不知道的东西。

在大二学年后长达一个月的风暴追逐中，多年来烂熟于心的图表生动了起来。更重要的是，我追踪且敬畏的风暴发挥了本质的影响。我后来才明白原因——身处混沌与暴烈之间，我短暂地成了周遭环境中最沉静的存在。通常情况下，我自己过得就像一场自然灾害一样。现在比较起来，我反倒成了宇宙中稳定的锚点。

5月1日的第一轮风暴过后，大气像是沉睡了。风暴不惜一切代价躲着大平原走，强劲的上层大气系统全都转向南北两面，气流分成两股，绕开了横亘在美国中央的顽固死寂高压脊。高压下沉气流仿佛一道天幕，消弭了雷暴发生的机会。我几乎找不到一片云彩。

特雷弗是我在气象学会议上结识的一个朋友，正在南卡罗来纳州查尔斯顿学院读书，是一名"冉冉升起"的大三学生。几个月前，他主动提出要跟我一起追风一周。他来的时间，正好卡在大气干燥期中间。追了 5 天的日落和冰激凌店，他觉得无聊，就提前坐飞机回家了。我自己都准备要放弃了。

接着，一件出乎预料的事在 5 月 11 日发生了。我把车停在了穆尔的一处铁道岔口附近，一整个下午就坐在后挡板上，这里已经成了我的默认追风基地。我一边晃着腿，一边吞下一片满是西红柿块和墨西哥辣椒圈的达美乐薄底比萨。之前有两辆货运列车通过。根据我的计数，第二辆有 186 节非动力车厢和 5 节动力车厢。

我心不在焉地翻到了 Lightningmaps.org，这个网站标出了国家闪电检测网络的传感器记录的闪电。我好奇佛罗里达的闪电图会是什么样。但有件事看起来很蹊跷，得克萨斯州克拉伦登（Clarendon）附近出现了密集交叠的负闪标志。那里应该是干燥晴朗才对呀。可能是数据过期了，但我必须查验一遍。

我翻到了雷达页面——没有风暴，但得克萨斯"锅柄"地带的唐利县（Donley County）附近有一道细长的黄条。从雷达的反射率模式来看，当地就算下了雨也不大，但回波顶表明有一道高达 5 万英尺（合 15 240 米）的云柱。空气是干燥的，有一道热风正从西南方向吹来。天空呈烟灰色。

我很快确定了情况——一场小规模的草原火情发展成了烈火炼狱，向大气释放出大量热量，让一团团浮气得以快速上升。上升气体的动量冲破了极限，活跃在地表上方 3 万英尺（合 9 144 米）的冷空气中。没过多久，烟柱就产生了积云，最终发展成了一场雷暴，其高度已经达到了同温层。这是火积云，也就是由火焰引发的雷暴。我惊得目瞪口呆。

在气象学里，冒烟的雷暴是一个传说中的存在。我听说加利福尼亚州野火最严重的时候有过这种现象，但在春季的得克萨斯州和俄克拉何马州是闻所未闻。那天的预测降雨概率只有10%，恶劣天气风险是"微弱"。但我匆忙合上了比萨盒，使劲一甩汽车的后挡板，牢牢扣上，然后就驶上州际公路，前往俄克拉何马州西界。大气仿佛在眨眼。

天空越发暗淡，路上到处都是坑坑洼洼，汽车不时的颠簸反倒让我安心。之前清澈的天空现在仿佛涂上了一层底漆。终于，天空换上了皮革的面色，最后又变成了泥土色和褐色。世界好像失去了光彩，就像我之前在哈佛大学的日子一样。

天空水汽蒸腾，道道紫色闪电从中跃出。风暴如同铁砧，垂下一个个小液滴，点缀在空中。远方晃悠着一道变幻多姿的云墙，但我到处都看不见降雨的证据。尽管如此，我知道它就在那里。

下午5点，我下了高速，停在埃尔克城附近的一条乡村公路旁。**这里肯定是风水宝地**，我回想起了前一年与超级单体的首次相遇。有那么几个小时，上空飘浮着烟气与暴雨云的混合体，不时喷出针尖似的闪电，然后又是几分钟的寂静无声。雷达回波在入夜前基本就消失了，但充满电荷的天空仍然在噼啪作响。天要"排水"了。

过了好久，我的储存卡里塞满了几百张高分辨率照片，我敢说都是能上展览的水准，之后我踏上了返回俄克拉何马城的漫长夜路。黑夜已经降临，闪烁的星星就像圣诞树上挂的亮片。

开了一个小时后，我在40号州际公路旁停下，要去"排点水"。

四下里都看不见车头大灯，只有通过风力发电站一闪一闪的红色顶灯，我才能感受到景深。

我刚排了几秒钟，只听唰的一声！激射出的电子形成一道蛛网般的亮光，在几乎无云的空中宛如正午的太阳，在我面前照耀着大地。随之而来的是地震般的雷鸣。我瞬间吓傻了，拉好拉链，把裤腰带勒得跟止血绷带似的，仓皇跑回车里，爬进了驾驶座。车里正放着詹姆斯·泰勒的《火与雨》。我歇斯底里地大笑了起来。

大气一整天好像都在开玩笑。天空在嘲讽我，提醒我：归根到底，该来的总是会来。与大气一样，人的处境是由规则和随机共同缔造的。有时候，常规是可以扔出窗外的。有时候，火能助雨。

第十章　北极之旅

还没等我反应过来，8 月初就到了。结束亚特兰大的实习项目后，我开车回来换了驾照，申请了玻利维亚签证，打包好了去北极的行李。我还把衣服装进了另一个旅行箱——我大四秋季学期要在越南、摩洛哥和玻利维亚学习，而且我回国 36 个小时后就要再次出国。

8 月 2 日，我在诺姆（Nome）走下阿拉斯加航空公司的波音 737 客机时心想，**这里肯定有圣诞老人**。我从没到过这么靠北的地方。诺姆位于阿拉斯加的西沃德半岛，距离北极圈只有一步之遥，人口数约为 3 600，既有因纽特人，也有外来人员。当地产业以捕鱼航运为主，当年的淘金潮日渐衰退。

我走上了停机坪，这里的夏末空气是凛冽的。室外温度接近 60 华氏度（约合 15.6 摄氏度）。太阳温暖了我的脖颈儿，但风中带着冰的质感。地勤人员领着我们去了一些地方，应该是诺姆机场、轮胎店、邮局和肉铺吧。行李领取处就是墙上的一个洞，工作人员把行李箱和结实的塑料箱滑进去。那里还能找到几箱冻干肉。

鲍勃是科考领队，这意味着他要负责后勤工作，但此行还有十几名科研人员参加，每人都带了一两名研究生助理。20 岁的我是年纪最小的那一个。

我们大约一天半后会乘坐"希利"号出海，这艘船正从西雅图沿着海岸北上。于是，我和其他研究生有充足的时间探索诺姆。尽管城区只要 20 分钟就能轻松从一头走到另一头，但还是有几处隐藏的宝藏——极地酒吧是当地人喝一杯的地方，白令海酒吧和铁栅栏酒吧也不错。我们去了超市，那里一个西瓜卖 18 美元。诺姆竟然还有一家赛百味餐厅，真是神奇。

美国海岸警备队"希利"号是美国最大的破冰船，全长 420 英尺（约合 128 米）。它是按照水上实验室来设计的，工作和生活的空间充足，最多可容纳 51 名科学家。"希利"号速度很快——在 46 000 马力（约合 34 302.2 千瓦）的驱动下，巡航速度能达到每小时 20 英里（约合 32.2 千米）。

8 月 4 日，我们 8 人一组乘坐接驳艇上了船。我还是只有鲍勃一个熟人，但羞涩感正在消退。我身边是一群"书呆子"，我们很快找到了很多可以折腾的玩意儿。

利娅正在攻读博士学位，是鲍勃的得力干将。她在俄克拉何马城生活过几年，我没用多久就开始畅谈我在那里的经历了。她把我介绍给了杰茜。杰茜是科罗拉多州立大学的一名大气科学家，她带的学生是朱利奥和纳迪娅。

可惜，杰茜的项目组容不下其他志愿者了。她的研究课题是，海洋飞沫扬起的盐气溶胶在低层云成核过程中的作用。我成了伍兹霍尔研究所全职助研埃薇的帮手，参与采集和保存浮游生物样本。他们组研究的是有害藻华。

我们领到了寻呼机，还学习了遇到海难时要穿上野马牌救生服。每个人每天都要发报两次，确认自己还在船上——这既是一种签到方式，也是终极的安全保障。

＊　＊　＊

地球转轴有 23.5 度的倾角，这是季节形成的主要原因。北半球朝向太阳时，美国就是夏季；偏离太阳时就是冬季。

23.5 度倾角还造成了所谓的极昼和极夜。在夏天，距离北极点大约 23.5 度以内的区域（北纬 66.3 度北极圈内）至少会经历一次 24 小时的常明无夜期。太阳不会落下，这里不会被地球遮住，成了午夜日升之地。

冬天的情况恰恰相反。极夜笼罩在苔原之上，黑暗向南方蔓延，太阳连续数日或数周不会越过地平线。阿拉斯加州科策布（Kotzebue）基本已经到了北极圈内，冬至日的日照时长只有 1 小时 41 分钟。在美国最北端的城镇，阿拉斯加州乌特恰维克（Utqiagvik），太阳在 11 月 19 日—1 月 21 日之间根本不会升起。

诺姆不在北极圈内，但我们很快就能进入了。旅行的第三天，我倚在船尾栏杆上欣赏日落，只要一件运动衫就能抵御清新的冰冷海风。但是，杏子似的太阳没有落到地平线以下，反而重新开始上升，仿佛一架刚落地就要起飞的喷气机。那时我意识到：我们进入北极圈了。

整日不息的阳光让夜班轻松了一些。埃薇和我轮流用多支管（一台分成四个支管的仪器，将烧瓶里的液体吸出来，并用细滤网进行过滤）处理海水，每人负责 12 个小时。接着，我们将留在滤网上的浮游生物和生物质转移到试管中，放入零下 80 华氏度（约合零下 26.7 摄氏度）的环境冷冻。

我是晚上 11 点上班，上午 11 点下班。夜班不难适应——反正日夜不分，我很容易就习惯了。食堂还是每 4 个小时供应一餐。我们吃的不是午饭，而是午夜口粮，简称"夜粮"。

忙的时候，我们大约每隔一个小时就要用温盐深测量仪采集海水样本上船。温盐深测量仪就像反转版的气象气球。这些配重仪器会被抛入海底，海水涌入等间距摆放的 24 升聚氯乙烯管，以此探测海底状况。在阿拉斯加北坡以北的楚科奇海的部分区域，海床可深达近 1 英里（约合 1.6 千米）。因此，海水的信息量是很大的。

借助仪器，我们能够准确得知各层水团的来源。表层海水是薄薄的一层，温度接近冰点，盐度低——这是北极融水，来自融化的冰川。人类引发的气候变化已经导致北极的大量多年冰消失，正在加速融水在北冰洋和楚科奇海表层的散播。表层下能发现盐度更高的水团，比如太平洋亚北极中层水或者高密度绕极深层水。

海水盐度约为 3.4% 或 3.5%。数字听起来可能不大，但这意味着每立方米海水溶解了大约 77 磅（约合 34.9 千克）盐，大约相当于一个人 47 年的盐消耗量。

船上没有无线网络，也没有移动网络——我们断网了 3 周时间。我高兴极了。工作不忙的时候，我会和其他研究生在凌晨 3 点玩桌游，我会永远珍藏这段记忆。我产生了一种在哈佛大学都尚未萌发的归属感与亲近感。大家推荐我玩了《俄勒冈小径》，这是一款模拟 19 世纪美国西部移民生活的游戏。求胜心切的克里斯蒂娜抽了三次"痢疾"卡，我们险些都要抓狂了。

多媒体室有两台电视机和一个靠垫很舒服的黑色沙发。人只要坐进去就会被靠垫吞没，身体直降半英尺（约合 15.2 厘米）。我知道我要是不抓紧的话，肯定会一直落入异次元，没准我会跑到纳尼亚王国呢。

有一台电视连着任天堂主机。阿拉斯加大学费尔班克斯校区学生考尔德想教我玩《马里奥全明星大乱斗》，但我只会玩《马里奥赛车》。另一台电视播放着"希利"号船头摄像头的实时影像。一种流行的消遣方式就是在屏幕上寻找冰川，然后估算着会在几秒钟内听到清晰可闻的**撞击声**。

科考大约进入第二周的一个周二，我正坐在多媒体室时，注意到摄像头出现了一道形似彩虹的奇怪圆圈。太阳高照，外面却是一片白茫茫。我起初以为是镜头炫光，但船转向时我意识到，那道光环也会随着动。我一跃而起，冲过走廊，登上顶层甲板，小心地打开沿途的每一个水密舱，然后小心地关上。

"哇！"我尖叫一声，置身于荒凉无人之境。"不会吧！"如鬼似魅的白色雾虹（由雾气形成的虹状光环）笼罩了破冰船。它是单一的白色。站在高处的我们将一切尽收眼底。我的思绪飘到了从高中起就开始记录的愿望清单。

平流暖空气为北方带来了温和的空气，温度在 35 华氏度（约合 1.7 摄氏度）上下。冰封的大海温度更低，使空气中的水汽凝结。这就意味着冻雾，在船上形成了一层霜状冰。空气中有过冷水滴，但水滴太小了，无法将白光折射成多种色彩，只有最外层能清晰地看见一抹红。这就好比彩虹的半成品似的。

在一片魅影中间，我的影子周围有一圈光环。它的起因是表面波沿着水滴的衍射和传播，看起来像是彩虹环，或者说飘在空中的标靶。

光环上方还生出来一个开口朝天的倒立弧形光晕。这是一道环天顶弧——换言之，明亮的阳光照在平静的水面上，于是形成了第二道光弧。我的相机咔嗒咔嗒响个不停。

* * *

我们于 2018 年 8 月 24 日上岸。我的 21 岁生日已经过去 11 天了，但那都无所谓。科研组成员一定要庆祝我成年。回到陆地上后，我们去了贸易部酒吧。那是我第一次在美国饮酒（一年半前，我在以色列合法地喝过一杯葡萄酒）。我不知道会发生什么。

我过生日的消息刚在科研组里传开，各种天气主题的饮品就端上了我的桌子：一杯龙舌兰日出，一杯黑色风暴，不一样的洛克鸡尾酒 [1]……三杯下肚，我就断片儿了。**我连我为什么会紧张都不记得了**，我想着，笑得像个白痴，**这玩意儿真好**。

下午 4 点，我们回到诺姆机场。除了五六名普通旅客外，飞机上剩下的三十来位全都是我们一伙的。我踮着脚通过机场安检时努力稳住身形，希望美国运输安全管理局别发现我是个醉汉。安检员只有一个人，金属探测器看来无法检验出我的血液酒精浓度。

21 个小时后，我回到了科德角，短暂安顿休息了一天，然后就要飞往旧金山。我要去看望迈克尔，他是我在哈佛大学认识的天气迷朋友，小时候在波兰长大，后来回到了马萨诸塞州。另一场冒险再次在我面前展开。

1　洛克鸡尾酒是一类用冰块堆成小山状，再倒入各种酒品的饮料。"洛克"的字面意思就是岩石。

第十一章　出国访学

未见其形，先闻其味。那是没洗澡的人身上的味道，绝对错不了，是对无辜者的鼻腔发起的进攻，跟我几周前在波士顿马萨诸塞湾交通局橙线通勤列车黏糊糊的地板上"乘风破浪"时闻到的味道一个样。我本来预估野营一个礼拜后会闻到这种气味，但我们还没出发呀。这才是我们在旧金山的第一天。

我的眼睛里充满血丝，茫然地眨了几下，好适应阴暗局促、散发着霉味的青年旅舍大堂。摆宣传册的架子随意地靠在墙边，廉价吊顶水晶灯不时摆动。灯泡也不给力，只有三分之一亮着。

前台小哥头发乱蓬蓬的，穿着一件扎染衫。他和水晶灯看起来都需要充电了。他上方裂缝的墙上挂着卷边的山景日历。环视房间后，我马上就知道自己来对地方了。但我马上又希望自己来错了地方。

那年春天早些时候，我下定决心要出国访学，就报了一个名叫"气候变化：食物、水源与能源政治"的项目。我的特别分支上的课程——以研究生课程为主，而且每个学期都有校外课程——大部分都研修完了。我大四秋季学期可以什么都不干，也可以拿着哈佛大学的资助去海外旅行。我选择了后者。

哈佛大学网站列出了几十个通过审批的项目。这个由第三方公司负责的项目吸引了我的眼球，因为它要求去三个目的地：越南、摩洛哥和玻利维亚。教学大纲强调政府政策、资源管理和经济学。我对气候变化的物理层面已经有了广泛的认知，于是我觉得，学习它涉及的政治因素会让我成为一把双刃剑。

结果公司在学生不知情的情况下擅自调整了课程，将关注点换成了激进的气候正义，经济学换成了经济女性主义，气候物理学换成了气候主题音乐与诗歌，政治学换成了抗议策略。当我第一次站在同学们面前时，我就开始感到此事非同小可。

每张凳子，每把椅子，每个沙发垫，每根工艺粗糙的地板木条，都被形形色色的学生占据，就像一群鸽子占领广场雕像一样。有人坐在行李箱、行李袋和浅色枕套上，甚至有两个枕套里面有人，我反应过来那两人是把枕套当衬衫穿了。其中一个枕套上用永久性记号笔写着"F*UCK MONSANTO"[1]。

每个背包都挂着安全钩，跟圣诞节限定挂件似的，但我知道自己绝对不是去过节的。每个硬质行李箱上面都有贴纸，让我想起了一个邻居家的客货两用车的后半部分，她名叫安妮－玛丽，自称是精神治疗师。

大堂里的空气让人喘不过气，聚在这里的本科生里有大约三分之二静静坐着，还有人眼睛里闪着光，凝视着不近不远的地方。其他人在相互比较橡胶手环，每个环都彰显着佩戴者勇敢支持的事业。两个赤脚女孩——小个子的一头卷发，高个子的长得像棵向日葵——在玩手心手背游戏。这群人里看上去只有四分之一左右是男生。

---

1 意为"××孟山都"，孟山都是一家跨国农业企业。

"你肯定就是马修吧。"我身后传来一声低语，虽像诗歌一样甜美，却透着一股摸不透的虚伪。我转过身，任由背包滑下来，然后搁在笨重的行李上面。我抬头一看，跟希瑟打了个照面。

希瑟是"旅伴"，本质上就是跟团导游，负责协助我们办理访学期间的跨国旅行事宜。我几周前跟她有过一次视频通话。我之前从未经历过那样的交流。通话期间，她讲述了自己的人生故事——她出生在佛蒙特州布拉特尔伯勒（Brattleboro）的一个跨阶级（父亲家和母亲家一贫一富）家庭，做过跨国滑雪教练，成立过自己的种族正义与宣传组织，还在阿巴拉契亚贫困山区做过志愿木工。她刚过 26 岁。尽管我有些好奇，但我并没有问她为什么不再做这些"别具一格"的工作了。轮到我要回答问题了。

"哈，哈，哈。"希瑟说。她并不是真笑，而是硬做出来构成背景笑声的音节。她脚上穿着紫色拖鞋，绿色工装裤遮住了半条小腿，刚好露到脚踝上方一点。她上身是一件松垮的男式黑色 T 恤衫，上面用黄字写着"OCCUPY"[1]。她右边口袋里挂着一条红手绢。我记得视频通话的时候，她要求我们每天都要密切关注这个颜色。

一个克制的笑容浮现了出来。嘴巴咧得很大，但感觉是练过的。她瘦削的脸上顶着有一段时间没剪过的寸头。在仿佛不由自主的笑容映衬下，她的脸依然显得扭曲。

"那么，你想要怎么打招呼？"希瑟头偏向一边问道。她看上去是真的困惑。我也一样。

"不好意思？"我说道。我不自在地站着，右手搁在滚轮行李箱的

---

1 指"占领华尔街"运动。

扶手上。汗水开始从我的水蓝色 Polo 衫渗出来。大厅里热得像烤炉。我是穿着这件衣服和卡其裤飞来旧金山的，希望给同伴们留下一个好印象。我想要在气候政策与治理项目的第一天穿得正式一些。

"是这样，我们可以鞠躬、击掌、碰拳，也可以拥抱。我喜欢拥抱，但你不一定是那种爱拥抱的人。"希瑟把脸凑近了轻声说，表情空洞无神。我感觉我的回答会决定我的命运。

"呃……没问题。"我说着眼皮跳了一下，笑容礼貌却不自在。我轻轻咬了咬牙，同时缓缓抬起双臂，仿佛要扬帆迎风，一去不回。她又说话了——一开始是单调的轻声细语，但接着就成了小心翼翼的迫切。

"请问你是否同意我拥抱你呢？"她问道，还是舒缓的语气，跟我对小动物说话时一个样。

"呃，行啊。"我刚回答就责备起自己。呃？我真的说了这个字吗？这是我 5 分钟内说的第二个赘词了。

"太好了。"希瑟确认了一遍，仿佛在报时。她张开双臂，十来个"特艺"牌的彩色橡胶手环顺着她扬起的手腕滑了下来。我知道她自以为是一名经历过许多次英勇战斗的战士。她注意到我在看她的手环。她咧嘴笑了，眼睛也睁大了。

"这让我想起了我写的一首歌。"她说。

* * *

到了下午三四点的时候，我已经确信眼前有药物滥用现象了。我距离项目结束还有 106 天——项目刚开始 5 个小时，我就已经在倒计时了。

"我们会从沉默开始。"希瑟说道。我和其他 35 名学生聚在一栋老旧的湾区高层大厦的 13 层，希瑟踮着脚从我们中间走过。会议室的拱形天花板上吊着一片片即将剥落的涂料，好像快要掉下来似的。靠窗的墙边是一整排金属散热片，看样子从 1906 年大地震之后就没被动过。

"我们越安静，就越能听到和反思先辈的声音，"她轻声解释道，"我们是谁？让我们无声地相互介绍吧。"

我不可置信地环视四周。其他学生都在点头。有人跺脚，有人心不在焉地拿大拇指转着手环。希瑟每讲完一条要求就有几个人拍掌，我猜他们是想表达赞同。

"我们要漫游——没有具体的方向，就是漫游，像游客一样。我们在这里是客人。"她一边解释，一边挥舞着纤细的手臂——好像两根软趴趴的长条意大利面。"我说'定'，你们就转身，注视离你最近的人的眼睛。"

当我四处寻找隐藏的摄像头时，沉默淹没了房间。我肯定是被耍了。每隔一段时间，鞋子滑过起皮的木地板会发出回声，这就是能听到的全部声音。我盯着 36 个人像僵尸一样聚在房间里来来往往。我感觉自己在观看反社会鸡尾酒会的录像，还开了静音。

"定！"希瑟悦耳地说了一声。学生们定在了各自的位置。这是觉醒版的抢椅子游戏吗？还没等我进入思索，一个瘦高个女孩就朝我转了过来，她的名牌上写着："你好！我的名字是夏至。"她盯着我的眼睛，表情空洞无神。我被梦游者包围了。

活动又持续了 20 分钟。在一次看谁先眨眼的比拼中，我输给了一个名叫罗恩的男人，他似乎就是我们的跟团老师。他看上去 60 岁上下，戴眼镜，乱蓬蓬的白发披到肩上。他穿着拖鞋，白色帆布短裤，还有一件上面写着"和平"的 V 领 T 恤衫。浓密的胸毛从领子里透了出来。

破冰活动结束后，他拖着脚走到了希瑟旁边。他眼睛盯着地面，走路时胳膊保持不动。

"我是罗恩，"他向众人紧张地说道，沙哑的声音颤巍巍的，"我是一名社会学家，但我更重要的身份是活动家。气候变化是资本主义的产物，必须废除后者，才能解决前者。我本学期教了两门课，主题是终结气候变化，实现正义所必需的社会变革，我为此感到很激动。"

"嗯……"众人异口同声地应和道，一边点头，一边鼓掌。我蒙了。我本以为是来学习治理和政策的。

就在这时，弗恩飘然走进了房间。他是一名项目管理员，负责我们在旧金山的项目启动。他手里有半打摞在一起的铝盘。

"我们的食粮来了。"她的声音像唱歌一样。她赤脚缓步穿过房间，紧张兮兮地把罐头放在一个塑料折叠桌上面，然后揭开了盖子。蒸甜菜、山药和藜麦。项目在旧金山提供的所有餐点都是素食。

* * *

之后一周，诡异程度丝毫没有减弱。我开始慌了。**我要退出吗？我想，回哈佛大学读个经济学硕士？我选错职业道路了吗？**现在是大四了，我在哈佛大学的所有朋友都进了咨询、金融或科技行业，坐在都市闪闪发光的摩天楼里，拿着六位数的薪资，而我却在旧金山围着有机蔬菜唱歌。我拿这个怎么完成专业学习？我的新同志们肯定都有一段适应的过程。

我们的活动地点在阳光明媚的第 18 大街妇女大厦二层。这是一座社区中心，外墙壁画鲜艳得让人头晕，风景窗大大的，自然通风和采光都很好。画面是光明的。我们在一座彩虹熠熠生辉，羊驼冒充独角兽的山谷里，而我是其中的一片黑云。

在旧金山的最后一天，我们要决定"自己属于哪里"。客座讲者名叫凯文，他解释说，"我们的本质"就是共同拥有某些将我们"他者化"的东西的人。他将作业纸发给了盘坐在地上的我们。

我扫了一眼。纸上印着 10 个空格，每个都有一类会"区分我们"的事物，第一个空格标着"性取向"。**算了吧**，我心想。我回自己的笔记本电脑上敲新闻稿去了，如果希瑟蹑手蹑脚地走过来，我就准备把假的"笔记"标签页调出来。

"如果你们已经做完了，请反思你是被他者化更多，还是享受特权更多。"希瑟像神灯精灵一样在我面前冒了出来。**她也许能闻出恐惧的味道**，我想。

"你愿意分享你填写的回答吗？"她问道。

"不愿意。"我答道。其他人都还在写字，但有几个学生转过头盯着我。"表格与类别并不能定义我。那好像没有益处。'我的存在'可以是任何人。"她想了一会儿说。

"我们要和扎克聊聊你在课上用电脑的事情。"她说着又吃了一块麦片。

＊ ＊ ＊

9 月 12 日总算来到了。从这里开始就不能回头了。我们要先从旧金山飞去中国台北，然后转机去越南河内。上完"课"后，我走去沃尔格林药店买食盐，那是我的旅行必备用品。

晚上 7 点，我们将行李箱装上了驶往机场的大巴包车。弗朗辛是我们的"随行 POD"。POD 是 Person of the Day 的简称，字面意思是"值日人员"，她会协助我们处理旅行事宜。所有人都入座后，她给大家读了一首诗。大巴驶上了 101 号高速公路。

至少我不是一个人，我想。我在旧金山结识了两个亲近的朋友，杰森和凯比。他们同样对项目迄今为止的情况感到震惊。他们本来也以为这门课关注的是气候变化，以及能够帮助有需要的人的现实社会政策。当我发现他们只是在装样子，维持与同伴的良好关系时，我高兴极了。他们私底下和我一样对此厌烦透顶。

杰森在里士满大学读大三，研修经济学、政治学和领导力。他出身新泽西州梅塔钦市（Metuchen），符合只关心自己的兄弟会成员的典型形象，但如果你让他聊起全球气候经济，盛气凌人的面具就会变成双目圆睁的火热。他有时太过于专注自己的解释，以至于会忘记眨眼。

凯比恰恰相反。杰森是城里人，凯比则来自俄克拉何马州东北部的乡村。我第一周时知道她的老家后，马上就与她成了好朋友。

"俄克拉何马。"她起初只是这样说，不愿给出具体细节。

"俄克拉何马的哪里？"我问道。

"你不会知道的，是俄克拉何马东北。"她说。

"试试呗。"

"普赖尔溪。"她摇着头说。

"你是说下了 20 号高速公路克莱尔莫尔出口，过了 QuikTrip[1] 总部那里吧？"我答道。她震惊了，可能还有一点怀疑。我马上解释说自己是一个风暴追逐者，每逢春季天气恶劣的时候，我都会在她家那片流连忘返。不仅如此，我还喜欢普赖尔溪的阿贝兹快餐厅。

当我进一步了解了她的经历后，我不禁惊叹。凯比的爸妈有她的时候都只有十几岁，她是在切罗基人领地（Cherokee Nation）[2] 的活动板房里长大的。她爸爸不在身边，她妈妈很早就在挣扎着养家，是祖父母帮忙带大她的。

俄克拉何马州梅斯县（Mayes County）的经济状况提供不了多少人生发展的机遇，获得稳定收入往往意味着要长时间劳作，打好几份工。教育也是如此。县里的学校经费不足，用的一些老课本里还将美国内战称为"北方侵略战争"，而且对奴隶制一带而过。

凯比面临诸多劣势，但她学习成绩优异，多次光荣获得国家级奖学金，还拿到了杜克大学的四年全额奖学金。现在她正在科罗拉多法学院，即将毕业，而且正在写一本书。

2019 年直到我遇到她的母亲塔米，我才发现了凯比成功的原因之一。塔米爱自己的孩子胜过世界上的一切。我跟她见面才不到 5 分钟就明白，她会为了孩子付出一切。这意味着她会尽全力帮助凯比通过努力、坚韧和决心出人头地。

在去机场的大巴上，我和杰森是邻座，凯比坐得比较靠后。

"你坐哪个座位？"他问我。

---

1 QuikTrip 是一家美国零售企业，总部位于俄克拉何马州塔尔萨市。

2 位于俄克拉何马州东北部，是美国联邦政府承认的印第安主权部落之一。

"31C。"我坏笑着答道。希瑟提前用电子邮件把团体机票信息发给了每个人，我登录进去改了我的座位，免得和大家坐在一块。我可不想冒这样的风险：一边在高层大气中以每小时 500 英里（约合 804.7 千米）的速度飞驰，一边听着我旁边的人唱歌。

"你没帮我改？"他问道。我扑哧一声笑了。

"其实吧，我把你的改成去大溪地的航班了。"我眼睛先是一翻，又是一眯。

"我倒是想。"他抱怨道。

* * *

"资本主义！"约书亚大叫了一声。我们堵在机场入口前时，两名空乘人员绕开走了。大巴刚刚开走，希瑟站在门口，好像要准备杀进去抢劫似的。她的包卡在门槛上，自动门不停地开合。

"最！"赖利尖叫道。一家人从旁边走过，把小孩子往里推了推，两个大人打量了我们一眼。

"坏！"杰茜喊的声音大，却没什么气魄。附近纪念品商店的工作人员面面相觑。

"了！"朱尼珀应和道。我感到难为情。

"可笑啊！"弗朗辛放声歌唱。

"可笑！"米利喊道。接着是一段停顿。

"永垂——"杰森平淡地说。我朝他望去。他发现了我的目光，摇了摇头。

"不朽！"夏至唱完了最后一个词，踮脚站立，凯旋般凝视着不远不近的地方。我悄悄往外挪了几步。**如果我盯着自己的手机的话，还能假装不认识他们。** 这就是我们吸引关注的方式。这是希瑟的主意。

检票登机时同样闹了尴尬的一出戏，在航站楼内引来了广泛关注。每隔四五分钟，希瑟就会喊一句"Mic check！"[1]，大家随之喊出同样的话，表示他们听到了。她的大部分口号都影射了她认为有意义的诗歌和抗议歌曲。没过多久，我们就到运输安全管理局的办公室里浅吟低唱了，尽管听起来更像是黑魔法咒语。

到了晚上9点，我们终于过闸机了。我、杰森和达米安走在一起，聊我们之前的出国经历。达米安是宾夕法尼亚大学政治学的一名大三学生，与杰森不同，他是个令人捉摸不透的人。关起门来，他会滔滔不绝地抱怨这个项目，但到了希瑟跟前，他又成了热情洋溢的马屁精。我分不清哪个才是真的他。

"大家晚上10点来这里见离程POD。"希瑟说话时眼睛都没有眨一下。她是对大家说话的，眼睛却一会儿盯着我，一会儿盯着杰森，眼神甚是严厉。我们只有不到一个小时的时间，而登机时间是晚上11点25分。

杰森和我在机场里逛游，仔细留心着时间。凯比决定跟凯伦、达米安和阿莉一起去找吃的。她无意间成了三角恋的电灯泡。

我们大约在同一时间返回，晚上9点52分左右在闸机处跟大部队会合。希瑟跟凯比、凯伦、达米安和阿莉打了招呼，然后朝杰森和我缓缓走来。

---

1 字面意思是"麦克风检查"，就是看麦克风功能是否正常。同时，这也是"占领华尔街"运动中的一句标志性口号：一人高喊"Mic check，×××"（×××是某句有实际意义的口号，比如"我们是99%"），然后大家齐声和"Mic check，×××"。

"你们迟到了。"她说。她盯着我们，表情冷漠而坚定。

"希瑟，现在是晚上9点53分，"我不带感情地陈述道，声音毫不动摇，"我们其实还早了7分钟呢。"

"你们迟到了。"她又说了一遍，点着头朝我们俯过身来。杰森和我没有说话。希瑟看样子生气了："你们应该晚上9点45分到的。"

凯比听到希瑟的话，转过身来，朝我投来一个困惑的目光。我抬起了眉毛，好像在说，**我也不知道啊**。我转向了其他队员。

"伙计们，咱们应该几点回来啊？"我扬扬得意地问道。

"晚上10点。"有几个人说。希瑟紧紧合上了嘴。我敢肯定，她那双精灵似的尖耳朵里都快要冒出烟来了。

"你们迟到了，"她又说了一遍，仿佛要说服自己似的，"如果再迟到一次，你们就要失去待遇了，到时候就非得跟扎克谈谈了。"扎克是项目负责人，我们在旧金山见过他。还不等我说话，她就气冲冲地走了。

一个小时后，我们一行38人在登机廊桥上排队，依次走进了贴着凯蒂猫图案的长荣航空空客350班机。杰森觉得很好玩。

"引擎是靠歌声驱动的。"他说。我笑了。就在那时，我感觉后面有个人——希瑟在旁边。

"马修，我想跟你谈谈你之前的反应。"我听到有人说话，就转过身来。希瑟离我不到3英尺（约合0.9米），正在跟我交谈，但她没有看我——她的目光前后游移。我没说话，对接下来的走向感到好奇（还有一点开心）。

"我之前不需要被人纠正，"她说话时字斟句酌，就跟《幸运之轮》[1]的选手似的，"下不为例。"

"我一定会言听计从，希瑟，"我笑着说，"这意味着，你说22点到，我就晚上10点到，保证完成任务。"我把嘴巴咧得很开，假装出热情的样子。

"我需要你多说'是'，少说'不'，"她回了一句，要求我道歉，"你跟值日人员也没有眼神交流，你参加赞美活动和唱歌时不积极。出国旅行是有压力，我会努力让每个人都自在。"

我们横跨太平洋的航程共计14个小时，刚过2小时，我发现了什么才能真正让团体旅行更自在：长相思葡萄酒。我们在那个学期会成为铁杆搭档。

---

1 《幸运之轮》（*Wheel of Fortune*），一档1975年开播的美国益智电视节目，基本规则是按照字母提示猜单词。

第十二章　奔离

"我觉得我妈妈不会喜欢这样。"我对杰森和凯比说。我最起码还有头盔。再说只要 6 美元，这么便宜的价钱不容错过。要是在美国，我得付 15 倍的费用。

那是 10 月初，我们到越南已经一个月了。之前的 4 周时间里充斥着纯粹的疯狂行径。我现在要逃了——在字面意义上，也是在象征意义上——方式是骑摩托车。

这是我第一次真正将谨慎抛诸脑后，但我需要一个出口。我讲了一个"鸡为什么要过马路"的笑话[1]，结果被以"物种歧视"罪名受罚。有人对我说，我"讲述的事实在讨论情感问题时不适用"。我的笔记本电脑被收走，因为"拉歌不积极"。我还被通知，行李中带着的食盐"太多了"。就连访学公司聘用的当地管理员方女士都觉得希瑟是疯子，她站在我这边。

* * *

我们到越南的第一站是河内。这座位于越南北部红河三角洲的城

1　这是个冷笑话，接下来的回答是"因为要去马路对面"。

市有 500 万人口，是一座富有魅力，有时又显得矛盾的文化汇聚之地。西方文化的影子随处可见，但对我来说，那只是沉浸在传统旧大陆庙宇厅堂之后的余味。

道路两旁是商业化便利店，中间是自发形成的街边市场，老妇人卖水果，小孩子兜售手机充电器、转接头和其他电子产品。所有年纪的人都会讲价。假名牌衣服挂在金属晾衣架上，从楼里伸出来。土路和阳台地砖上堆着小山似的"北面"夹克衫和"阿迪达斯"运动服。街上堆满了物什。

当地的经济状况令我惊奇。所有人看起来都不富裕，但也没有人穷困潦倒。大多数家庭的月收入只有几百美元。这点钱买笔记本电脑、平板电脑或汽车虽然不够，但维持生计是绰绰有余。食品价格很低。

每个街角都有越南的招牌米粉汤面，15 英尺（约合 4.6 米）内必有一口大锅。空气中飘荡着牛肉汤和芫荽的鲜香美味。50 美分就能买一大份，通常是一个亲切的老奶奶拿勺子舀汤到碗里。约上三五好友，坐在塑料凳上享用，最是舒爽。吃米粉是一种情感交流，米粉是一种代表着信任的食物，在丰富的越南文化中占据着核心地位。

最大的冲击来自马路。我们到越南之前就被告知："过马路不要等，慢慢过，中途不要停。"下飞机不到 10 分钟，我们就明白个中原因了。马路上挤满了摩托车和电动车，像愤怒的蜜蜂似的聚集成团，车与车乱糟糟地"勾肩搭背"，偶尔还有车蹿上人行道。空气中响彻着高音喇叭声。

交通法规基本不存在。有标志牌、有红绿灯，路面上也有画线，但它们只起提示作用。如果两点之间走直线最短的话，那人们就一定会走直线，哪怕这意味着逆行或者冲下人行道。

我从没见过这么多把马路都堵住的摩托车，也从没见过这么载人、运货的摩托车。一辆电动车可以挤下一家四口，外加背包和好几兜菜。有的轻型摩托车装着一箱箱的蔬菜水果、一桶桶的水，还有的堆着椅子、电器、沙发、关在笼子里的鸡、装在编织袋里的卷心菜。它们让我想起了苏斯博士的画册《戴帽子的猫》里的某个场景。走过街道，我不禁感觉自己是河里的一枚石子。我只能静静地祈祷着车流会从我两侧绕开。

来越南的第三周，我们从河内转移到了南边约250英里（约合402.3千米）处的海滨城市岘港。要不是有这个项目的话，岘港简直就是天堂。沙滩风景如画，越南东侧的热带海域很温暖。从岘港往内地只要开一个小时车，就能抵达法式风情的巴纳山度假村。岘港机场位于市中心，离我们的寄宿住处只有一步之遥。

我们打车不用优步，而是用能极速叫到摩的的Grab。白天，我会偷偷用蓝色驼峰牌运动水壶装上廉价的大叻白葡萄酒，带到课上去；酒能帮助我忍受连着几个小时的唱歌环节。下课后，我经常和朋友们一起去当地酒吧，我总会带上笔记本电脑给《华盛顿邮报》写上午发布的州内新闻。到了晚上，市民和游客都会涌上汉河龙桥。每次日落后不久，龙头就会喷火。

尽管课堂上很少有激发思想的对话，要隔好久才能有一次，但噪声中还是埋藏着几件宝藏，其中之一就是越南参加的REDD+计划。该计划全称Reducing Emissions from Deforestation and Forest Degradation，意为"减少由毁林与森林退化造成的碳排放"，2005年由联合国磋商首创，旨在通过提高森林管理水平等措施来减缓气候变化的步伐。

据信，毁林与森林退化在温室气体效应中所占比例超过五分之一；

植被是碳储存的重要环节，因此保护植被是必由之路。越南于 2009 年加入 REDD+ 计划。截至 2014 年，共有 49 国加入该项目，以全球南方国家[1]为主。REDD+ 框架为保护树木中的"碳库"提供了经济激励措施，同时为长期可持续发展战略提供指导。

驻留岘港期间，我们在会安待了 4 天。会安是一座平静的小城，在岘港以南约 1 小时车程处，那里的裁缝技艺精湛，享誉世界。杰森建议我们去一趟，于是我们就去了。一个衣着华丽的轻佻女人坐在散发着霉味的作坊里，身边是成堆的织物样料。她名叫鲁比。在她的劝说下，我订了 2 件定制正装、4 件衬衫和 1 双手工鞋。这些加起来还不到 300 美元，而且第二天早晨就能全做好。成品效果把我惊呆了——手艺无可挑剔，做工精雕细琢。（直到今天，我上电视还是只穿这两套正装。我还打算哪天再去找鲁比多买几件。）

尽管度假小城的日子颇为悠闲，但逃离希瑟的枷锁是一项西西弗斯推石头似的任务。不管在哪里，我们一转身，她就在后面。在酒精带我逃离现实的力量消散之前，我往水瓶里添酒的次数毕竟是有限的。终于，杰森、凯比和我都受够了。

* * *

"她迟早会发现的，"杰森说，"我们不能全都装病啊。她知道我们整天抱团。"

"是啊。"凯比点头表示赞同。"我们要把项目假条用了吗？"我眼

1　指称范围基本等同于发展中国家，因多位于南半球而得名，但也有一些在北半球。

珠一翻。希瑟团建活动的"亲密"程度让人瞠目结舌，为了逃避而装病的人实在太多了，以至于她为了维护掌控局势的假象，采取了每个国家只能请假一次的制度，她称之为"项目假条"。我们做出了决定，这就是最好的选择。

"我来预订地方。"杰森说。我那时已经给他起了个外号YelpMom，因为他沉迷于 Yelp 和 TripAdvisor 上面的评价，他去一家餐厅或咖啡厅之前一定会认真查看网友点评。凡是评级低于 4.2 星的都不能去。他宁愿饿死，也不会在 3 星餐厅吃饭。

尽管遭到我和凯比的嘲笑，但杰森确实有本领发现和预订不同凡响的小众活动。我们已经是闭着眼信任他了，即便那意味着要钻进不明来路的面包车，在小巷子里漫步，或者探索位于地下室的市场。他总是知道自己要去哪里。我平常控制欲超强，现在也习惯了跟着他走。

那天租摩托车只花了 6 美元（含邮费），送车到酒店另收 1 美元。我们在这个环节失算了——如果希瑟不是就在 30 英尺（约合 9.1 米）之内的话，明目张胆地违规就要容易多了。这实在不算是秘密行动。

摩托车送到后，我淡定地上了自己的车，像看野兽一样看着它。我想到了一头机械公牛，就像乡下和西部酒吧里的那种似的。

车加速很快，我一拧油门，身子马上就往后倒。这东西劲头十足。我夹紧双腿，俯身朝向把手，双手紧握，以便改善气动造型。杰森和凯比也是有样学样。

"回见！"我在疾驰而出前高喊一声，声音几乎被引擎声盖住。发动机听上去如同一台怒吼的电锯。

我们沿着路开了数百米，在那里碰头讨论备选方案，最后定的目的地是沿海岸跑 30 英里（约合 48.3 千米）的一个海滩。旅程一开始有点跌宕磕绊，但我们几分钟就掌握了门道。没过多久，我们就像越南人一样在街巷之间辗转穿梭了。

当我们来到会安南郊时，车流骤降，与拥堵的河内主干道判若两样。等我们绕出 HL15 县道，开上一条编号为 129 的高速公路时，路上就再也看不到其他人了。

平直光滑的铺装路面一直延伸到我们能看到的最远范围。地貌以沙土色的田地、灌木丛和不时出现的棕榈树为主，偶尔有几个交叉口聚着铁皮屋顶的平房。大部分建筑的百叶窗都有画着可口可乐或乐事薯片商标的横幅垂下来。我用力握紧油门往后拧。

纤细的速度表指针匀速滑向右侧，就像模拟时钟的指针一样。50，60，70，80……在后视镜里，我看到杰森的身影显得更小了；凯比还在他后面，只是一个小点。我摇了摇头。如果杰森是个绅士的话，他应该骑在凯比后面才对。

尽管室外温度是 85 华氏度（约合 29.4 摄氏度），而且潮得发闷，但迎面而来的风还是凉爽的。**原理和风冷是一样的**，我心想。人体不断向外散热，在周围形成了小范围的隔热保温层。如果运动速度足够快的话，人就会赶走无形的隔热层，感觉就会更凉爽。（湿球的物理原理也与此有关，高速气流能够更高效地带走人体皮肤表面汗液里的水，从而加强蒸发降温效果。）

我加快了速度，富有韵律感的引擎声与从我身边绕过的呼啸风声混杂在了一起。红色指针飙到了接近时速 100 千米，它在嘲讽我。我眯起眼睛，扫视了一眼前方环境，看有没有路面缺陷的迹象：没有坑洼，没有石头，也没有草皮。我再次加速，速度表指针冲上了 3 位数，我的脉搏也随之提速。我自由了。

几个月来，我第一次感受到沐浴在幸福中——我现在的时速相当于 62.5 英里（约合 100.6 千米），我可以超过我能想到的所有东西。

我忘记了项目的荒诞，对毕业后的计划所不断累积的焦虑情绪也一下子烟消云散。片刻间，我对职业道路选择正确与否的自我怀疑消失得无影无踪。过去 3 年，孤独感弥漫在我的大学生活中；如今，那似乎只是一段悠远的记忆。

我想到我突然不再是一个人了，我奔驰在世界另一端的高速公路上，身边是两个我确信会终生相伴的朋友。他们对我的了解已经比任何人都多了，虽然他们的发现没有改变任何事。我感觉他们会留在我身边。

* * *

这是过山车吗？我问我自己。我们在农田与旷野之间已经穿行了将近半个小时。现在，我们来到了一处错位的购物绿洲旁边。

我慢了下来，先前的狂喜被一种空洞的乐观所取代。精心修剪的茂盛草坪环绕着碧蓝的游泳池，水上乐园足足有 4 层楼那么高。几百米外有一处卵石露台，等距排列的鲜艳霓虹遮阳伞显得很乖巧。一条懒散的小河绕行于星星点点的游乐园滑梯之间，旁边是一派着力于模仿典型美国大道的西式建筑。远处矗立着两座高层酒店，那是炫耀财富的巨塔。

我伸出左臂，示意前面要转弯，然后就拐了进去。杰森和凯比跟在我后面。我看到了一个写着"珍珠岛"（VINPEARL）的招牌。在我的记忆中，这座海滨度假村崭新而空旷。

我抬头望天——当时大概是下午两三点钟，一片片形似泡芙球的积云正在形成。越南一年四季都是雨季。到了夏末，包括河内在内的越南北部常常连日暴雨，但岘港的大部分降雨量来自 10 月至第二年 4 月之间。

又骑了 10 分钟，我们终于拐进了一条土路。谷歌地图对"路"的认定标准显然是很宽泛的。双排土路变成了长着草的单排小径，接着进一步变窄，成了破破烂烂、杂草丛生的人行道，也就不到 1 米宽吧。我骑着摩托在前面开路。我明白我不能停，停了就要摔倒。

在棕榈树的树荫下，人行道恍如一条隧道，硬质泥土路面上的沙子也变多了。终于，车胎开始往下陷了。又过了好久，我发现了几间用胶合板和瓦楞铁造的小房子，还注意到前方有开口。我们到了。

我关掉车灯，从摩托车上一跃而下，把它靠在一小段生锈的铁丝网围栏上。杰森也这样做了。接着，凯比的引擎也沉寂了。

"嗨！"我听到了她的喊声，里面夹杂着担忧和有点搞笑的解脱。我转过身。她下车的时候把车弄倒了，撑脚架陷入了滩涂，有十几厘米深。她卡在了车下，一边大笑，一边舞动胳膊："谁能来帮帮我吗？"

第十三章　沙漠生活

"一封感谢信、一句认可、一句欣赏的话都没有，挺伤人的。"希瑟小声说。房间里鸦雀无声，紧张与躁动在累积，摩洛哥干燥的空气也渐渐凝重。杰茜泪汪汪地盯着地面，米利在座位上不安地扭动着。我已经喝了三水壶（或者说三"杯"）霞多丽白葡萄酒，躺倒在椅子里，笔记本电脑的屏幕打开着。我的视线聚焦于 5 级飓风"迈克尔"的卫星图，它正朝着佛罗里达的大本德（Big Bend）前进。数千人即将失去一切，而我们正在安慰希瑟，她觉得自己写的旅行诗没有得到足够的赞赏。

那是 2018 年 10 月 10 日。我们刚到摩洛哥才一周左右，但希瑟成功疯出了新高度。课程地点设在一座由马赛克和砂岩建造的社区中心，位于拉巴特（Rabat）的麦地那区，也就是主城区。这座非洲西北海岸城市约有 50 万人口。下午的课本来 40 分钟前就该结束了，但希瑟还在长篇大论。我们一时半会儿哪也去不成了。

"我的角色是推动变革，"希瑟愤愤然说着时捂住了肚子，好像结结实实挨了一拳，正要缓过来，"我花时间录制了关于祖先们的舒缓歌谣。也许是因为在机场里吧，但所有人都一言不发，这不符合我们的社群价值观。"

唰！全班人都转过头来看我。我正紧紧握着一只胶皮熊，我和杰森、凯比给它起了个昵称"布鲁斯"，把它藏在彼此的包里已经成了一个戏谑的传统。在那一天，我把它介绍给了全班同学，称之为我的"情绪支持物"。既然无可奈何那就加入大家吧，我想。

"你有什么话要分享吗，马修？"希瑟不怀好意地问道，不敢相信打断她的会是布鲁斯。我坐着身体往前倾，盖紧塑料水壶，然后像接到指令一样开始了演讲。

"希瑟，"我笑着说，目光却冷漠而空洞，"我们中有一些是正常的成年人，不需要诗或者歌的安慰才能上飞机。"米利倒抽了一口气，弗朗辛饶有趣味地看着我。罗恩本来在嚼瓜子，但下巴突然定住了。

"也许你可以考虑不是强行索取他人的赞赏，而是在他人真正欣赏时进行真诚的交流，"我点头说道，眉毛扬了起来，"我是个直率的人。别人做得好，我一般就会说'做得好'。"

我俯身抬起摇摇晃晃的折叠桌的胶合木面板，利索地收拾好东西，无声地朝门口走去。36双眼睛在跟着我。我知道，杰森、凯比、达米安、阿莉、凯伦、维多利亚、雷斯和谢利都在嫉妒我。

"我还没说完呢！"希瑟的吼声震天响，再也不假惺惺地搞那套辣眼睛的恬淡风了。她咬紧牙关，眼皮在颤抖。

"我说完了，"我笑着说道，礼貌地颔首，"用玛克辛·沃特斯（Maxine Waters）的话说，'我要用自己的时间了'。"[1]

---

1 玛克辛·沃特斯是美国加利福尼亚州众议员，美国国会进步党成员，在众议院金融服务委员会任职多年。这句话是美国国会听证会里的常用语，当委员认为接受质询者避重就轻时就可以说，要求对方单刀直入。2017年，沃特斯在听证会上对时任财政部长说了这句话，这成为当年的热门话题。

我像跳房子一样蹦下台阶，感觉自己刚才一个字都没有磕巴。离开了尘土飞扬、满满登登的教室，我眨着眼适应室外突然照下来的光亮。我在街边市场上漫步，直到发现一家貌似是比萨摊的店。"30迪拉姆不算贵。"我说着坐到了红色塑料凳上。我打开笔记本电脑，继续预测接下来45分钟的天气，直到杰森和凯比终于到来。

"太扯了。"杰森说话的时候像大坏狼一样喘着粗气。我抬起了正在看电脑屏幕的头，露出开心的微笑。

"她讲了80分钟她觉得自己得不到赞赏，因为我们不喜欢她那首歌'放轻松，你就要回归你自己了'。"

"我懂，"我大笑起来，"我也在现场……起码听了一部分。"

"你明天要倒霉了。"凯比说。我耸了耸肩。

我们溜达了数百米，来到海滩，地平线边缘是火红的暮色。路边停着毛毛虫似的铰接公交车，车窗要么破了，要么被砸出了小洞，无一例外。它们看起来就像是战争片的道具。

那是我第一次看到太阳在我西边沉入大西洋。我从小在科德角长大，只见过海上日出。当桃红色的圆球开始从远方水域落下时，我突然想起了一个神秘的天象，据说就是存在于类似的条件下。

"伙计们，咱们去寻找绿光吧！"我大叫一声，把凯比和杰森都吓了一跳。我们站在饱经侵蚀的岩壁上，距离下面水花四溅的海面大约有20英尺（约合6.1米）。岩石像沉睡的巨人一样守护着海岸。他们俩奇怪地看着我。

"有时候，最后逃离地平线的阳光会呈现出绿色，"我解释道，不知道他们是真的在意，还是跟我客气，"就像海市蜃楼一样。蓝绿以外的颜色都散射掉或者被吸收了。在太阳马上就要落下时，绿光不会与红光、黄光或其他任何光重叠。"

他们耸了耸肩，但我知道我已经引起了他们的注意——俩人都眯缝着眼，眺望远方水域。

"十，九，八，"我喊着，"七……"

突然间，地平线顶端出现了一抹酸橙色，越来越亮，向两旁延伸，最后完全消失。我赶紧眨了眨眼，希望景象还能映在我的针尖状瞳孔里。

"就是它！"杰森急不可耐地说道，明显是对看到的东西感到兴奋。凯比点着头，瞪大了眼睛。

"太酷了！"她附和道。

我笑了。这不算什么大事，却是我一定要与朋友们分享的重要时刻。我没指望**真能**见到，但我很高兴有人在我身边，共同感受这份体验。又实现了一项愿望。

* * *

"等到周一晚上吧，你们就能目睹沙漠的夜空，"我期待着明天晚上的撒哈拉之行，"你看到的星星会比你知道存在的还要多。"

我蜷缩在兜着水的遮阳棚下面，等着队里的其他人。杰森和凯比站在我身旁，达米安、阿莉和凯伦落在后面。我们在等雷斯和谢利，他们正在收拾行李，离开我们订的爱彼迎民宿。我们租的是整套，但屋里似乎还有个女的，整天在厨房外的一个窄窄巴巴的小房间里煎土豆。

正在下大雨。雨是昨晚开始下的，正好和我们8个人同时抵达。

传统老城菲斯（Fes）是我们去撒哈拉沙漠的中途落脚点。我们在项目期间有 5 天假期，肯定要逃离希瑟。

菲斯城有 120 万人口，中央是一处让人不禁想起埃及城堡的寂静据点。旧城区是一座砖块和砂岩过道的迷宫，满是蜿蜒曲折的街巷和地下通道，现代化的郊区则在外围铺开。我分不清自己是在室内还是室外，是在走廊还是步道。每个角落都聚集着街头小贩，每当垃圾骡经过，就紧靠在旁边建筑物的白墙上。（市中心没有卡车，所以要用一头骡子收垃圾。）

强力冷锋正在横扫当地，一直延伸到直布罗陀海峡附近的低气压通道南侧。冷锋在向东移动，这意味着当我们接下来跟随冷锋前往摩洛哥东南部小镇，与阿尔及利亚接壤的迈尔祖加（Merzouga）时，那一路开车可就遭罪了。我在发抖。前一天气温还有 70 多华氏度（约合 21.1 摄氏度），不到 75 华氏度（约合 23.9 摄氏度），但冷雨浇灭了我的引火火种。现在气温连 50 华氏度（合 10 摄氏度）都不到。

"他说他就在这边。"达米安说，领着我们走在一条有不少沙子的卵石路上，朝菲斯城麦地那区的边缘走去。我们要在那里跟导游见面。我对 10 小时的车程不抱期待。

* * *

我们的导游名叫优素福。行程是达米安和凯伦安排的，他们跟优素福把价格讲到了一人 300 美元，包括路费和全地形车的租金。这简直跟明抢一样啊。我们分成两组，分头上了两辆四驱 SUV 汽车。杰森、凯比、雷斯和我钻进了第二辆车，达米安、阿莉、凯伦和谢利上了头车。我们一进车就脱了雨衣，但根本没用：车窗马上就起雾了。

司机阿米尔一直不说话，出了菲斯城，就在曲折的公路上加速前行。清晰的挡风玻璃模糊了起来，除霜器的嗡鸣声也变大了。阿米尔从兜里掏出手巾，抹掉一小片冷凝水，弓着腰往外看。雨点落得更猛了，雨刷器疯狂摆动。阿米尔眯起了眼。我感觉像在一架夜间航行的飞机上，周围什么都看不见，也没有空间意识。

平整的铺装公路让位于遍布坑洼的破碎柏油路。我很庆幸自己早饭吃得不多。

"啊——"前座的雷斯突然蹦了起来，大喊一声，明显是受惊了。我朝后视镜的方向望去，想看看他闹的是哪一出，结果却发现后视镜不见了。显然，它已经从挡风玻璃上被刮了下来，而且让所有人吃惊的是，它落在了雷斯的大腿上。

"我觉得我就抱着它吧。"他说着，突然就笑了，不受控制地接连喷出鼻息，咯咯傻笑，往嘴里抽气。其他人也被传染了。与此同时，阿米尔头都没抬一下，他紧握着方向盘，关节攥得都发白了。考虑到地形情况，我感觉这样做是对的。

曲折的道路开始爬升，车也仰起了头。在风的催动下，雨滴不停地拍打着挡风玻璃。雨大到了我们必须高声说话的程度。灌木丛和棕榈树变成了从焦灼红土上钻出的松树。有些树抱成一团，仿佛要躲避寒意似的。仪表盘显示温度为 9 摄氏度。

平缓起伏的地貌先是变成丘陵，最后成了高山。车子本来是温和地颠簸，现在一会儿爬大上坡，一会儿高速俯冲。我从放在大腿上的密封薯片就知道我们在往高处走——环境气压在下降，而袋内气体的量是恒定的，于是袋子就膨胀了。就连零食也能充当临时气压计。

我通过后挡风玻璃往外看，透过水雾，我看出我们正沿着山谷的边缘行驶。目之所及，唯有重重迷雾下方的地貌。我们没入了云海中。

嗖！一小块白色物体从我旁边的车窗划过。我把更多雾气擦掉。又有一块划过，接着又是一块，从空中飞过，像羽毛一样飘摇落地。有一块卡在了玻璃上，边缘的霜越变越大，然后伴着一滴水滑了下去。

"嘿，大胃王，下雪了。"杰森说着从后座拍了拍我的肩膀。我将身体前倾，保持不动。老天给我们准备了发自云端的礼花炮。

过了 5 分钟，萌芽的风雪成了凶猛的暴风雪。我们穿行于大阿特拉斯山脉中的台地，能见度几乎降为零。车慢了下来，从每小时 40 英里（约合 64.4 千米）到 30 英里（约合 48.3 千米），再到 20 英里（约合 32.2 千米）。到最后，我们简直是在爬行了。

"妈呀，妈呀，妈呀！"凯比喊道。我伸手抓住了顶篷摇杆。我们正向斜后方滑落，但阿米尔把方向盘打得笔直。我只能看见刹车灯，灯光来自我们这个水平差、胆子大的车队的头车。

咣当。我们像走错路的雪橇车一样滑进了沟里，右前轮脱离了道路。阿米尔把右前轮往左打，车子在岩石和草丛上面一路打滑，车屁股甩得像钟摆一样。我的背包被颠下了座位，掉到地上，水壶也从杯托上摔了下来。几秒钟后，我们重新稳稳地回到了路上。

"耶耶耶耶！"我大声道。凯比笑着翻了个白眼。

大约过了 20 分钟，我们在一片白茫茫中停车加油。我穿着牛仔裤和斯佩里船鞋走出 SUV 汽车，眼镜在霜气中马上就起了雾。阿米尔和优素福碰头讨论计划。显然，冬爷爷还没到季节就发脾气了，去沙漠的主干道因此关闭。

两人决定往回开半个小时，走另一条路。空调喷出一股热风到我脸上，让我进入了梦乡。几个小时后等我醒来时，我们已经身处葱郁之间，树木矮而粗壮。目力所及，皆为平地，四周是远山的不祥身影。我早晨5点起来写《华盛顿邮报》的文章，现在已经困得颠三倒四了，而我们还要再过8个小时才能到迈尔祖加。

* * *

地球是一个旋转系统。我们很容易忘记自己生活在一个直径7 918英里（约合12 742.8千米），每23.93小时转一圈的球体上。地表的所有物体都会感受到地球自转的影响，也都会受到科里奥利力。这对大气层的总循环至关重要。［在北半球，科里奥利力会将加速中的物体往右推。不管你是一名飞越大西洋的驾驶员，还是瞄准四分之一英里（约合402.3米）外目标的狙击手，你都必须将科里奥利力考虑在内。就连全垒打棒球都会往右偏约1英寸（合2.54厘米）。］纬度越高，科里奥利力越强。

纬度对气候也有影响。地表各处每年的累积白昼时长大致相同，但日照量未必相同。

在赤道上，每日白昼时间都是12小时左右，而到了南极点和北极点，有些日子是24小时白昼，有些日子是24小时黑夜。两相抵消，白昼总时长基本一致。

有区别的是日照角度和强度。阳光在赤道上是直射，所以当地全年气候温暖。但两极即便在夏至也是冰冷彻骨，因为阳光入射角非常低。地表远离太阳时，同一束阳光会散布在更大的范围内，强度和加热效应也会随之减弱。这种不平衡驱动着宏观气流，宏观气流又驱动着天气现象。

因为暖空气密度较低，所以赤道上的空气会上升，而两极附近的空气会下降。这就意味着，空气在赤道倾向于上升，向两极运动，然后下降，返回赤道。此即所谓的"哈德利环流圈"。

但因为地球会自传，所以向极地运动的空气会往右偏，所处地球截面的半径也会越来越小。于是，角动量就保存了下来。

设想有一位滑冰运动员在转圈。她展开双臂，旋转就变慢，双臂内收，转速则会大大提高。向极地运动的高层大气气团远离赤道的过程中，就会向东加速运动。随着纬度的增大，向东运动的速率也会升高。

理论上，这意味着空气在极点的速率会是无穷大。但这是不可能发生的。事实上，哈德利环流机制只作用于赤道两侧约30度以内。再往外的话，气团就会各自开始止步掉头，形成高气压涡旋和低气压涡旋，这些涡旋倾向于向极地传播热量。这就是涡旋热量输送区。

在北半球，哈德利环流圈的北界标志是下沉空气。南半球哈德利环流圈南界也是如此。空气下沉会变暖变干。正因如此，非洲北部和南部、亚洲局部地区、中东以及澳大利亚、智利和阿根廷大半国土都是荒漠。按照纬度来看，美国本来也应该以荒漠为主，但加勒比海和墨西哥湾大大提高了空气湿度，避免了这种情况的发生。

在赤道附近，哈德利环流的上升气流辐合成一条不连续的暴雨和雷雨带，绕了地球一圈。气象学家称之为"热带辐合带"。它会跟着往太阳热量最丰富的地方走，所以每年都会向南北摆动。

荒漠的定义是年均降水量低于10英寸（合254毫米）的地区。信不信由你，荒漠的划分与温度无关——世界上最大的荒漠其实是南极洲。这是因为酷寒空气留不住任何水汽，所以南极洲大部分地区难得见到不是短暂小雪的降雪。北极同理。阿拉斯加州乌特恰维克是美国最北的城镇，位于阿拉斯加北坡顶端，北极圈内约 320 英里（约合 515 千米）。那里经常有暴风雪，但正常年份下的全年降水量只有 5.4 英寸（合 137.16 毫米）。

撒哈拉沙漠是全世界最大的荒漠（除极地以外），其气候与哈德利环流的敏感性密切相关。现代研究表明，由于气候变化推动的沙漠化，撒哈拉沙漠正在扩大。根据一些估算结果，撒哈拉沙漠在 20 世纪扩大了 10%。

沙漠化是一个自我强化的过程。随着温度升高，更多地面水汽会蒸发进入大气，于是地面含水量会降低，沙漠边缘的植被也会死去。在更加干燥的环境中，气温会进一步攀升。这是中东北非地区的一个严峻问题，那里水资源本就不足，粮食安全悬于一线。

我们在拉巴特曾与一名大气科学家交流过，对方警告我们说，农民难以跟上迅速变化的客观条件。我们拜访过的一户苹果园主刚刚安装了昂贵的滴灌设备，以便在旱季节约用水。

《区域环境变化》期刊 2017 年刊登的一篇论文表示，中东北非地区径流量到 21 世纪末会减少 15% 至 45%，其中三分之一地区会受到极端高温威胁。据该文估算，粮食产量会降低 30% 以上，导致大批受到严重经济冲击的农民涌入城市。论文作者认为，"该地区当下本就政治环境不稳，持续严重的资源压力会进一步催生社会动荡"。

* * *

等我们到沙漠的时候，太阳落山已经很久了。离开巍峨的阿特拉斯山区后，天空一下子变得晴朗，地貌变成了多沙石的盆地。司机开出铺装公路时打开了远光灯，在黑暗中加速前行。阿米尔和优素福把SUV汽车当沙滩车一样开。我看得出来，他俩很开心。这不是他们第一次策"车"奔腾了。

终于，我看到远处有一点亮光。除此之外的光源就只有天上的星星了。随着我们靠近光源，它越来越亮，最后才露出真身，原来是我们今晚的住宿地：四顶豪华帐篷，绕着篝火围成一个半圆形。每顶帐篷都配有电力和舒适的床垫、枕头、毛巾，还有一张毯子。门就是一个布帘。

怎么防止虫子进来？我心里犯起了嘀咕。优素福似乎知道我们在想什么。

"沙漠里没有多少活物。"他说。我们的宿营地位于一处小洼地，周围是50英尺（合15.24米）高的沙丘。空气冷而凝滞。

我第二天一早就哆嗦着醒了。我知道沙漠晚上会冷，但我没有为接近冰点的气温做准备啊。我上床时穿着带兜帽的运动服和牛仔裤。最后，我下定决心，鼓起干劲，要出去走走。

旭日在宝蓝的暮光背景下冉冉升起。我刚走下用类似帆布的粗麻布铺成的步道，跑鞋就陷进地面好几厘米。我弯腰查看沙子：是粉尘状的，像精盐一样细。我开始明白为什么撒哈拉沙漠扬起的沙尘暴有时候能往西一路吹到美国墨西哥湾沿岸了。

我爬上一座风蚀沙丘，低语似的微风吹散了离地表几千米的松散颗粒。我眯起了眼。这里看不见一座建筑，一棵大树，一丛灌木，一辆汽车。世界最大非极地荒漠——面积超过350万平方英里（约合

906.5万平方千米）——广阔得让人不知所措。天亮了，我呆坐在那里。

温度在日出后20分钟内就达到了峰值，冰冷的沙子瞬间化作滚烫的煤层。我脱下运动服，换上了短袖上衣和轻便登山裤。就连厚片深色太阳镜都挡不住炽烈的日光。

在沙漠里千万不要远离导游。一排排沙丘无穷无尽，你用不了多久就会迷路，一旦迷路，缺水很快就会要了你的命。脱水来得很快，而且没有征兆。在干燥的空气中，汗液蒸发速度大于累积速度，人甚至还没意识到自己在出汗就脱水了。

我们8个人刚吃完早饭，就收拾好东西去骑骆驼了，但我只骑了10分钟。与其他东西，比方说记忆海绵相比，驼峰对男性生理构造好像有一点点不友好。我骑的骆驼（我给她起了个昵称——詹妮特）嘴里还在吐沫子，让这一切更是雪上加霜。走路爬沙丘的感觉就像攀登蜜糖山，但我最起码不会每走一步，肚子就疼一下。

吃完晚饭不久，我就去动员杰森、凯比和雷斯进我们的共享帐篷。

"晚安。"我宣布。他们一脸迷惑地看着我。当时才晚上7点半。

"你在新泽西北部最多能看见50～100颗星星，"我解释道，"俄克拉何马大概是500颗，明尼阿波利斯是200～300颗。"他们点着头。"而在撒哈拉沙漠，由于没有光污染，空气湿度小，所以你能看到的星星数目接近理论上的极限，也就是5 400颗。你会感觉自己来到了另一个行星。"

他们仨不情不愿地上了床。我绕屋走了一圈，挨个查看插头，看能不能给相机电池充电。所有设备都充上电以后，我也爬上了床。还没等我同意，我就很快入睡了。

* * *

叮当，叮当，手机闹铃钻进了我的梦里。时间过了晚上 11 点，我反应过来该醒了，便从床上一跃而起。我可不能误了跟银河的约会啊。

我开了灯。杰森嘟囔着把被子往上一扯，盖住了脸。凯比坐得笔直，头发乱蓬蓬的，卷成一团，满脸茫然。看她那样子，还以为她是魔法学校的校车司机呢。雷斯没影了。

我匆匆找出相机电池，给尼康 D3200 的机身安上广角镜头，然后拎起了闪光灯。

"你们可别耽误了啊。"我对杰森和凯比说。他们现在才刚刚清醒。"给我拿个毛巾什么的好垫着。"经过了 3 个小时的辐射散热，坐在沙漠上就跟蜷在冰场上一样，我知道那滋味不好受。

我走出帐篷，望向天空。天上只能看见几颗星星，不过那是因为受到噼啪作响的篝火的影响。我溜达溜达，又做了做手臂拉伸。雷斯正跟达米安并排坐着，两人对面是坐在树墩上歇息的谢利和凯伦。我在想：这木头是从哪里拉过来的？

"景色漂亮吧？"雷斯问道。我点了点头。

"沙漠里的每一夜都很漂亮。咱们甚至没准儿还能看到流星呢。"

帐篷里一阵骚动，紧接着凯比和杰森就出来了，跌跌撞撞地走入黑夜。雷斯站起身。

我们其中三人努力攀登一座沙丘。沙丘一点点翻过去，暗红的篝火随之不见。我们每远离营地一步，天上就多了几颗星星。等过了第二座、第三座沙丘，我就感觉自己正在太空漫步了。

"不可思议。"凯比说道，嘴巴都合不上了。一道隐约朦胧、由点点荧光组成的蓝色横贯天际，其间有些许闪烁的亮核，那是数百年前核聚变反应发出的光终于抵达了我们的双眼。我们在凝视的，是我们自身所在的宽达10万光年的螺旋星系的一个截面。杰森和雷斯翘首向天。谁都没有说一个字。此情此景，不言自明。

夜空恍如撒了亮片的黑色幕布。星辰仿佛就在头顶上，可就是抓不着；我要是抢先一步的话，或许就能抓到一颗了。

为了将目光从星辰移开足够长的时间，好把我从营地里捎来的毛巾铺开，我可是动用了自己的全部专注力。我把毛巾摊在又冷又硬的地上，然后坐下。其他人也凑上来了。毛巾不够大，挤不进我们所有人，于是大家就换了个方向，把后背、肩膀和脑袋贴着毛巾，伸出去的脚就搁在沙地上。

我一下子说不出话，只是喊着"哇，哇，哇！"我指着天，但别人不可能没看到我注意到的景象：一颗火球染红了天顶，从头顶呼啸而过，接着凌空炸裂，化为燃烧着的——红色的，橙色的，黄色的——碎片。我从未见过类似的景象。凯比倒抽了一口气，我们放声高呼，远处也传来喊声，大概是200码（合182.88米）开外的营火周围坐着的人发出的吧。

"那是什么东西？"杰森用敬畏的口气大声问道。我沉吟片刻，还在琢磨着方才所见。

"要么是火流星，也就是爆裂的大型流星，"我说，"那是一种很罕见、很特殊的现象。我们没办法知道它是否撞击到地面了。篮球大小的流星击中地球的频率大约是一个月一次。要么就是在大气层中解体的卫星或太空垃圾，空气摩擦阻力足以将其引爆烧毁。"

"你之前见过类似这种的吗？"他问道。

"实话说，没见过，"我说，"但我很高兴你们过来看到了。"

大家又回去望天了。每分钟都有新鲜事：一颗一闪一闪，发着微光的人造卫星划过天空；发现新星座时的欢呼；还有目睹流星时齐刷刷的"啊"声和"哇"声。尽管当时不是大型流星雨的日子，但我从没见过这么多流星。

流星雨，就是地球公转过程中经过彗星、小行星或其他天体留下碎片时发生的现象。（这就是流星雨每年会在同一时段发生的原因，比如 8 月是英仙座流星雨，12 月是双子座流星雨。）这些星际碎片通常只有一粒爆米花那么大。进入地球外大气层后，它们会在空气中以每秒 40 英里（约合 64.4 千米）或以上的速度运动，从而着火烧尽。不妨想象成你开车穿过一片飞虫，你每撞到一只，挡风玻璃上就会脏一块。

安宁的夜慰藉了我们，将我们笼罩在幸福中。我周围是方圆数百里的空旷，而我正盯着穿梭虚无宇宙、往而复归的光痕。我产生了一种奇异的反差感：我是一座名为意识的小小岛屿，从我们共同的"实有"中获取意义与价值。

在天地万物的宏图中，我与我脚下的沙砾毫无分别。但渺小感让我感到舒适。这样的时刻提醒着我，生命何其短暂，我们扮演的角色又何其微末。我固知此世如转瞬，正因如此，时光才必须过得有分量。

* * *

国外访学的最后一个月，我去了玻利维亚。飞机刚落地，希瑟就被火速开除。（我在其中没准儿发挥了一点作用，不过有一次机场接驳失误，她确实凌晨1点把没有手机卡的我们丢在了巴黎市内，这件事对她肯定是有害无益。）虽然项目之后还是有傻帽活动——比如围着篝火举行树叶祭祀仪式，同时歌颂羊驼，"抚慰地球母亲"——但情况至少有所改善。

我们在拉巴斯（La Paz）度过了两周，这座城市是全球海拔最高的行政首都。不远处的埃尔阿托国际机场跑道海拔超过4 000米。五颜六色的摩天大楼挤满了陡峭的山坡，市内主要公共交通是一套精妙的摆渡船网络。街道太窄，坡度太大，无法开公共汽车，地铁也无法运行。

在海平面上方2.5英里（约合4千米）的地方，气压比平地低三分之一。稀薄的大气意味着，一小段上坡路就会让人精疲力竭，两杯霞多丽葡萄酒就能让任何人进入梦乡。班上有些人嚼上了据说能缓解高原病的古柯叶。

尽管项目已经脱离了正轨，但我们确实有一个能够提供知识的贴心人。他的名字叫艾伦·斯泰因维克，项目方聘请他来教授环境科学。虽然我没有学到任何新的科学知识，但艾伦精通文化与科学之间的关联。

我们去太阳岛（Isla del Sol）游览了6个小时，那是的的喀喀湖上的一个僻静岛屿。上岛需要坐很久的船，岛上没有汽车，没有商店，也没有网。我们住的是当地人家，每家都有好几头可爱的羊驼。艾伦带我们前往印加遗迹，解释了古代文明是如何推断天气和气候的。随着学习的深入，我的疑虑也逐渐打消。

事实上，印加人千年来通过观察昴星团预测降雨的方法自有其优点。现代科学家已经发现，昴星团是否可见会受到卷云层的影响，而卷云层又与已知会影响安第斯高原降雨的厄尔尼诺－拉尼娜现象有关。

尽管科技已经有了长足进展，但我们依然有许多未知的事物。各地都有管理保护本土动植物、维护本地生态环境健康的方法，这些地方性实践正在全世界赢得迟来的认可。不时回望过去，或许有助于指引前路。

第十四章 毕业

国外访学结束后，转眼来到了 2019 年。随着新年的到来，我在哈佛大学的最后一个学期也开始了。我为了获得大气科学教育而顶风战斗了 4 年，如今终点线近在眼前，实在是难以置信。我要准备解决微分方程、特征向量和埃特尔位涡方程了。此外，我人生中第一次怀疑自己的梦想。

我的朋友米沙领导波士顿某癌症研究团队，工资达到 6 位数。卡米洛要去加拿大读物理学博士。特丝回哈佛大学读研。我的大部分其他朋友要么环球旅行，要么争取知名咨询公司的岗位，要么移居硅谷。凯比从玻利维亚回来后要申请读法学院。

而我呢，我没找到工作。事实上，连回我电话的人都没有。威斯康星州某小城电视台收到我的申请还不到 4 分钟，就把我给拒了，我提供的样片都有 8 分钟长呢。没有人把我当盘菜。

一身酒气的驼峰牌水壶陪着我从国外访学回来了，而我发现我往里灌酒的频率更高了，只为了熬过日子。**如果你一直依赖它解决问题，那它就会成为大问题了**，我想。但酒是我唯一的慰藉。晚上刷牙前喝一纸杯霞多丽葡萄酒成了我的"诱惑版"催眠仪式，这样做能暂时让我忘记自己的无能，好歹是能睡着。

以前同学一起吃午饭的时候，核心话题是课业，现在变成了攀比录取通知书或者入职合同。3月，我抑郁了。我春假期间飞去中国发表励志演讲（这是我大三时接的活儿），主要是为了提升自信心，但也没奏效。我无计可施，没牌可打。我两手空空。

＊　＊　＊

从中国回来后，我在起飞前坐上了去佛罗里达州迈尔斯堡（Fort Myers）的航班，目的是看我爷爷。从我出生起，他就是我心目中的英雄。我3岁前都和爸妈一起住在爷爷家。尽管爷爷已经86岁高龄，而且几乎说不出话，但他还是能把我逗笑，我们可以进行无言的沟通。

我早晨3点30分醒来，登上了从波士顿飞往佛罗里达西南地区机场的航空航班。我只有星期二既没有课，也没有工作，于是我觉得可以挤出时间，当天往返。来回各需要4个小时。我把课本、大气化学课的作业和笔记本电脑塞进我的破背包，飞上了蓝天。

我上午9点落地，打车去了爷爷住的活动板房。房门没锁。我7岁那年，奶奶就过世了，之后一直是女朋友南希陪着他，两人相处了10多年。她知道我要坐飞机过来，爷爷不知道。南希正在外面与朋友玛丽·福特和查基打高尔夫球。

我缓缓走进拥挤的厨房，把一沓报纸移到餐桌的另一边，摆上了我的笔记本电脑。然后我又扫开一堆糖纸（南希是硬糖爱好者），开始干活了。乱糟糟的屋子悄无声息，只有一个蜂鸟主题的钟表发出的节拍器声，蜂鸟钟安在两个用木材和有机玻璃制作的瓷器柜之间，钟表后面的壁纸已经泛黄。

上午 11 点左右，爷爷现身了，从自己屋里颤颤巍巍地走出来，活像一只冬眠刚醒的熊。他看上去年老体衰，但眼睛里依然闪烁着智慧与狡黠的光芒。他转过身，发现我坐在桌边，先是一脸困惑，接着又掠过一丝浅笑。

"你来这干吗？"他用怀疑的语气问道。他看着就像一名被牙仙拜访的孩童。

"我正好在附近，就想着过来一趟，"我笑着说，"你说咱们出去吃个午饭怎么样？"

他颤颤巍巍地回了自己屋，再次出来时穿着夏威夷衬衫和蓝色牛仔裤。我从来没见他穿过花衣服——他一般就是格子呢披肩，白汗衫和吊带袜。他穿得跟过节似的。

我领着他出去，走进他那辆小货车，里面装满了各色高尔夫球棍、欧托兹薄荷糖盒、格伦·坎贝尔（Glen Campbell）的专辑[1]，还有快餐店收据。后视镜上挂着一个紫色兔耳朵钥匙扣。我给他系上安全带，确保他安全后，又绕着这辆坑坑洼洼的货车走了一圈。一个新坑吸引了我的注意。

"南希在银行倒车撞墙上了。"他仿佛读取了我的思想。我朝他露出一个坏笑。

"她好像把'汽车穿梭银行'太当真了一点呀。"我打趣道。他哈哈大笑。

比他小 4 岁的南希是一位专职奶奶。她把自己的工作看得很认真。她有 4 个成年的孙子孙女，还有一沓重孙子重孙女。她会认真把每一

---

1 欧托兹（Altoids）是美国老牌薄荷糖品牌，经典包装是铁盒。格伦·坎贝尔是美国乡村音乐人，1936 年出生，事业巅峰期是在 20 世纪 60 年代末 70 年代初。

次足球比赛，每一个人的生日，每一场校园剧都用心标记在日历上。她对我爷爷也是悉心照料，说一不二。

南希首次出现是在我 9 岁的时候。她用预拌粉烤（实话说，应该是"焚化"）了一盘巧克力曲奇饼干。我努力做一名懂礼貌的 4 年级小学生，就夸她饼干做得好。从此以后，我每次见她就免不了收到一堆焦炭似的巧克力饼干。

在去杰克餐吧的短暂路途上，我意识到这可能会是我最后一次见爷爷了。他那年夏天没回成马萨诸塞。回想起来，我觉得他也明白。我们回顾了我的童年时光，他讲述了我在后院草莓地里的故事。

那家 20 世纪 70 年代风格的餐吧基本没人，复古冰激凌柜台旁放着一台点唱机。我扶着爷爷进入卡座，帮他坐上了紫红色外套的座位。苗条的卷发女服务员大概 60 岁（在居民年龄中位数逼近 80 岁的迈尔斯堡，她就算得上妙龄少女了）出头，她朝我眨了眨眼，笑着走去给我们下酒水单。

"先生们，吃点什么？"她问道。我笑着等爷爷。

"南希说我不能喝橙汁，"他嘟囔道，又表现得像一个漫画里的 6 岁小孩，他血糖低的时候有时就会这样，这是他多次中风的先兆，"她说里面糖太多了。"

我朝他靠过去，咧着嘴一拍桌子，然后转向服务员。

"我们要点店里最大杯、最甜的橙汁，"我说，"来两杯。"爷爷咧嘴笑了。

下午匆匆溜走。他在杰克餐吧什么都没吃，他当时已经咽不下多少食物了，但我看得出来，那是他几个月里"营养"最丰富的一餐。后来我们回到他家，转悠进了花园。他最喜欢的消遣就是念叨那一小块土里生长的几株过分茂盛的植物。我知道我会无比怀念这里。

我们静静地坐在树荫下，他问我："要毕业了，兴奋吗？"下午三四点钟的太阳明亮却不热：气温似乎刚刚好。一切都是刚刚好。

"不怎么兴奋。"我坦承。我看得出来，他正在想词。

"难免的事。"他回应道。我盯着地面，闷闷地笑笑。

"你来毕业典礼吗？"我问他。他只知道哈佛大学这一所大学的名字。

"我也不知道。"他说。我完全懂他的意思。

"要是来不了的话，礼物我还是想要的。"我笑着说。我的眼睛湿润了，但墨镜遮住了泪水。他转向我，翻了一下眼，然后张开嘴巴，装出震惊的样子。

"你想要啥？"他问我，"香草冰激凌甜甜圈？"我吃了一惊，他还记得——那是我小时候的主食。

"其实我想要个龙卷风，"我开了个玩笑，努力避免破音，"如果你那会时有这个本事的话。"

"**两个**怎么样？"他粗声道，一会儿咳嗽，一会儿倒气，一会儿大笑。

"一言为定。"我说。我抱了抱爷爷，拎起背包，打车去机场，乘上了返程飞机。他三个星期后就去世了。

第十五章　终极礼物

4月一天天过去，我忙着抓救命稻草，匆忙地重新评估自己的未来。我决定考虑曾经坚决发誓不去的最后的无奈去处：华尔街。我会成为鲨鱼海域里的一条小孔雀鱼。

我给大三时期结交的一位1986级校友发了一封电子邮件。我们是在哈佛大学奖学金庆祝晚会上认识的，我当时是一名主题发言人。那是一场西装革履的招待会，有400名最慷慨的哈佛大学捐赠者参加，他们的净值加起来有几百亿美元。这位校友名叫帕特里克，自己开了一家投资银行，名下有十几套房产，银行存款5 000万美元。更重要的是，他有人脉。

我知道多家对冲基金都需要气象学家，以便了解未来天气趋势对消费者购物模式或商品需求的影响。这个行当很赚钱。帕特里克帮我联系了全美最大的几家对冲基金的老板。4月底，我掸去正装和领带上的灰尘，走进波士顿金融区的城堡基金（Citadel）参加面试。

结果是一场Zoom面试。我被领进一间小会议室，然后就让我等着。几分钟过后，壁挂显示器亮了。摄像头里出现了一名坐在办公桌前的男子。没有客套、寒暄或者互相介绍，他直接开始查我的简历。

简直跟旋风一样。我在30分钟后离开了公司，还在消化刚刚发生的事。对方没有提供任何关于我申请的职位的信息。他告诉我："城堡基金不发布职位。我们会为我们想要的人创造职位。"本来挺顺利的，直到他问我有没有编程经验，然后面试就戛然而止。

到了5月份，我火烧屁股了。我期盼即将到来的追风冒险，但个人未来前景的极大不确定性让我心烦意乱。上学的最后5天安排得满满当当：我有三份小作业和两个期末大作业；还要写一门麻省理工学院课程的学期报告，那门课我都还没开始学呢；我还要在5月12日周日的奖学金午餐会上做主题发言。之后，我在最后关头收到了一份面试邀请，让我5月14日星期二去纽约市的D. E. 肖对冲基金（D. E. Shaw）。

这个看起来有戏，我心想。一家大牌对冲基金让我去"大苹果"[1]，肯定是对我有兴趣，对吧？我买了一张天亮前发车的美铁阿西乐（Acela）高速列车票，熨好正装，端起活页夹和活页纸。天刚蒙蒙亮，我就打车去了波士顿南站，买了个甜甜圈。4个小时后，我飘然走进了一座崭新的曼哈顿摩天大楼。没有比萨饼和陈尿的街道，大堂弥漫着香水和金钱的味道。

经过5轮面试，之后又喝了一碗汤，我感觉自信满满。我们都在讨论目标薪资、工作城市和入职日期了。我具备"（他们）所要的一切"。另外，我心情本来就很好：我午休的时候看了模型数据，数据突出显示了周末大平原可能会有长达数日的恶劣天气，而且大概率会出现龙卷风。当天下午，一位45岁左右，身穿条纹纽扣领衬衫的男面试官带着我去电梯，途中问我追风暴的事。他戴着一枚劳力士手表。

1　纽约市的别称。

"我有件事想问你，"他漫不经心地开口道，脸上半笑半不笑，"你明显对天气有热情，你对这份工作也能持有同样的热情吗？"

我笑了，同时按下了电梯呼叫按钮。

"没有什么能比得上我对天气的热爱，但只要我决定做一件事，我就能做好。"

他点头微笑，看上去满意我的回答。电梯叮的一声到了。

他正要走的时候停了一下，然后压低声音说：

"千万不要放弃你的热爱。相信我。"

冰冷电梯的光滑金属门顺畅地合上了。

* * *

5月15日，星期三，这是我最后一次上麻省理工学院的课。当时是哈佛大学的备考周，就是期末考试前的一周，不上课也不布置作业。我坐火车从纽约回来，临近午夜才到站，然后我还要做一门麻省理工学院大气动力学课程的期末作业，一直奋战到凌晨4点。我那篇主题为"热带气旋内小尺度风的效应"的4 000字论文连笔都还没动。论文提交的截止时间是晚上11点59分。

我的宿舍光秃秃的：天气图、海报和玻璃气压计之前就打包装箱，开车送回科德角了。墙面有两块掉漆的地方，是之前贴过无痕贴的位置。书桌、写字台和衣柜都空了。我也感觉空荡荡的。

我上午去了麻省理工学院，一边上本科阶段的最后两堂课，一边疯狂敲着热带气象学期末论文。下午三四点钟，我回到了哈佛大学卡瑞尔宿舍。我静静地收好形单影只的行李箱，把装在信封里的宿舍钥匙塞到宿管老师的门下面，然后走出楼，最后一次在路边等待。片刻之后，我叫的车就到了。

我匆匆把行李箱扔进了这辆时髦蓝色小轿车的后备箱里，但有个东西吸引了我的眼球：我旁边一棵树上有一抹令人安心的淡粉色。我抬头才发现，砖石车道两旁的樱桃树都发芽了，有的花已经开了，空气中弥漫着淡淡的香甜气息，沁人心脾。

我停住片刻，环视周围的环境。一辆从四方院开往哈佛大学小院的摆渡车渐渐远去，引擎声与叽叽喳喳的鸟鸣相伴。微风吹拂着珊瑚色的树，刮起一阵花瓣，恍如婚礼现场。没有了上课和作业的持续压力，我第一次驻足欣赏 4 年来环绕着我的美景。

上了车，我心想，时间过得真快啊。我在问自己有没有充分利用哈佛大学的求学时光，也在思考前路何在。车低调地行驶在林奈街上，熙熙攘攘的宿舍群越来越小。我把登机牌存在了手机上，但实话说，我不知道自己要去哪里。

* * *

"需要我去问能不能拼座吗？"我问迈克尔。我在机场休息室里碰见了他，他还是自己的招牌打扮，上身带兜帽的紫红色运动服，下身皱巴巴的卡其裤。他脖子上缠着一副高端消噪耳机，正在戴尔 XPS15 笔记本电脑上观看"娱乐时间"频道的电视剧《单身毒妈》。

"反正咱们也是同一班飞机。俄克拉何马见。"他耸着肩说。有道理啊。再说了，我还要 4 个小时写 2 300 字呢。

我们在亚特兰大转机，第二程坐的是一架达美航空的"疯狗"，也就是麦克唐纳－道格拉斯 88 客机。这款飞机结实耐用，以噪声巨大的机尾引擎闻名。它会载我们去俄克拉何马市。

中部时间晚上 10 点 52 分，我在汗津津的鼠标垫上敲下了最后几个字，标志着我的学校教育阶段结束了。我们刚刚从密西西比河上空飞过，同时我为了在网上提交论文，购买了一个小时的机上无线网络服务。我给麻省理工学院著名大气科学教授克里·伊曼纽尔（Kerry Emanuel）写了一封邮件，附件是我的 14 页论文，然后点击"发送"。**这可真是反高潮啊**，我心想。

午夜前后，我们在威尔·罗杰斯全球机场降落，坐机场巴士去取我两周半前从马萨诸塞州开过来的车。一个小时后，我有气无力地爬上了俄克拉何马州穆尔市"超级 8"汽车旅馆的楼梯，身后跟着迈克尔。他手里拿着一个特百惠的盒子，里面装着结块的毛毛虫橡皮糖。

"这玩意儿既不超级，也不 8，"我嘟囔道，试图用幽默缓解压力，希望宇宙能听到，"简直是平庸 6。"

* * *

凌晨 4 点，我醒了过来，去 iPad 上查看天气模型。我瞥了一眼房间对面。路灯投射出的橙色荧光透过百叶窗，微微照亮了迈克尔。他把自己裹在毯子里，跟布里特卷似的，我知道他大概中午想让我带他去吃塔可钟。[1]

我早晨 8 点不到就起床了。第二天星期五是个大日子，我可没有

1　塔可钟是主打墨西哥菜的连锁快餐品牌，前面提到的布里特卷又名"手腕卷"，是一种玉米饼卷成的筒状馅饼。

时间浪费。迈克尔还在酣睡，我打开谷歌地图，虚拟行驶在内布拉斯加州西南部和堪萨斯北部的主干道上。我有一种感觉，那里是我的目标区域。我走到外面的车里，取回两幅州地图，然后回屋将两张折起来的纸质地图摊开在我的床上。

我将内布拉斯加州卡尼市（Kearney）选定为周四的过夜地。从俄克拉何马城开车过去要 7 个小时，但我们在天气开始活跃之前还有一天时间缓冲，这还是很好的。我在凯艺套房酒店订了一间 71 美元的房，然后翻了一遍电子邮件，再次检查确认信。收件箱最前面是一封那家纽约对冲基金发来的邮件，标题是加粗的。我点开了，一阵慌乱惶恐游走在我的血管中。

邮件就两句话，开头是"我们遗憾地通知你……"。我不可置信地盯着灰蒙蒙的笔记本电脑屏幕，呼吸变得费力和紧张。我最后的工作机会刚刚破灭了。**但他们喜欢我啊。没有人会通过全部五轮面试，然后被拒吧。**

我无言地合上笔记本电脑，拿起房间钥匙，悄悄出门，走进了上午 10 点左右的明媚日光下。我眼睛感到刺痛，强烈的日光像匕首一样捅进了咸咸的泪水。我凝视着热烈的、炫目的、万花筒般的风景。

* * *

"火车来了！"我大喊一声，短暂忘记了几个月来消磨着我的极致的挫败感。我现在可能已经麻木了，又或者我内心的那个 8 岁小男孩正聚焦于前方呼啸而过，哐当哐当跨过街道的货运列车上，聊以自慰。交替闪烁的红色车头灯和闸机警示灯能够转移人的注意力，既催人入眠，也令人愉快。

"你真是个小孩。"迈克尔说。

"少来，你不喜欢火车？"我闹着玩地戳了他一下。

"不喜欢。火车又大又吵，过道的时候还得让我等。"

我们之前开了 7 个小时车，早晨在华夫屋吃过饭就马不停蹄地赶往内布拉斯加。迈克尔形容他家的菜"廉价、油腻，很美国"。我很难不往心里去。

空气凉爽而干燥。我们把车停在威士忌溪原木烧烤店门口，在店里吃过饭就回了酒店。迈克尔马上就睡着了，而我解开一团数据线，给十几台相机充上电，然后才合上了眼。我夜里起来 4 次查看数据传得怎么样了。

*　*　*

"我想去麦库克（McCook）。"我对迈克尔说，他赞许地点头。中午快到了，筹码已经投下：一个大型风暴系统正在酝酿。低气压正从落基山脉流出，加强了南方的气流，造成温度和湿度飙升。我收拾好车，确保迈克尔有防护镜可戴。然后我们就出发找地方吃顿简餐。

"看那儿，有个火车博物馆！"我急切地说道。我们在西 11 街上缓缓行驶时，一辆红色与黄色涂装的联合太平洋公司车厢吸引了我的注意力。"咱们正好有点时间要打发，想去吗？"

"你可以去，我在车里等着。"迈克尔平淡地答道。我皱了皱眉，但还是决定不强求了。我们转而开去了塔可钟。他跑进去买吃的，我则开始展开固定在车尾外侧的防雹罩。

去麦库克的 1 小时 45 分钟车程是与时间赛跑。风暴随时可能暴发。逼近中的低气压前方的高空气温正在迅速下降，与升温中的地表产生了温度差，意味着气块会快速上升。

地面观测显示，内布拉斯加西南部麦库克周边出现了一个弱边界，也就是温度和风向的小幅变化。这会强化低层辐合（空气聚集），有助于促发首次风暴。

实际情况与我的预测吻合。我们进城时，西方的天际线已经开始变暗了。我扫了一眼手机上的雷达数据，决定驻扎在麦库克以西 4 英里（约合 6.4 千米）的佩里镇上。迈克尔全神贯注，望向天空。

"要下大冰雹了吗？"他问道。我去查了最近的雷达扫描图，大约 1 分钟后才回答他。网络已经断了，这意味着我必须用眼睛做判断了。

"我跟你讲，"我说，目光聚焦在一片逐渐长大的紫斑上，它已经长成了菜豆的形状，"我们要是留在这里，就得挨棒球大的冰雹了。那也不是不行，但如果接到龙卷风警报的话，那就得走了。我需要观察风暴。"

我们位于风暴下沉气流带来的雨雹将会扫过的区域内，这意味着让人睁不开眼的瓢泼大雨降下时，能见度会降到接近零。如果气旋向内收缩，龙卷风形成的话，我们可能就赶不上看见它了。目前只有重度雷暴警报。

"咿，咿，咿！"我的天气收音机响了三声——它是我的备用数据来源。紧急警报正在发布。

"国家气象局古德兰分局发布龙卷风警报，雷德威洛县西中部……与希奇科克县东南部将发生龙卷风。"收音机里说道。麦库克就在警报范围中心。那就是我的答案。

"我们要去东边吗？"迈克尔问道。

"对！"我一边回答，一边换到了驾驶座上。

下午3点左右的时候，阴霾就降临在了大地上。现在刚过5点一刻，我们西南边的冲天雷雨云砧投下了阴影——是真的影子。我探到方向盘上方，打开了车前灯。当我们经过风暴的东侧边缘时，下起了小雨。

"有云墙！"我对迈克尔说。我驶下铺装公路，开上一条土路，然后停了下来。躁动的条状云层在旋转中形成了浑浊不清的风暴基底，被扯向只比地面高一点的蓬乱云臂。它在逼近。

过了大概5分钟，一阵不安涌上心头：现在该走了。

"我们要往东走。"我宣布。云墙基本就在我们头顶。我们在尘土飞扬的乡村路网上向东疾驰了2英里（约合3.2千米），接着往北拐。

"看那个缺口！"我大喊一声，把车开了过去。我们头顶正上方有一片向西延伸约2英里的煤色乌云，但在庞大的雾团边缘有不连续的中层云和阳光。干燥空气和白色云层形成了一个楔子状的缺口，插进了旋转着的风暴上升气流中。风暴倾斜的旋转轴线随之收紧，给边缘带来了一片亮光。这是龙卷风形成所需的最后一步。

"漏斗云！"我对迈克尔说，他正端着iPhone对着漏斗云。窄窄的灰色气柱离地面只有200英尺（合60.96米）高。

"走！"我喊道。没过几秒钟，引擎发出轰鸣，我们在公路上疾驰，小心翼翼地将时速保持在比限速低几千米的水平。**别产生隧道视觉**[1]，我提醒自己。我们遇到了一个红绿灯，等了15秒钟，感觉却像过了

1　指的是驾驶员只关注前方的狭窄区域，忽视两侧事物。

一千年，然后转向北继续行驶。

"你看那个！"我尖叫一声，把摄像机递给迈克尔，让他安装到仪表盘上。我们西北方向约 4 英里（约合 6.4 千米）外有一个漂亮的漏斗状龙卷风正在席卷大地，就像食蚁兽的长舌头一样，卷起阵阵烟尘。我们正从南侧接近它。

迈克尔出神地盯着龙卷风。

"来，把这个录下来。"我说道。为了表示善意，迈克尔之前同意把路上遇到的所有景象都录下来，毕竟他大部分时候都是搭便车。我把注意力集中在路面上。我侧着身子，好让他把摄影机固定到仪表盘的三角支架上，可他却显得慌慌张张的，左手拿着摄像机，右手盯着自己的手机。

"别拍了。"我正色道。我注意到，我那台价值 1 000 美元的摄像机正颤巍巍地对着后视镜和遮阳板。

"我拿得稳着呢，"迈克尔不耐烦地回了一句，"我在拍照。这不是发给朋友看的那种。"

我之后要给他上一课，我是这样想的，尽管我更关注的还是龙卷风。它正在倾斜拉长，这表示地面环流落在了后面，而它与上方云层的连接部赶在了前面。漏斗由此受到拉扯，正常情况下，这是龙卷风减弱的最早标志。我靠边停车，示意迈克尔跟我走进旁边的一块地。还没等他解开安全带，我已经站在路边了。

"大家好，大号龙卷风来了！"我对着摄影机大喊。我意识到，这正是理想的样片——当然，前提是电视台能播。

随着冷空气流削弱着龙卷风的环流，"漏斗"正在解体。我只有 30 秒时间拍下这个恍如《绿野仙踪》的旋风场面，然后它便回到了云中。

"回车里！"我对迈克尔喊道。

"着急吗？"他问我。

"这可能是龙卷风群的头一个。"我说着把广角相机扔到了他的大腿上。雷达显示，第一个单体风暴的侧线上已经出现了第二个风暴。所谓侧线，就是尾随雷暴形成的一串发育阶段各异的云。往东北走是最佳选择。

15 分钟后，我们追风二人组仿佛陷入了百慕大三角，在一条穿过起起伏伏的内布拉斯加沙丘群的狭窄公路上寻觅方向，网络连接再次中断。就连我的收音机都不工作了。我压抑着越发紧张的心情，在迈克尔面前保持一副严厉但一切尽在掌握的样子。

"注意右窗，"我说，"如果雨开始停了，你看到了任何东西，一定要告诉我。"

只是雨没有停，反而越下越大，还开始混杂了冰雹。几秒钟内，鸡蛋大小的冰雹就砸到了车上，不过是来自左侧（北面）。这可不是好兆头。我们正从风暴后面进入它的核心。

"我们肯定是在侧后方的下沉气流中，这意味着我们离环流很近了。"我对迈克尔说。收音机中全是静电杂音，我静静地祈求着信号。我们夹在猛烈的雷暴之间，周遭环境适合龙卷风的迅速形成，而我们没有任何接收数据的方法。一幅提前下载的离线苹果地图截屏显示，路只有两条，要么向前，要么向后。那就向前吧。

当时还不到下午 6 点，但在旋转中的超级单体下方，黑夜已经降临。我知道当日条件不适合夹雨漏斗云形成，所以我不太担心开进龙卷风里面，但如此接近龙卷风又看不见它还是令人焦心。这就好比你坐在一个伸手不见五指的屋子里，然后知道附近某个地方有一只没有束缚的黑寡妇蜘蛛。突然间，断断续续的人声从噼里啪啦的收音机杂音中传了出来。

"已确认龙卷风位于斯托克维尔附近，柯蒂斯以东 10 英里（约合 16.1 千米），以时速 25 英里（约合 40.2 千米）向东北运动。"声音十分急促。

"我们在哪？"迈克尔忧虑地问。

"斯托克维尔。"我盯着定位系统，轻声答道。他在座位上不安地扭来扭去，明显是紧张。我也一样紧张，尽管我没有表现出来。

仪表盘温度计显示，车外温度为 58 华氏度（约合 14.4 摄氏度）。我右手紧握方向盘，左手食指按到车窗上。没错，差不多就是这个温度。车里又冷又响，空调马力全开，在车窗上形成冷凝水。

"那边好像沾了泥巴似的。"迈克尔示意我看右侧车窗外面。我转过头。

"迈克尔，那是龙卷风！"我说道，又沮丧又松了一口气。我们恰好在它北面 2 英里（约合 3.2 千米）处。我感觉安全了。

我马上找到一条泥泞的支路，它通向山上谷仓旁的小停车场。这再好不过了。我拐进停车场，伸手去摸相机设备，却听到有人在敲车窗。

"我陷住了！"一名身穿风衣的男子喊道。他戴着眼镜，穿着拖鞋，站在我的车门边上。"你能帮忙拉我一把吗？"他估计是个新手追风者，开一辆丰田荣放 RAV4，陷进了泥泞的坡路里。

"抱歉啊，"我答道，感到有些惊讶，他怎么不等到龙卷风过去再处理呢，"我的车动力不够。"

不等他回答，我就抓起相机，冲向旁边的庄稼地。酸橙大小的冰雹砸在我戴的安全帽上，我知道后背肯定要留下几处瘀青。我摆好姿势，拍下了一幅龙卷风席卷南侧农田的照片，然后跑回车里。

"来呀！"我对迈克尔喊道，要他来拿相机。他穿着拖鞋，显然不想走进如注的暴雨中。我不在乎。

"走吧！"我强调道，"摄像机已经在录了，焦距也调好了。往后退两步就行。"

"我不行——"他说着跨过了一处泥坑，但我已经开始解释相机的情况了。视频刚拍完，他就退回了车里，就像一只筋疲力尽、想要避雨的小狗。我动不了，也不愿动了。

龙卷风开始收缩，冷凝漏斗抖动了起来。我闭上眼睛，吸了一口气。在一片混沌中，我对天空露出笑容，发出庄严的笑声，轻轻拍了拍身旁的篱笆桩。

两个龙卷风。我圆满了。不知通过什么途径，爷爷的礼物送到了我手上。

第十六章　华夫屋

龙卷风之乡是没有米其林餐厅的。市里一般只有赛百味、索尼克穿梭餐厅（Sonic）、法奇塔可饼店、麦当劳可供选择。在更小一些的镇子上，尤其是堪萨斯州西部和内布拉斯加州，要吃饭就只能去加油站了。

与你可能的预想恰恰相反，我很喜欢这些店。我内心里的5岁男童依然热爱垃圾食品。在重大追逐行动结束后的特殊场合中，我会去我的一生挚爱——华夫屋。

华夫屋遍布美国南方。它们星星点点在乡土大地，24小时营业，就像空旷荒漠中的营养绿洲，提供富含脂肪，用爱和黄油制成的平价食品。培根烤奶酪三明治，双拼土豆饼，最是抚人心。这里是全方位的自在乐园。我婚礼都想在华夫屋办。

我开向一家华夫屋，浑身被雨水浸透，布满树叶，还有一边的车门晃晃悠悠。当时是凌晨2点钟，我在40个小时的飓风报道马拉松后疲惫地走进了店。华夫屋是我追风前的祈运餐厅和风暴后的庆祝餐厅。而且尽管我每次都点一样的餐，但每次付的钱都不一样。除此之外，人生中最能让自己信心倍增的事，莫过于在乡村饭店里被南方女服务员叫"甜心"。

风暴追逐期间的生活，主打一个朴素，包括在酒店里也一样。镇上没有希尔顿和万豪，最好的住宿选项一般就是汽车旅馆。只要我走的时候能偷拿几块小香皂和几小瓶沐浴露，那就万事大吉了。

当然，旅馆也有好有坏。我住过一家旅馆，窗户是破的，还有一面墙上有污渍，我敢肯定是血迹。不过，一晚只要 29 美元，所以也是不容错过的。那天深夜风暴过境，导致我住的附楼断电。我总有一种摆脱不了的被人监视的感觉。闪电透过窗户，在墙上投下诡异的人形影子。

其他旅馆也不贵，打折不是因为屋里还住着超自然存在，而只是因为行情不好或者压根闲置。得克萨斯州沙姆罗克（Shamrock）一类的镇子就是如此。它曾经是 66 号公路旁的一座繁荣城镇，如今基本沦为鬼城，旅馆房间总数有 300 以上，疲倦的旅人却是屈指可数。

那里很容易拿到 25 美元的房间。（我上一次住的时候，有人在水箱外面绕了一圈马桶上水管，于是每次冲水，房间里都会回荡着阵阵水流声。）城里还有家黑斯蒂餐厅，这是一家供应 4 种薯条的家庭酒吧。（如果我说我没有一顿尝满 4 种，那我就是在撒谎了。）

黑斯蒂餐厅街对面是一家雪佛龙联名的塔可钟，是风暴季追风者们的下午聚会点。它东南西北都有路，是风暴追逐之旅的完美起点。追风者可以在风暴起来之前给车加满油，同时在塔可钟给自己"加油"。

到了大日子，穿梭餐厅后侧的土面停车场就成了货真价实的追风者大会场，几十个蓬头乱发、痞里痞气的男人和几个头戴棒球帽的女人拿着手机，眺望天空。一片孤云出现，就会有一些追风者兴奋地聚集起来，其他人则会更加专注地看着手机屏幕。

车子离场，车门一扇接一扇地关上。每名追风者都在关注离开的人往哪个方向走："肖好像去北边的三交点了"，或者"蒂默要赶尾巴了"。最后，我也启程了。我努力不去看后视镜，双手交叉，祈祷我做的选择是正确的。

第十七章　高高挂在世间

"我紧张了。你紧张吗？"我问道。当时是下午 4 点 10 分，我越发忧心忡忡。我们还有 20 分钟时间，但太阳即将落山。

"我也担心，但我觉得没问题。"丹的声音里带着犹豫，同时看着远方的山顶。"是啊，绝对没问题。"我们交换了一个焦虑的眼神，眉毛上抬，露出大大的笑容。

我做了一次深呼吸，试图缓解紧张情绪。空气是干燥而纯净的，也是稀薄的，但我感觉还好。那是 2019 年 7 月 2 日，我坐在智利安第斯山脉西侧的山顶。身边是我的好友兼同事丹·萨特菲尔德（Dan Satterfield），他是一名资深气象学家，也是陪我看日食的伙伴。丹两天前刚过 60 岁，但由于航班接连延误，他是在阿根廷门多萨（Mendoza）的一条乡村飞机跑道上，拿着一包放久了的奥利奥饼干庆生的。生日真是快乐啊。

同时，毕业不到一个月的我刚刚从大平原追风之旅中回来，那一场爷爷赐予我的双龙卷奇观。我还准备入职新单位《华盛顿邮报》。这是一家大牌公司，但我一点也不激动。

我没有去"业务组"——我拿到的电视台要约工资比端盘子还低；相反，我要去 400 英里（约合 643.7 千米）外的一座办公楼上班。可能是我还不够优秀吧。我觉得自己是个悲惨的失败者。

但我没有时间多想。再有 15 分钟，丹和我等待的天象就要来了：日全食。迟暮的日影越发清晰，大地染上了一层乌贼墨汁似的颜色。仙人掌像哨兵一样站在我们爬过的山坡，下方尘土飞扬的山谷散落着灌木丛和岩石。

这是我和丹一起观赏的第二次日食，距离我们与月影的上一次约会已经过去了 681 天。所谓的"2017 年 8 月 21 日美国大日食"发生时，美国本土 48 州有一条 70 英里（约合 112.7 千米）宽的日全食带。上百万人来到日全食带上看天，没有意识到他们看到的景象将会改变他们的人生。

那天，我在内布拉斯加的一片农田里目睹天空幻变成某种不属于这个世界的样子。战栗感从上顺着脊柱往下传递，我的双手在颤抖。我记得日食结束后，我扭头看丹，跟他开玩笑说："准备好迎接 2019 年 7 月 2 日了吗？"我们都知道，我们绝不能再次错过那样的时刻。

时隔近两年，我再次微笑着仰望天空，一片云彩都看不到。既然总算来到了这里，我们可以松一口气了。来这里的旅程像是一场马拉松，但那是值得的。

2017 年 9 月我订了旅馆，2018 年底订了机票。出发前几个月里，我花了数不清的时间查阅气象、天文和地形数据，规划行程的每一步。等到真正登上飞向南美洲的飞机时，即便我已经花了一年多时间规划，但我还是不能相信自己即将踏上单程 10 000 英里（约合 16 093.4 千米）的往返航班，只为了观看一段 2 分 9 秒的日食景象。

* * *

在日食前 4 天抵达圣地亚哥，当时我惊呆了。平时安静的机场挤满了日食追逐者与天文观光客，人声鼎沸。我至少听到了七八门语言，打量海关和数百米长的排队报关旅客。空气中洋溢着兴奋和惊奇感，"日食"这个词回荡在四面八方。我在查看自己的手机。我计划要与丹会合，他预计抵达时间比我晚 30 分钟。

但美国航空另有计划。经过 48 小时的航班延误，疲倦但并未灰心的丹终于到了。之前一天半里——包括在机场里的 31 个小时——我都在忙着调整安排，赶上了最后一批租车，还像《极速前进》[1] 选手一样探索了圣地亚哥的公交系统。（我甚至给教过我的西班牙语老师发了一封感谢信。）休息 4 小时之后，我们钻进自己的红色福特探索者 SUV 汽车，开始了去拉塞雷纳（La Serena）的 290 英里（约合 466.7 千米）旅程。

北上之行是平静的。我们在途中看到有几百人三五成群地聚在高速公路边缘，他们背着双肩包，还有上面写着"日食"的硬纸板标志牌。常住人口 20 万的拉塞雷纳预计将迎来 50 万游客。进城的公路拥堵不堪，街头小贩穿梭在开不动的汽车之间，兜售日食保护镜。

想在那天晚上合眼，就像小孩想在平安夜睡觉一样。我的身体累了，但头脑在飞速运转。我 1 个月前就在心里跑过了谷歌地图列出的每一种可能路线，考虑日照角度、云层、海岸雾气和几乎每一个能想象到的变量。我大概从凌晨 2 点睡到了早晨 6 点，但太阳刚出来我就

---

1 美国一档老牌真人秀节目，参赛队伍要在节目组指示下分阶段完成指定路线的旅程，淘汰赛段中落在后面的队伍会被淘汰。

起床了。我知道只要再过几个小时，太阳就会消失在我们眼前。

早晨 7 点，我们离开了爱彼迎订的房间，从 21 层到了租住寓所的大厅。拉塞雷纳尽管靠海，却气候干燥，近岸水温低，夜间冰冷彻骨。我们到那里时是 7 月，在南半球是冬季。气温正开始从早晨的低点（50~55 华氏度，约合 10~12.8 摄氏度）回升，我们穿上了运动服和长裤。

我们的第一站是杂货店。我从刚会走路时就喜欢买菜，我会和妈妈游走在实得超市（Stop and Shop）或肖氏超市（Shaw's）的货架之间，寻找最实惠的商品。我和丹全神贯注地穿梭于这家智利杂货店的货架，被每一件商品的五颜六色包装所吸引。文化与语言的新鲜感，再加上日常场景的熟悉感，共同形成了一种安心感。

我们买了面包、水果、水和零食。我们要在山里度过漫长的一天，远离补给品、餐厅和手机信号。正要出门时，当时还一句西班牙语都不会说的丹被正门保安拦住了。他还挎着红色的塑料购物篮呢。

丹向我投来一个疑惑的目光，他不知道购物篮不能带出店。我看得出来保安是友善的，丹也富有幽默感，于是我决定出手用西班牙语开个玩笑。

"我为他感到抱歉，"我说，努力掩盖自己的美国口音，"我爷爷喜欢收集红色的亮晶晶的东西。"

保安笑了起来，我也咧开了嘴。丹想要帮忙，上下摇晃着脑袋，热情地说："对的，谢谢啊。"

"他不是贼，只是个疯老头。"我一边说，一边不怀好意地眨着眼，"我们什么办法都试过了。"

保安被逗乐了，再加上不管我说什么，丹都毫不动摇地承认，于是保安歇斯底里地爆笑起来。最后，我告诉丹，我们必须把篮子留在门口，自己把买的东西搬上车。

"他们真挺友善的。"他说。我解释了原因。他比保安还觉得这件事有趣。

接着就要前往目的地了。空气是冷的，但阳光穿透前挡风玻璃，晒得我们眉毛火辣辣的。我们要去的地方在内陆约 30 英里（约合 48.3 千米）处——我们知道，到了下午三四点钟的时候，海岸附近很可能会形成一片孤云。

丹在飞来智利之前就把过往的日子抛诸脑后，当我们在看似没有尽头的土路上行驶时，他疼得龇牙咧嘴。不过，他对日食的迷恋程度不亚于我。什么都不能阻挡他的道路，打击他的精神。

在山谷中艰难前行，跋涉两个多小时之后，一座突出的山峰映入眼帘。我看了看破破烂烂的纸质地图。

"我们在 2 分 20 秒线上！"我喊道。这指的是我们在那里能体验到的日食时长。他转身点头。我们产生了同一个疯狂的念头。

"就是它。"他说。我准备好拖着 50 磅（约合 22.7 千克）重的行李箱上山了。

* * *

在我攀登这座遍地沙砾的山时，脚下石头会滑落，旅行箱也拒绝配合。我呼吸着令人心旷神怡、体力倍增的山间空气，同时阳光直射在我的脖颈儿上。我知道再过几分钟就会遇到一生仅有一次的体验，既然预料到了这一点，刺激、惊奇、焦虑一齐在我心里积聚。

"5 分钟！"丹的喊声把我带回了当下。地面明显变暗了，仿佛被一盏暗淡的白炽灯照亮。一阵清风吹干了我脸上的汗水。我透过墨镜往外看。太阳只剩下一道银边了。附近似乎潜伏着一股不祥的存在。

我最后在内心演练了一遍设计好的相机"舞"法，确保我有捕捉到日食场景的信心。5 个铝制三脚架上插着沉重的相机，长焦镜头对准了只剩一条缝的太阳。我知道我见到的景象将会成为我一生的重要回忆。相机已就位，让我能够与其他人分享这段记忆。

当我扭头看左边的丹时，一个东西吸引了我的注意。西边的群山不再呈现为锈褐色的山包，而是变成了紫色。贴着地平线上方有一道烟尘状的拱带。我身边的环境突然间看不清了。阳光在迅速衰减。

"我看见金星了！"丹惊呼道，指着一颗从午后安眠中突然醒来出现的星星。黑夜在我眼前降临，蓝天变得昏暗，染上了暮光，这一切都发生在 15 秒之内。没过多久，天就变成了一种无法解释的颜色。

我眼看着大地变成一幅琥珀色的画。随着日光的迅速减弱，影子变得像剃刀一样细。气温骤降，我感到阵阵战栗顺着脊柱传导，脖子上的毛发根根竖立。日食来了。

"贝利珠，贝利珠！"我喊道。小光球点缀在太阳的弧形轮廓上，如同项链上的垂饰，这是最后的日光透过月球山之间的空隙射向地球。它们汇聚成一个孤零零的耀目灯塔（钻石环），又瓦解成一个光点。然后阳光就消失了。我摘掉眼镜。我的下巴惊得快要掉下来了。

风静了下来，在夜一般的黑暗中"死去"。昆虫焦躁地鸣叫着，被意料之外的夜幕搅得晕头转向。空中划过一道时速 10 000 英里（约合 16 093.4 千米）的椭圆弧形阴影，停在我们的正上方，虚空中的繁星闪烁着微光。地平线沐浴在 360 度的海蓝色中。

黑暗瞬间笼罩了我们，夜幕降临，毗邻的山坡上爆发出阵阵欢呼。山谷表面一下子就看不清了，星星接连从沉睡中醒来，闪烁出光芒。我们正在月亮的阴影之下。我感到凝滞的空气开始运动，微风中带着野生植物与仙人掌花的宜人香气。

中心是太阳，或者说，本来应该是太阳的位置，被一个黑洞所替代，让人想到通往另一个世界的传送门。它周围是日冕，也就是太阳的大气层。纤细触须般的光线射向太空，长度可达数百万千米，看起来就像太阳身旁天使的白发，给人一种鬼魅般的感觉。这些光须组成了两道暗淡的光圈，显示出太阳磁场的轨迹。我感觉自己置身于另一颗行星。

站在月球的阴影下，太阳系在面前泼洒开来，你便意识到自己在生命中的位置，宇宙的广大，还有正道生活的重要性。时间停滞，敬畏、宏大、兴奋、恐惧和其他某种无可名状的情绪阵阵拂过，就像温柔的海浪拍打着沙滩。你确信宇宙是有感觉的存在，在日食的时候，你与宇宙对视。

除非一个人亲眼见过日全食，否则就没办法向他解释，为什么人们会花几个月的积蓄，到上千千米之外去观看如此转瞬即逝的景象。这种经历会改变人的一生，你仿佛短暂被传送到了另一个维度。那是宇宙最原始，也最优雅的时刻。

每隔两年左右看一次这种奇观，就像与一位睿智的老友见面。你会思考你自上次见面以来有过怎样的变化，而且会热切期盼着下一次见面，不管你们相会的时间多么短暂。月影拂过是一种洗礼，一种清新洁净的体验。影响深入骨髓。

我希望下次日食时还能在场，与这位老友再次见面。我一生都在不懈追逐这些罕见的美丽时刻，它们会永远刻在我的记忆中。这一次便会如此。

* * *

阳光立即就回归了。奇景开始溜走，就像醒来的美梦。

"变化快多了！"我评论道，丹赞同地点头。夜幕拉起时，我们还是上气不接下气。我双手颤抖，感觉自己既在哭，又在笑。我脸上是笑容，但欢悦中却带着忧郁。

"360度日出也没有。"丹说。这是实话。月影比2017年8月21日那次更宽也更快，于是日食期间天会更黑，天亮得也更快。从那以后，我就知道每一次日食都有自己的个性了。

我爬上一块岩石，心脏疯狂跳动，为第一次查看相片质量而焦虑。我斥巨资为相机配置了一个巨大的长焦镜头。镜头太笨重了，以至于我不得不买了一个专门的转接环，好把镜头连到三脚架上。如果我直接安到机身上，相机就会被镜头的重量弄倒。我点击了相机上的预览键。

成了！我这样想着，眼睛停留在我拍过的照片里最壮观的一张上。我知道它比不上美国航空航天局或专业摄影师的出品，但我还是振奋不已。我给弗吉尼亚州亚历山德里亚的新公寓找到了完美的壁纸，它会成为房间的焦点。

* * *

开车回拉塞雷纳的旅程既平静又忐忑。我们无声地行进，SUV汽车温柔的颠簸令人安心。我的思绪开始飘扬。

我在一片远离烦恼的大陆上，但我不禁还是怅然若失。我刚刚目睹了全世界最不可思议的奇观，但没有电视摄像机对着我，也没有观众听我播报，这让我感到缺憾。我没有与任何人分享我的体验。我的目标是什么？

直到那一刻为止，我的整个人生就是按部就班地堆积木。先是幼儿园，然后是小学、初中、高中，之后是本科。考入名牌大学与频繁旅行让我觉得自己一帆风顺。我已经做了 15 年的职业学生。

如今不再是一条路走到底了，没有一清二楚的下一步了。《华盛顿邮报》确实是一个好差事，但我走的这一步正确吗？

我没有像大部分同学一样拿下财富 500 强公司的合约；我没有股票期权，也没有入职奖金；我不会在华尔街吃午饭，也不能吹嘘自己在高盛认识谁。

我心里知道自己不是那种人，生活不只是 6 位数工资，但现在日食结束了，我不得不直面自己的未来，而我发现自己执迷于过去在哈佛大学的 4 年。我有没有明智地运用那段时光？

路上不知从哪里跳出一个小丑，打断了我的人生四分之一危机。当时是我开车，丹负责导航。我们从山里开出来用了 3 个小时，正要从西边开回拉塞雷纳。再次见到文明真好，便利店的灯火、加油站和市政道路交叉口都在欢迎我们回城。但在我们前面的红绿灯处有一个货真价实的小丑，他正在蹒跚地过马路。

"他还好吗？"我对丹说，有点觉得是自己太累了，出现了幻觉。小丑正在努力站直身体，不停地在抛保龄球瓶。他有 3 个瓶，但看上去同时只能接住 2 个。小丑醉得很厉害，非常厉害。

"哎呀，他走了。"丹说道。小丑几乎把脸埋进红绿灯里时，我们笑了起来。他在最后一刻清醒了，然后注意到我们在看他。他试着鞠躬，结果却摔倒了。没过多久，我就哭笑不得了——我们被一个醉醺醺的小丑耽误了。

　　说到底，也许我对自己的安排还是对的。

第十八章 当追逐者变成被追逐者

2020 年 5 月 22 日像追风季的其他任何一天一样开始了——在一晚 36 美元，而且绝对闹鬼的堪萨斯州汽车旅馆里。那是清晨 4 点 8 分，闹钟开始闹腾，真是可恶。窗帘在凉爽清新的风中沙沙作响。睡了整整 3 个小时后，我并没有焕然一新的感觉。

这是马不停蹄追风要付出的小小代价。12 个小时前，我还在架挡风力催动的冰雹，躲避漏斗云，看着毛糙的绿云从头顶扫过。在目不能视物的暴雨中开车 2 个小时后，我在凌晨 1 点抵达道奇城（Dodge City），这里曾经是通往西部边境的熙攘门户。我在遇到的第一家亮着霓虹灯的经济型旅店住了下来。房间的窗户是破的，烟雾报警器被垃圾袋遮住。

现在我平躺在床上，昏昏沉沉地打开笔记本电脑，开始检索数据。我上下扫视地浏览着。这是气象学版的打地鼠游戏——太契合 2020 年了。争取好成绩是一场逆风战斗。

《华盛顿邮报》从 3 月新冠疫情暴发后就关闭了办公楼，我从那以后都在远程工作。尽管难免有大难临头的感觉，但有机会摆脱工位，我还是很高兴的。现在我可以上午干活，下午追逐风暴了。

尽管夜里的雷暴给空气降了温，但那是 5 月，只要几个小时，潮热就会卷土重来，让大气再次变成火药桶。我知道下午三四点的时候会出现风暴，我届时必须在场。唯一的问题是确定具体位置。

尽管环境条件有利于风暴骤发，但并没有一个明晰的引子去触发大气中压抑着的火气。最稳妥的办法是循着一条残余外流边界，那里是沉寂下去的雷暴排出的温和凉爽空气，蜿蜒指向南边的俄克拉何马州与得克萨斯州边境。

但在动身南下之前，我还有一整天的工作要做。我匆匆敲出来两篇文章，头上罩着一股烟味的羊毛毯，录制当天的华盛顿特区电台天气预报。等到三张照片慢吞吞地上传完毕后，我不禁欢呼了起来。显然，昨晚停电之后，酒店的倒霉无线网络没有重置。

上午10点，我已然精力充沛，车加好了油，驶上283号高速公路，开往区区350英里（约合563.3千米）之外的俄克拉何马州阿德莫尔（Ardmore）。我在人口密度约为70人/平方千米的堪萨斯州恩格尔伍德（Englewood）停车，又写了一篇文章。天空染上了鲜亮的蓝色，东方地平线上遥远的云彩是前一晚风暴的残迹，强风里携带着大量水汽。

当我穿越俄克拉何马边界，向东南开进时，狂风吹得我自己焊接在挡风玻璃上的防雹罩哗啦作响。前些年的两场不亚于《圣经》中雹灾的冰雹让我明白，在追风季的高潮，保住挡风玻璃是很有价值的。空气从金属罩两侧流过，发出风扇一样的嗡鸣，而我在听着自动气象雷达用机器人一样的语调播报上午11点的气象观测结果。"伍德沃德，81华氏度（约合27.2摄氏度），南风，风速17，最高可达31，"低沉的声音伴着静电声传来，"俄克拉何马市，气温84华氏度（约合28.9摄氏度）。"

我强迫症似的扫视着天空，距离目的地还有3.5小时车程。中午快到了。大气中还没有出现对流（垂直热量输送）的早期征兆。一片白云都看不到。

我知道有事情要发生了。

我瞥了天空一眼，让大气明白我已经发现了它的诡计，而且我不会上当。无形的顶盖逆温——地表上空 1~2 英里（约合 1.6~3.2 千米）处的暖空气层，起到阻止气块上升的效果——笼罩在头顶。它就好比给一锅沸水顶上加了个盖子，压抑着下方积累的热量，但这只是暂时的。等到顶盖破裂，大气就会喷薄而出。那就是风暴暴发的时刻。

下午 3 点前后，我来到了俄克拉何马城以南 100 英里（约合 160.9 千米）处的阿德莫尔附近。我深入"怪人乔"[1] 的地盘。我只要沿着州际公路往下开 20 英里（约合 32.2 千米），就到了这位电视节目明星已闭馆的动物园。

我掏出手机时乐了一下，急切地等待着下午的数据传入。正当我焦虑地审视数据时，我的表情凝重了起来。我之前在追的外流边界就在我头顶正上方，这意味着如果顶盖能够破裂的话，风暴最后就会在此形成。但西边的气温略高，意味着顶盖会先在那里破裂。风暴追逐者通常想要赶上一天里的第一场风暴，因为在周围的风暴形成并加入竞争之前，先发风暴可以畅行无阻。

我已经开了五个半小时的车，再开两小时又何妨？我不情愿地叹了口气，将 GPS 目标地点设定为得克萨斯州威奇托福尔斯（Wichita Falls）。我翻过起伏的山丘，沿途地貌点缀着橡树和灌木，偶尔还有养牛场。我路上遇到一辆被扔在田里的半挂车，车上喷着"二手皮卡"

1　曾是美国一家动物园的老板，2019 年因虐待动物罪入狱。曾在纪录片《美国最危险的宠物》中出镜。

和"爱耶稣"字样，下面是一串电话号码。我 2018 年追逐风暴时就见过它。树木总算开始消失了。随着我靠近欢迎司机来到威奇托福尔斯的错综复杂的高速公路立体交叉道，地貌开阔了起来。

我路过了小卡尔餐厅。自从我 2017 年在这里吃了一个鸡肉三明治，它每隔两周就会给我发一条短信。我停在一家冰激凌店外面，车窗留了一条缝，然后跳下了座椅。天空有一种雾蒙蒙的感觉，头顶飘着几朵中等高度的云彩。好戏还没开始呢。我伸了个懒腰，开了 8 个小时的车，身体还处于麻痹状态。**这一趟最好能值回来**，我想。

我在布劳姆冰激凌店悠闲地点了一杯冰激凌，等不及要蹭店里的空调了。我坐下来，一边做着白日梦，一边享受柠檬蓝莓味冰激凌。过了一会儿，我抬起了头。窗外的天空看起来比 15 分钟前更加清澈，雾蒙蒙的感觉不见了。

突然放晴会让大多数人感到振奋，但我认出这是风暴的前兆。我知道这意味着顶盖刚刚破裂了，空气自由上升，与原本束缚在地表附近的湿气或污染物混合了起来。是时候出发了。

我跑到屋外，爬到自己的车顶上，迫切想看清到底发生了什么。在普通人眼里，天气看上去好极了。但我发现西边有四五片棉球一样的小积云，它们正扶摇直上。其中一片会发展成我想要的风暴。云越来越高，受到随高度变化的风的影响也就越来越大。这样一来，云就会扭曲，传递旋转，让风暴开始自旋。云的方向也会受到影响。

我快速扫视了一下，发现这一群云彩在我西北偏西方向约 20 英里（约合 32.2 千米）外。我决定往北走几千米。仅仅过了 10 分钟，西边的天际就暗了下来。有一片腾云在上升过程中迅速膨胀，把太阳都遮住了。这片云下方开始落雨，雷达上有一片微弱的菜豆状蓝块。

雨还不大，甚至连闪电都没有产生，但它在转了。

我越过雷德河（Red River）进入俄克拉何马西南部，向凯厄瓦赌场（Kiowa Casino）招了招手，然后停在了格兰德菲尔德（Grandfield）西郊的一片地上。风暴正向东北移动，但我赌它会右旋转弯。我赌对了。除了不时有零星雨点打在挡风玻璃上，这里就没有声音了。严重雷暴警告已经生效，我看到远方有弧形闪电划过泛黄的天空，从越发鲜明的风暴核心击向大地。雨幕模糊了北望的视野，但我不在乎。我想看的是上升气流，那里没有雨。

上升气流是风暴的一部分，这里的暖湿空气内旋上升。在旋转的超级单体雷暴中，上升气流就像理发店门口的灯柱一样自旋，最危险的天气会在这里形成，包括龙卷风。既然空气呼啸上升，那么雨就下不起来，往往会留下一个晴朗的云核。我知道我看到的就是这个现象。我稳坐钓鱼台，静静观察。

在超级单体雷暴的云砧之下，蓝天依然在朝南散播。一群好奇的奶牛加入了我，它们在与土路平行的铁丝网栅栏旁。我猜我们是在哞哞农场[1]吧，我扑哧一笑。我目睹着风暴上升气流的成长过程，10分钟，15分钟，20分钟。来自南方的气流像触手一样伸进了旋转中的气柱。雨和雹全都留在右边，远离上升气流。这是个好迹象。

风暴在向我逼近，于是我决定向东转移7英里（约合11.3千米）。天没有下雨，而且在我越过风暴边缘时，雷达显示我上方没有降水。但每隔几秒钟就会有一两颗孤零零的冰雹随机砸中地面，其中一部分有半美元硬币大小。我由此得知，风暴的旋转力度肯定加强了。冰雹

1　游戏《马里奥赛车》里的一张地图。

从旋转上升气流的核心被甩了出去。

与此同时，风暴的结构正在演化成某种优美的、预示性的东西。上升气流的核心下方垂着一面云墙，表明一个更集中的旋转区域正在朝着地面下降。远处能看到扬起的烟尘，表明来自风暴侧后方，被雨水降温后的下沉气流正涌向地面，四散开来。有时，这个过程会收紧旋转中的风暴。几分钟后，我的手机开始尖叫震动，报告无线紧急预警：龙卷风警报发布了。我丝毫不意外。

同时，在方圆 300 英里（约合 482.8 千米）的范围内，雷达图空荡荡的。我暗自庆幸自己在正确的时间来到了正确的地点。但我的高兴转瞬即逝。一道地动山摇的闪电击中了 1 英里（约合 1.6 千米）外的旷野，把我拉回现实。又闪过一道，然后又是一道。我看出来了，密集的闪电是风暴上升气流转化为龙卷风的一个迹象。

又到了向东转移的时刻。这意味着要穿过主要由夯实黏土建造的路网。这里在大多数情况下都可以轻松通行，但随着雨滴开始落下，铁锈色的黏土已经变成了湿漉漉的"水泥"。我意识到我必须赶紧上大路，否则就有被困住的风险。

我的卡车在 3 英寸（合 7.62 厘米）深的烂泥塘中艰难前行，我小心翼翼地开着车，方向盘几乎都动不了。车子每过一个坑都会前后摇晃，车厢剧烈摆动，收音机和车载设备纷纷掉了下来。回到大路以后，我马上疾驰向南。我很清楚，风暴很快就会追上我。

两年前的经验告诉我，追风暴时绝不能落在风暴后面。重新追到风暴前头几乎是不可能的，唯一的办法是钻心（core-punching）。而钻心往往徒劳无功，而且一定要经历密集的冰雹、极端的暴雨和破坏性的大风。

每过 1 分钟，风暴都在演化成某种骇人之物。我距离中尺度气旋（风暴中旋转的部分）只有不到 3 英里（约合 4.8 千米），却看不见它。我正在向东南行驶，心里知道暂时牺牲视线是值得的，为的是之后获得更好的观察位置。当我绕着即将进入得克萨斯州的风暴边缘行驶时，距离拦截位置有 2 英里（约合 3.2 千米）。在我向南折返，要跨过雷德河时，道路转向右侧。就是在那时，我惊掉了下巴。

超级单体已经变成了一艘母舰，一个宽达 2 英里、距离地表仅800 英尺（合 243.84 米）的巨大气旋，无数云在搅动翻腾。它就像叠成一厚摞的煎饼，黑暗、粗犷、不祥、异世界般的旋转气柱，体积比珠穆朗玛峰还要大，飘浮，旋转，不停放电。在左边，中尺度气旋的南缘像剃刀一样锋利，外面是宜人的春日午后，里面是令人避之不及的风暴，泾渭分明。右边则是中尺度气旋与半透明帷幕般的暴雨冰雹之间的模糊界线。

风暴如此强劲，我确信我西边 2 英里处正在落下垒球大小的冰块。我把车开下匝道，看到第一条路便右转。两旁的行道树遮住了视野。我暗骂了一句，但注意到前方有一个随意堆放的 20 英尺（约合 6 米）大小的土堆。我停下车，拿起相机，爬上了蚁丘似的土包。站在土包上，我有一种攀上山巅的感觉。我之前强迫症似的预测天气，现在终于有了回报。我正在目睹有生以来见过的最壮观的风暴结构。

中尺度气旋硕大无朋，涤荡大地，从它下面出现了一个活跃不定的漏斗云，后经确认是龙卷风。警铃大作。可怕场面的结尾是平静到诡异的杂音。在我不知道的情形下，相当于七八个城市街区外的地方正下着 6 英寸（合 15.24 厘米）大的冰雹，挑战着得克萨斯州的最高纪录。巨型冰雹在地上砸出了坑，甚至穿透屋顶，落入民宅。

我可不想让自己的车报废掉。在最后关头，我注意到远方有几朵翻腾的云，于是立即向南逃窜。我开始是向东跟着初始风暴走，途中停车拍了一两张照片，然后我决定把宝押在新出现的云会演变成风暴上。赌南侧的单体风暴通常会比较好，因为它们能够最畅通无阻地接收暖湿空气。我很高兴自己做了这个决定，虽然要是早15分钟做出就更好了。

我向东疾驰，在向南奔逃之前时速已经达到了75英里（约合120.7千米）。我扫了一眼车载雷达显示屏，发现又有雷暴在暴发式孕育了。风暴高度刚达到50 000英尺（合15 240米），电台就播放了龙卷风警报。

"已确定龙卷风位于贝尔维（Bellevue）附近。"空洞的合成音效一个字一个字蹦了出来。我还是太靠北了，距离有10英里（约合16.1千米）。我已经错过了它。不过，凡是有一个龙卷风的地方，往往不会只有一个，我祈祷风暴产生龙卷风的过程尚未结束。我下了高速，再次继续往南。

我每次闯入单体雷暴时，都会经历一个"暂停"时刻的洗刷。这一刻通常是在阳光消失，我打开前大灯后的几秒钟，在雨滴马上要落下，但还没有落下，风刚刚停滞的时刻。我关掉收音机，绑紧安全带，放下座位扶手。**我们又来了**，我想，**现在没有回头路了**。

冲击接着就来了，这次跟洗车似的。强度最大的风暴往往有着最陡峭的降水梯度。雨不会由小到大。要么在大雨里，要么在大雨外。我就在雨里。

雨刷器疯狂地来回扫着，我瞥了一眼全球定位系统地图和导航雷达图。"嗯……"我嘟囔道，"这次厉害了。"

风暴运动速度并不快，但方向是往东。我是从北面来的，正好跟它成一个直角。这意味着我恰到好处地，硬生生闯进了风暴的穹窿，也就是环流东面的无降水区。我本来会穿过下着冰雹的风暴核心，赶在风暴从我的位置经过之前，逃到气旋运动路径的南侧。

我考虑了各个选项。我可以放弃追风，等着它从我身边经过，也就是"穿针"。这意味着我要从气旋钩状回波的"针眼"里穿出去。

但穿针存在不确定性。如果地面有龙卷风的话，你可能直到末尾才能看到它。那时你已经从雨雹区里出来了，而龙卷风基本已经到了你头顶上。我们很容易落入轻信雷达数据的陷阱，但数据往往是滞后的，而且可能会让人盲目自信。此外，由于乡村地区的移动网络质量问题，雷达数据并不可靠，充其量是断断续续可用。我在地面上没有看到任何龙卷风的迹象，但根据雷达上的异常信号，我决定继续向南。

冰雹砸在引擎盖上，发出熟悉的刺耳金属撞击声，给我一种奇异的安心感。我又一次有了回家的感觉。大雨依然如注，冰雹也变大了。冰雹不再直接砸到挡风玻璃上了，它们现在已经大到无法通过防雹罩的网格空隙了。我知道这意味着，冰雹至少有半美元硬币那么大。

声音越来越响，还夹杂着几个高尔夫球大小的冰雹。我伸手去抓护目镜，这是我一贯以来针对车窗破碎的预防措施。前后挡风玻璃都有防护，但侧窗没有。侧窗之前还没坏过，但万事总有第一次。

我开到了一处山顶，冰雹贪婪地吸走了周围的色彩，让天空呈现出灰阶的形态。在这样的背景下，我什么都看不见。挨了一两分钟的冰雹后，我开始辨认出一道云墙的侧影，它大约在我西南方向 5 英里（约合 8 千米）外，悠闲地飘浮在半空中。我正在逼近它。但就在这时，车篷遭到了撞击。听上去好像有一个砖头砸在我脑袋上，感觉也是一样的。

我看到一根冰柱在前方路面上炸开，一道模糊的白影瞬间化为碎片。我脸上划过一个调皮的微笑。我知道要来的是什么。几秒钟过后，我就仿佛置身于棒球击球练习的挡网中。小者如棒球，大者如垒球的冰块以高达 100 英里（约合 160.9 千米）的时速从天而降。有些在路面上碎掉，另一些则在落地后反弹，溅起周围田里的泥巴。

我开车穿过树丛，路面刚刚盖上了一层碎叶，绿绿的，也滑滑的，闻着有一股派素清洁剂的味道。每隔大约 20 秒，伴随着扑通一声的巨响，车子就会震一下，要么是冰雹砸到车篷，要么是砸到货箱。还有一些打在防雹罩上，从圆滑的金属网格弹开，没有造成伤害。甚至有几颗从驾驶员侧的外部飞了过去，险些砸到玻璃。

我看着云墙，心里知道冰雹还能下 10 分钟，于是决定不去以身犯险了。我马上下了公路，倒进了一座孤零零的农舍的私人车道，祈祷主人是个好脾气的人。我回想起几天前在俄克拉何马遇到了一个男人，我在他家车道口转了个弯，他就挥舞着枪，威胁要射击我。

那座平房里没有亮灯，可能是因为屋里没人，也可能是因为断电。前院里有一个土堆，外面绕着几道破破烂烂的细铁丝网，形成棚架。野鸟喂食器旁边有几个草垛，草垛中间是一个锈迹斑斑的绿色乘坐式割草机。一个石头鸟浴盆正好摆在两棵树的中点位置，不过有点歪，雨水从里面溢出。屋外包着白色塑料护墙板，正门门廊上方的铁皮屋顶向两侧延伸到地面，形成一个车棚，里面停着两辆皮卡。两辆"大轮"牌三轮车乱糟糟地倒在前院。每次雷击中屋顶的时候，听上去都像有人在拿着锤子砸铁板。

"会有龙卷风吗？"有人喊了一声。我吃惊地把头往右一甩，只见一名身穿格子呢衬衫的男子正紧贴在我敞开的副驾驶车窗边。屋里看来还是有人。"正在呢。"我说着指了指云墙。

"是啊,越来越近了。"男子摇着头,焦虑地说道。我想递给他一顶安全帽,不敢相信天上正落下可能会要人命的冰雹,他却若无其事地站在户外。他好像丝毫不慌。

"我没事。"他说话时显得心不在焉。

在最严重的雹暴中,云中的水凝结成的冰雹比一般要大得多,意味着冰雹的数量也会少得多。于是,冰雹之间会有一点空隙。这个人不管运气有多好,都是在玩一场死亡游戏,相当于在雷场玩躲避球。

我问他是否介意我把车停在他家车道上。

"不介意。"他说,注意力再次转向天空。西边的云墙只有两三英里远了。"是啊,看起来不妙。"他拔腿回到了屋里。我又回去观望云墙。

片刻之后,前门啪的一下打开了。男人和他的妻子各抱着一个小孩,冲向前院的土堆。他伸手在后面抓住一个东西——原来是门。他们要进避风地下室了。我孤身一人,没有车经过,风也停了。但云墙越来越近,偶尔生成漏斗云。

在穷追猛打之下,我获得了完美的视野。不过,我决定还是赶在云墙到头顶之前,向南逃离裹挟着冰雹的"熊笼"[1]。往南开了1英里(约合1.6千米),我靠护道停车,看着中尺度气旋在地表上方张牙舞爪,像生日蛋糕一样旋转,只是不怀好意。草谷被气浪吹弯了腰,向上空的大气表达着敬意。南风涌向风暴,汇成一条汹涌的大河,大气泛起阵阵涟漪。

1　指的是龙卷风中裹挟着雨雹的部分,形容人进入后就像与熊共处一样凶险。

尽管有个别漏斗云脱离主上升气流，但在我看来，风暴的势头已泄。往西看，远处云核下方的天空呈现出橙色。当时是晚上 8 点 15 分左右。一片云下方垂着有层次的阴霾，但雷达图上没有多少显现。我不太看好。再看东边，远处雷暴的顶部已经变成了一堆堆玫粉色的棉花糖，在暗淡的地平线映衬下分外亮眼。

我倚在车上，叹了口气。今天是个好日子，我告诉自己。有母舰，有巨型冰雹，还有几个漏斗云。对 2020 年来说是不错了。我绕着车悠然踱步，检查有没有新坑。我找到了很多。"呀，呀，呀！"我惊呼道，双眼放光，"这个厉害！"

我俯下身，仔细观察引擎盖上的一个大坑。驾驶座侧门和顶棚还有几个差不多大的坑。要是让我的车迷老爸看见，他肯定要哭了。而我却欣喜若狂。

"战伤！"我宣布道，周围一个听众都没有，唯有风声。我得意地笑着，对好日子留下的伤疤颇为满意。

我常常希望自己的人生能像我的车一样：饱经风霜，逼近极限，有一肚子的故事可以讲。有些人从来不让自己的车离开车库，有车不敢开，害怕碰坏或者弄脏。诚然，这些车会永远崭新，但里程数也是零。我开过的路未必有铺装，但每一次刮擦碰撞都是一份记忆、一段经历，是旅途的一部分。我想要坑坑洼洼的人生。

我当时还不知道那一天后面会发生的事。我扫了一眼雷达，发现风暴正在堆积和扩大，变成龙卷风生成潜力不大的气团。我决定收工，返回东边有一个半小时车程的得克萨斯州盖恩斯维尔（Gainesville）的酒店。我先往北，再往东，黄昏的天空不断被闪电照亮，就好像一盏盏单色警灯向我压来一样。

最后，风暴重塑成了一道从西南伸向东北的线，中间夹着几个强度比较大的单体。风和冰雹仍然令人担忧，但随着太阳落山，龙卷风的威胁也在迅速减退。在电闪雷鸣之间，我的北方似乎有一片云比其他云更低。我本能地靠边停车，透过挡风玻璃往外看。玻璃上有几滴雨点，树蛙和蟋蟀正在举行户外大合唱。

我力竭而志不堕，于是打开手机上的 RadarScope 应用，结果屏幕就像被泼了一桶颜料似的。"嗯？"我嘟囔道。**没准还有点儿东西**？但气旋似乎即将消逝，我也不信一串风暴内部能维持住气旋。于是，我决定坐回座位，趁机把白天拍的照片视频上传到推特，希望利用风暴的热度，多吸引点粉丝。

突然，我的手机响了起来，发出三连音警报。我一跃而起，把水都碰洒了，尼康相机也跌到地上。我怀疑是暴洪警报发布，于是伸手去拿收音机。

"中央夏令时晚间 8 时 27 分，鲍伊市以西 7 英里（约合 11.3 千米）贝尔维附近发生严重雷暴，有可能产生龙卷风。"收音机里警告道。我惊讶地坐直了起来。**竟然是龙卷风警报**。我几分钟前就在贝尔维。翻回去看雷达图，我明白了原因：气旋在风暴线拐点处急剧增强，环流就在我北面两三千米。我就知道，那片可疑的云不是我的臆想。

我觉得我的位置不错，准备让气旋从我身边经过。路况不太好，只有一条由西南向东北方向的，通往鲍伊市的路。这条路也与风暴运动轨迹平行，所以只要我留在原地，那个麻烦的单体风暴就会从我北面擦身而过。

但广播又响了。我瞥了一眼手机，对我所见轨迹的准确性产生了怀疑。**如果信息准确的话，那就还有两个气旋**，我想。那可就糟了。

气象雷达有时会被云内的高速运动气流所愚弄，距离折叠也可能会给出虚假的轨迹。**其实就是这样吧**，我想。但这时来了一张新扫描图，风没有变化，3个气旋全都在加强。

我必须面对事实了：3个气旋将会在我周围几千米范围内经过，每一个都可能变成龙卷风。一个在北边，一个在我头顶正上方，还有一个在南边。

我面临着抉择，但没有一个选项是最优解。我在一条东西走向的公路上，没有南北走向的路可选择；最近的岔路口在我东面7英里（约合11.3千米）外的鲍伊市。如果我试着往北或者往南逃脱的话，那要用15到20分钟才能抵达安全地带。我没有那么多时间。我可以尝试插入环流之间，但这样做也有风险。3个中尺度气旋都像大气里的水槽一样，旋涡周围有可能产生极具破坏性的直线风。夹在两个气旋之间意味着，在一条荒废的公路上直面时速70英里（约合112.7千米）到80英里（约合128.7千米）的狂风，而且路两边是脆弱不堪的输电线。此外，之后还可能会形成新的气旋区域，届时我将无处可躲。

既然没有万全的选择，我决定最好的选择是从鲍伊市内的中央环流里闯出去。那是一座有避难所的城市。万一要逃离的话，四面都有路，而且知道周围有人让我感到安心。我疾驰向东，奔往鲍伊市，刚进城就受到警报声的迎接。

马路上空荡荡的，红绿灯在被雨水浸透的路面背景下滚动闪烁。没有风，有小雨。**也许没那么坏**，我想。

在最糟糕的情况注定来临之前，我还有10分钟时间。但雷达图令人兴奋不起来——看上去不妙啊。不过，我知道只有不到三分之一的双气旋会产生龙卷风，而且气旋大概率会平平淡淡地通过。然而我错了。

片刻之间，雷暴阵风锋面上就刮起了风，雨也下起来了。雨逐渐变大，现在的风还只是微风。雷达显示气旋就在正上方。没有龙卷风。我觉得风暴不过尔尔，就导航去得克萨斯州盖恩斯维尔过夜了。**估计也就这样了**，我想。

当我向北穿过市中心时，我知道事情不对劲了。雨越下越大，风向也开始变了。我意识到雷达之前扫描的是风暴高空，没有显示地表状况。地表涡旋尚未抵达。

唰！一道明亮的蓝光点亮了北方的大地。接着又是一道。**电线火花**，我想——这是电力设施被高层大风损毁的迹象。

大约在同时，一根树枝从车窗上弹飞。但它并非来自附近的树，而是天上掉下来的。肯定是有东西被吸上去了。

城市突然黑了。大街漆黑一片，而随着风声越来越响，警报声也消失了。雨水疯狂地击打着挡风玻璃，好像要进车避难一样。然后是雾气袭来，我的车笼罩在了乳白色之中。能见度降低到了不到 15 英尺（约合 4.6 米），阵风摇撼着我的车。空气湿度越来越高，但温度没有变化。附近肯定有强大的低压漏斗。

我无意间将车速降到了每小时 10 英里（约合 16.1 千米），然后是 5 英里（约合 8 千米）、4 英里（约合 6.4 千米），再然后是 2 英里（约合 3.2 千米）。风朝我直吹而来，树叶和瓦砾从车窗边呼啸而过，我以为自己依然在高速行驶，其实我已经静止了。这时，龙卷风的边缘到来了。

我的车左右乱跳，风仿佛要撬开防雹罩或引擎盖似的。我知道龙卷风的核心再过几秒钟就会到来，于是慌忙检视周遭环境。透过狂风暴雨，我勉强认出右边 30 英尺（约合 9.1 米）外有一面砖墙。我发动引擎，开上马路人行道，停在了那面墙的前面。此外还有几面墙，那显然是一家自助洗车店。

我把仪表盘支架上的摄像机拆了下来，确保它仍然在录制。避难所很近，就在我前方 10 英尺（约合 3 米）外，但这还是太远了。时速 80 英里（约合 128.7 千米）到 90 英里（约合 144.8 千米）的大风死死堵住我的门，就像有一个隐形的中后卫在跟我对抗一样。

我双腿撑住中控台，展开身体，用肩膀把车门顶到半开。这是我的逃生机会。风停了片刻，给了我一两秒冲出去的时间，我一下子冲入了猛烈的龙卷风。雨点不住地击打着我，像坚硬的固体一样砸得我生疼。

车门在我身后重重合上，但我顾不上了。我已经到了洗车池里面，蹲在有钢材和管道加强的焦渣砖隔板的背风处。在假定隔板不会倒的情况下，我的关注点转向了波纹钢屋顶。我眼看着树枝、建筑材料和其他各种瓦砾呼啸而过，在我停着的皮卡车的大灯光柱中投下侧影。有一块钢板被时速近 100 英里（约合 160.9 千米）的大风裹挟，从南边袭来，险些砸中我的车。风声听起来就像一台巨型压缩机。

"伙计们，我们要迎来时速 100 英里的风了！"我对着摄像机喊道，指着屋子外面，"现在瓦砾四处乱飞。我们可能在龙卷风中。"最后几个字飘散在了喷气式飞机般的狂风怒吼中。但风来得快，去得也快。

40 秒后风就息了，凶猛的气流在减退。我左耳听到的风声比右耳大，我觉得龙卷风在向东南偏东方向移动。"货运列车到此为止。"我小声说了句，眼皮一翻，露出了坏笑。

我戴上了雨衣的帽子，悠闲地走回车里。空气闻起来就像有一台巨型除草机刚刚把泥土和树木一扫而空。我一屁股坐进驾驶座，打开空调，除掉车窗上的雾气。我被雨水和汗水浸透，浑身颤抖着按开座椅加热器。我打了个哈欠，突然意识到自己有多么累。

我努力克制合眼的冲动，点开手机，再次准备导航去得克萨斯州盖恩斯维尔。我皱起了眉——网络断了，大概是因为停电或者基站损坏。我知道必须往北走。我转入倒挡，用后备摄像机检查瓦砾。前大灯照亮了许多碎片，像打出去的霰弹一样。我往主路开了 50 英尺（合15.24 米）就被迫停下。两段各有 1 英尺（约合 30 厘米）粗的树干挡住了道路。**这才刚开始呢**，我心想。交通标志牌和枝杈散落满地，偶尔还有建筑材料，它们将我拖慢到了爬行的速度。倒地的电线堵住了好几条路。我靠前大灯躲避暴发的洪水，道路低洼处积水有 1.5 英尺（合 45.72 厘米）深。

我看到有一个街区明显在龙卷风经过的路上，就决定去逛逛。这里确实到处都有 EF0 到 EF1 级的损伤，相当于时速 80 英里（约合128.7 千米）到 100 英里（约合 160.9 千米）的大风造成的破坏。几乎每家院子都有折断或倒掉的树，有一些砸在房子或者轿车上，车篷和车库一片狼藉。次日早晨，国家气象局沃特堡分部确定蹂躏鲍伊市的是 EF1 级龙卷风。

现在午夜已过。我有整整 20 个小时没有睡觉，开车将近 600 英里（约合 965.6 千米），到过 3 个州，而且从午饭时间起就一直全神贯注，是时候去酒店了。

紧绷着精神开车去往盖恩斯维尔的最后 90 分钟路可不好玩。在向东行驶的路上，我从后面再次钻进风暴，又挨了一通大雨。我开在路拱上，躲开了几十座电线杆，它们都是之前被狂风像多米诺骨牌一样吹倒的。当我总算到了旅馆的时候，风速回到了每小时 60 英里（约合 96.6 千米）。我把车停在停车场，背上双肩包，满不在乎地踱进酒店，拒绝承认风暴正再次在我周围肆虐。

"天气真好啊。"我笑道，与旅馆前台相视一笑。大堂天花板严重漏水，一个男人和两个孩子正往地上堆毛巾，估计是她的家人吧。我踮着脚绕过刚刚出现的"室内游泳池"，在走廊里拖着疲惫的身躯前行，同时在兜里摸索房间门卡。

划卡，哔哔两声，房门开了。我重重跌在床上，迎接我的是熟悉的霉味、卫生球味和烟味。我做了个得意的手势，一边笑，一边想着我的车："今天啊，好一个大坑。"

第十九章　2020 年的无尽飓风季

2020 年 5 月，大平原完全没有出现大型龙卷风。龙卷风之乡的居民们本来因为新冠疫情而担惊受怕，如今总算松了一口气。然而，大自然母亲骨子里是一位先知，平静的天气只是诱使人们产生了虚假的安全感。5 月 16 日，热带风暴亚瑟在佛罗里达以东洋面形成，大西洋飓风季随之早早开启。

11 天后，飓风"伯莎"也在南北卡罗来纳州外海出现。按照官方规定，大西洋飓风季开始于 6 月 1 日，但考虑到气候发展趋势，美国国家海洋和大气管理局已经在考虑将日期提前了。

自有记录以来，2020 年是大西洋飓风最频繁的一年，破纪录地发生了 30 次命名风暴，年均水平本来是 12 次上下。有 13 次风暴登陆美国领土，几乎整个美国东海岸和墨西哥湾沿岸在 2020 年飓风季都被列入过热带风暴监测，或者发出过警报。国家飓风中心用尽了预备的飓风名称，气象学家被迫用上了希腊字母。

2020 年飓风季奇事连连，包括尼加拉瓜和洪都拉斯两国同一区域接连遭受 4 级飓风，时间间隔不到两周。美国境内的年度最强风暴是飓风"劳拉"，荡平了路易斯安那州的大片森林，是自 1856 年以来

"小河之州"（Bayou State）[1]经历过的最可怕的风暴，时速高达 150 英里（约合 241.4 千米）的狂风将岸边建筑扫荡一空。

我追风的坐骑是美国恶劣天气研究中心的多普勒雷达车。由于预计会发生风暴潮，雷达车停驻和树立天线的位置受到了限制，于是中心首席科学家乔希·沃尔曼（Josh Wurman）和卡伦·科西巴（Karen Kosiba）只得安顿在得克萨斯州边境萨宾河（Sabine River）的一座桥上。我们侦测到了时速 111 英里（约合 178.6 千米）的大风，但没能亲眼看见。

9 月中旬我有了一次弥补的机会，当时还是 2 级飓风上限的飓风"萨莉"正在进入亚拉巴马州。与 2020 年每一次登陆的风暴几乎一样，它在登陆前夕越过了强飓风的界限。仅仅 24 个小时之前，它还只是一个热带风暴，在强度不高但坚定不移的风切变中苦苦挣扎。

9 月 14 日（星期一）下午 2 点 14 分，《华盛顿邮报》的上司给我打来电话，让我乘飞机出差去墨西哥湾，现场报道飓风"萨莉"的申请通过了。我之前一直在坚持（可能都有点烦人了）要求，主张 HMON 模型，一个特别朗朗上口的飓风模型，对飓风"萨莉"会登陆成为强劲危险风暴的预测结果将会成真。不久前，飓风"萨莉"中央附近发生了多场 50 000 英尺（合 15 240 米）高的雷暴，为我的观点提供了佐证。贾森打电话通知我的时候，我正在录制电台的下午热点节目。

30 分钟后，我就带着一个垃圾袋出门了，里面装着衣服、相机包和一副飓风护目镜。我知道接下来 48 个小时里不会有多少睡眠时间，

1　路易斯安那州的绰号，得名于境内数百条平缓的小河。

但我做好了准备。下午4点40分，我的达美航班从里根国际机场起飞。天空如水晶般清澈。

* * *

晚上8点，我在新奥尔良落地，提了租的车就一路向东，赶往密西西比州比洛克西（Biloxi）。

"你要去哪里？"安飞士租车公司的柜员问我。接下来是两秒钟的尴尬沉默，我在绞尽脑汁思考他只是闲聊，还是要撤销我的租车约定。

"就是简单出趟差，"我开心地笑着回答，尽全力装出无知的样子，"我一到这里就爱上了。饭菜太好吃了。"如果说我在旅行中学到了一件事的话，那就是南方人热爱讨论他们最爱的烹饪风格。不到10秒钟，柜员已经完全忘掉了我即将驶入飓风地带。

我住在星星酒店（Star Inn），这是一家海滨二星级酒店。酒店门口有个牌子，上面写着"按摩浴缸房"。三角墙表面铺着红色波纹板。**建得挺好**，我心想。

街对面的"鲨鱼头"是亲子乐园兼礼品店。这座桃红色建筑是用伸入水里的柱子支撑的。我正式来到了飓风的领地。

可惜我的房间没有按摩浴缸。那大概是一件好事，因为从概率角度看，浴缸区可能会有一整个教室那么多的小孩，我在那种环境下未必有泡澡的欲望。我给社交媒体录了两条天气预报短视频，发给《华盛顿邮报》的贾森，然后就上了床。尽管发推特不是我的工作要求，但我上传的每张图片都有很多人关注，粉丝量也在升高。也许潜在的电视业雇主会注意到我吧。

户外只有湿润的微风，空气中饱含水汽，但一滴雨都没有下。

* * *

星期二，我早晨 6 点就醒了，马上就去拿 iPad。数据显示夜里平静无事，比洛克西在飓风"萨莉"盾形降雨区像刀刃一样的边缘上。尽管天色不祥，还有乌云，但草还是干的。西方透出几块蓝天，东边则是阴云低垂。我迅速写完早晨要发的文章，9 点便驱车东进，地平线贴着一道微光。

在我穿越州界进入亚拉巴马时，路面湿漉漉的。我横穿陡峭的降雨强度梯度，淅淅沥沥的小雨变成了中到大雨。风暴潮已经开始冲刷莫比尔湾（Mobile Bay）岸线了。我绕路向东，中午时分停在了亚拉巴马州格尔夫肖尔斯市（Gulf Shores）。

在我靠近目的地的过程中，池塘逐渐换成了潟湖，海岸线附近有数十厘米深的水冲到了公路上。午餐的时候大雨如注，这场雨挺蹊跷，既温暖，又熄灭了对我至关重要的引火种。狂风在街道上呼啸，停车牌哗啦啦地响，好像生气了一样。我在一家 Circle K 便利店门口停下，囤了些薯片、小玛芬蛋糕和饮用水，还有其他最后一次补充的必需品。

"午睡时间到。"我说着迫不及待地闭上双眼，歇息片刻。14 分钟后我就醒了，精神焕发，不管飓风"萨莉"要给我怎样的障碍，我都做好了应对的准备。iPhone 向我投来愤怒的目光，屏幕上出现一个咄咄逼人的对话框，写着"闪电插口检测到液体"。我叹了口气，把手机捅进空调出风口的叶片间，祈祷剩余的 38% 电量能撑到晚上。风力渐强，路牌开始颤抖。

我正要去挂前进挡，但就在这时，我的电话响了。是贾森。

"你好啊。"我说。我希望麦克风里的水汽不会让我说的话支离破碎。

"好啊，马修。事情进行得怎么样？我就是来跟进一下你的状态。"他答道。我知道他也要加班了。事实上，他平常一周往往要工作60个小时。我敢打赌，他正在向90个小时迈进。

"我在格尔夫肖尔斯，但我对海湾有点担心。"我说道，这里的"海湾"指的是莫比尔湾。我在海湾的东侧。如果飓风"萨莉"要西进的话，我就必须转移到多芬岛（Dauphin Island）附近了。距离只有25英里（约合40.2千米），但要绕路开车3个小时。贾森安慰我说，天气预报一切正常。

"你能发两条快讯吗？"他问我。快讯是可以放进实时更新文件里的两段式短文，是迅速播报突发新闻事件的默认格式。在高强度风暴系统指向人口稠密地区时，快讯是一种实用的天气报道手段。

我沿着59号公路行驶，越过了波蒂奇溪（Portage Creek）。这条河是大陆与障壁岛的非官方分界线。一座粉刷成白色的建筑外面用蓝色瓷砖拼成了一行字——"第一浸信会教堂欢迎你"。周边的植被以松树和棕榈树为主。

大海正在淹没停车场，侵袭到了公路边缘。涨满水的池塘并入了运河和自然水道。水涌进了信报箱和楼梯，拍打着民宅和公司的正门。时速超过50英里（约合80.5千米）的中等阵风正朝这片区域而来。事态正在迅速升级。我在风车岭路上录制了一段快讯。水淹到了我的脚踝。

入夜时，风暴潮露出了凶相。路肩被淹或者道路堵塞还不算什么，最糟糕的是在水深半英尺（合 15.24 厘米）的路拱上开车。但是为了省钱，我选了一辆相当于高尔夫球车的红色小型轿车。每次上坡的时候，我都禁不住本能地把自己身子撑起来，免得水沾到身上，心惊胆战。

夜幕降临格尔夫肖尔斯时，红绿灯一闪一闪的，整座城市随着断电突然隐没在黑夜中。除了我以外，路上只有警车。我朝内陆开了 2 英里（约合 3.2 千米），来到温德海姆集团旗下的麦科罗特酒店，确保我在晚上 8 点宵禁临近时远离障壁岛。

我绕过路口进入酒店时，迎接我的是 4~14 英寸（合 10.16~35.56 厘米）深的积水。我把租来的车停在悬空混凝土走廊上。这样一来，我那辆神似割草车的小轿车距离柏油路就有大约 8 英寸（合 20.32 厘米）的高度。

大概就在同时，一贯诡计多端的飓风"萨莉"做了一件意料之外的事：变强。它原本在慢悠悠地搅动来自大洋深处的冷水，但风暴似乎不以为意。多普勒雷达显示，风正在飓风"萨莉"越发清晰的眼壁内堆积，同时卫星发现了一个正在出现的环形空洞，这标志着风暴眼的形成。

我就在飓风"萨莉"中心以北 40 英里（约合 64.4 千米）的地方。天气不太好，但与即将到来的情形相比，那可是小巫见大巫了。风速为每小时 40 英里到 50 英里（约合 80.5 千米），但只是没有规律的阵风。酒店和周围社区灯光闪烁，每次电力恢复时，走廊里都会发出脉冲式的滴滴声。

晚上 10 点 30 分左右，电力彻底中断了，同时风也暂时停了下来。是螺旋雨带之间的干区（moat）。眼壁内迅速攀升的气体总要落到某个地方，其中一部分就沉积在从风暴中心向外辐射的平静带里。在这短暂的时间里，你应该赶在下一轮风暴抵达之前收拾好东西。

风雨交加让我感觉自己进了一台洗衣机。我还注意到在雷达图上，我北边不远处正有几个旋涡通过，那是飓风"萨莉"随高度变化的风在不时产生龙卷风。

然后到了晚上 11 点左右，天气急转直下。尽管飓风"萨莉"本身几乎静止，但眼壁的北侧边缘已经抵达。阵风变成了持续不停的呼啸，数英尺粗的大树整体晃了起来，树枝左摇右摆。空中迅速接连出现蓝色电火花，那是变电器被吹倒或者电线被吹断的结果。

我的手机上跳出了暴洪警报。降雨量已经接近 10 英寸（合 254 毫米），之后还会超过 1 英尺（合 304.8 毫米）。到了午夜，官方宣布飓风"萨莉"已成为比较强的 2 级飓风，风速为每小时 100 英里（约合 160.9 千米）。飓风"萨莉"随后进一步加强。室外的大风造成了整座酒店内的气压波动，我房间的门闩随之被吹得哗啦啦响。

即便外侧眼壁刮到了我们，飓风"萨莉"的运动速度也只有每小时 3 英里（约合 4.8 千米）到 4 英里（约合 6.4 千米）。在最坏的情况到来之前，我还有几个钟头的时间。我知道飓风"萨莉"的到来和破坏会让明天格外漫长，于是逼着自己闭几个小时眼。我眼皮沉重，房里漆黑一片。闭上刺痛的双眼时，我并未注意到异样。

* * *

我是被撞击声吵醒的。手机显示时间是凌晨 3 点 32 分。风声呼啸，听上去就像陶罐破裂一样。风雨在楼里炸响，就像高压清洗机一样。四下无光，但能看见树影在疯狂摇摆，仿佛要激动地引起他人注意。走廊里能听到呼啸声——那是飓风"萨莉"的轰鸣。

风恼人地捶打着酒店，震得酒店直晃。大楼在猛烈的阵风中瑟瑟发抖。**风速要超过每小时 100 英里（约合 160.9 千米）了**，我心想。

风突然稍歇，仿佛是要我噤声，好告诉我一个秘密似的。我专注地听着。片刻过后，阵风再次袭来，比之前更加强横。之后 15 分钟里，风逐渐平息——不是慢慢平息，而是像下楼梯那样一级一级的，折磨了我们好几个钟头的凶猛狂风遽然减弱。

凌晨 4 点，我在风暴眼中——自成一体的暂时平静区，周围是满怀恶意的天气。我往外走就能感受到气流抽在我脸上。风很快就变得死寂。我感觉精力充沛。

树蛙呱呱叫，蟋蟀也开始啾鸣，仿佛逐渐意识到自己可以开嗓了。它们汇入了一曲懵懂的大合唱，不知道风暴仅仅走过了半程。头顶的天空依然雾气弥漫，捉摸不定，偶尔会有几片乌云，那是下沉气流侵蚀了一部分低层云盖。安宁的景象掩盖了四面仅仅几英里外的狂暴天气。空气清新香甜，仿佛被夏日暴雨洗涤之后，换上了枯萎花束的强烈气味。

我的手机手电筒亮度太低，不能当聚光灯用，但我还有一个外接打光灯可以用。我开灯以后发现，把租来的车停在立体停车场是做对了：降水量已达 2 英尺（合 609.6 毫米），停车场已是一片泽国。我明白运动鞋肯定是干不了了，就蹚水通过停车场，前去查看两棵倒掉的树。

"哎呀！"我大叫一声从水中跃起，在空中乱抓。有东西擦过了我的脚踝！我惊讶地发现，停车场里有虾在悠然畅游。不知通过什么方式，它们深入内陆好几千米。屋顶板和瓦片漂在水中。

没过多久，我就找到了吵醒我的噪声源头：我的窗外有一棵 40 英尺（约合 12.2 米）高的树被连根拔起。根球和我的视线一样高。旁边还倒着一棵 14 英寸（合 35.56 厘米）粗的树干。酒店的一扇大门已经被从外墙刮了下来，吹进楼里；另一扇门也破了一个 2 英寸（合 5.08 厘米）宽、4 英寸（合 10.16 厘米）长的洞。

我们在风暴眼里待了大约 90 分钟后，停车场里有一部分水开始退去。我扫了一眼手机雷达图——头顶上的风暴眼应该会延续到日出时分，但风暴退却时还会刮一场风，尽管风力不会有这么强。

一时间，我站在户外，琢磨着 1 个街区外、1 英里（约合 1.6 千米）外、10 英里（约合 16.1 千米）外正在发生什么，其他人在风暴中过得如何。到处都是倒掉的红绿灯和电线杆，加油站的棚子只剩下了框架。不过，那要等到天明时才能看见。而我望向天际，徒劳地透过阴云搜索繁星。

* * *

"大号红色割草车"是我一个月内损坏的两辆租车之一。尽管我把它开上水泥人行道，把它从积水坑（停车场里有两辆车报废了）里救了一命，但塑料车底还是刮伤了。四周后，我在路易斯安那州犯了傻，在大风中硬开荣放 RAV4 的驾驶座门，结果把门弄坏了。（除此之外，我绕行倒掉的电线杆时还扎爆了两个轮胎。）

那时我正在开回墨西哥湾，报道飓风"德尔塔"的路上。它作为 2 级飓风袭击了路易斯安那州西南部。8 月份，风速高达每小时 140 英里（约合 225.3 千米）的飓风"劳拉"毁掉了莱克查尔斯（Lake

Charles）将近一半建筑的屋顶，让这座城市变成了一片蓝色防水布房顶的海洋。飓风"德尔塔"于10月登陆，真是福无双至，祸不单行。

飓风加剧确实与人类引发的气候变化有关。在灾难性的2020年飓风季之后，这一关联引发了国际关注。海洋吸收了大约90%与温室气体排放有关的多余热量，海平面温度上升，从而产生更加危险的风暴。

2020年有10场风暴在大西洋出现急剧增强过程，追平了1995年的纪录。如今，每一场风暴似乎都会达到或超出预期。克里·伊曼纽尔是一名大气科学家，也是之前在麻省理工学院教过我的教授，他在2017年撰写的一本专著里描绘了令人不安的未来景象。

现在，一场风暴在登陆前最后24小时内其中心附近最大风速提高到每小时75英里（约合120.7千米）以上的情况是百年一遇，这种极端剧增极为罕见。伊曼纽尔的结论是，到2100年，这样的风暴临岸急剧增强现象可能每隔五年到十年就会发生一次。

更令人警醒的是伊曼纽尔在评介中写的一小段话，一天内中心附近最大风速跃升幅度达每小时115英里（约合185.1千米）的风暴——用他的话说，当下还"基本不存在"——在未来80年里可能会成为现实。

急剧加强的风暴是应急管理部门制定计划时的噩梦，也是天气预报员的烦恼，尤其是在临界情况下。一场在登陆前夕强度跃升一或两级的风暴会带来灾难，尤其是在未必总能执行疏散的大城市。海平面上升也会让风暴潮更具破坏性。

热带气旋携带的水汽也越来越多，将大洪水带往更深的内陆。气温每升高1摄氏度，大气最高含水量就会升高约4%。在持续有水供给的气团（如在旋转过程中形成飓风的气团）中，雨量可能会迅速增加 15% 到 20%。2017 年，飓风"哈维"在得克萨斯州的降雨量为 60.58 英寸（约合 1 538.7 毫米）；2019 年 9 月，热带风暴"伊梅尔达"的余绪又带来了 44.29 英寸（约合 1 125 毫米）降水。这两次都引发了洪灾。2018 年，在飓风"佛罗伦斯"的影响下，北卡罗来纳州和南卡罗来纳州双双创下降雨量纪录，分别为 35.93 英寸（约合 912.6 毫米）和 22.63 英寸（约合 574.8 毫米）。2019 年，飓风"巴里"让阿肯色州创下了近 17 英寸（合 431.8 毫米）的降水纪录。

仿佛这一切还不够糟糕似的。海水温度升高，为飓风创造了适宜的环境，飓风正在走出热带。大西洋可以形成最大强度飓风的纬度正在北移，提高了大型飓风登陆美国的可能性。2019 年 9 月，飓风"洛伦佐"成为有记录以来最靠美国东北的 5 级飓风，距离之前最靠东的 5 级飓风（飓风"伊莎贝尔"和飓风"雨果"）有 600 英里（约合 965.6 千米）远。

数十年来，大西洋风暴活动一直在增强，热带风暴未来可不一定是慢慢酝酿才会形成。等级更高的风暴每年会消耗更多的保险金，经济和生命损失也只会逐年增加。

第二十章　野生动物王国

大多数人都将美国中西部视为我们的"面包篮"，目力所及，尽是望不到头的庄稼。但很少有人提到庄稼里面藏着的东西：动物。而且它们全都与我的皮卡有"私人恩怨"。

这一切起源于 2017 年，在得克萨斯州佩里顿（Perryton）的一次雹暴之后，我的车和一只兔子发生了不幸的相遇。从那以后，整个大平原的动物就都在努力为属于佩里顿的、早早夭折的棉球尾[1]复仇。它们把我的车当作靶子，非要让我登上善待动物组织的黑名单不可。

2020 年是动物们尤其命途多舛的一年。在 5 月中旬之前，我在行程中已经害死了一条蛇和两只鸟。某一天晚上，情况变得更糟了。我刚刚结束 600 英里（约合 965.6 千米）的风暴追逐，正在回家的路上。那一趟行程倒霉透了，连雨都没有。自然而然地，我在 iPod 上点了迪士尼电影《天外奇迹》的悲伤主题曲。我从堪萨斯州曼哈顿市的酒店里出来，已经开车一个小时了，当时汽车正在高速公路上以每小时 75 英里（约合每小时 120.7 千米）的速度行驶。深蓝色的暮光悬在空中。我注意到前面的玉米田里有一个小小的影子在动，是一只浣熊。

---

1 《比得兔》系列动画里的角色，是主角比得兔的妹妹，性格乖巧可爱。

"哇，"我漫不经心地笑了下，"长得好像面条！"我想起了自己养的狗。我以为这是一只友善的浣熊，就鸣笛两声，真挚地向它打招呼，希望它能从路上躲开。结果它蹿上公路，过了不到一秒钟，它就被悲惨地压在了车子右侧底下。我一下子就哭了。《天外奇迹》的欢快插曲《婚姻生活》依然在不停地播放，我一只手握着方向盘，另一只手调整了被泪水冲掉的隐形眼镜。倒霉的一天正适合这样结束。我在心里为浣熊的子嗣祈祷，天真地在想它有没有家人。**浣熊有家吗？我想着。**

就在这时，大自然母亲决定一不做，二不休。又有一只浣熊凭空扑上高速公路，就像从大炮里射出来似的，然后紧接着就落到了驾驶员一侧的车轮前面。我"逃逸"了。车子不可避免地撞上去时抖了一下，同时我在不住地低声抽泣。扬声器中传出了弦乐四重奏版的《无条件的爱》（原唱是凯蒂·佩里）。我强忍住哀号，心想，我这是在什么残酷的情景喜剧里啊。

如果我能开一辆车撞死两只浣熊的话，这是否意味着，我可以扔一颗石头打死两只鸟呢？我想着。

我后来发现，天降浣熊不仅留下了两个坑——还把我的转向灯弄报废了。至于换一个电灯泡需要多少名气象学家嘛……显然大于一个，因为我没有必要的工具。在下一周里，我都是自己把手伸出窗外传达转向信号。

一周后，我来到了南达科他州布鲁金斯（Brookings），当天傍晚观赏了划过远方天空的热闪电，颇为惬意。当时是半夜11点了，但天气依然温暖，到处都是蟋蟀的鸣唱。周围没有人，于是我就开着窗开车，享受干燥静止的空气。我向空旷的大地打了一个手势，示意我马上要右转上高速了。

就在这时，一团模糊的褐色影子扑上公路。我正要踩刹车，它就朝我的车发起了冲刺。"啊——"我大喊一声，本能地怀疑这是一只褐色的大浣熊。我从未想过，世上根本没有这么大的浣熊。

一个重物砸中引擎盖，然后是一声闷响。我握紧了方向盘。车此时已经紧急刹停，一个长着蹄子、角和毛发的东西像风滚草一样往前滚。那是一只鹿。几秒钟后，鹿停在了我前方大约 15 英尺（约合 4.6米）的位置。它颤巍巍地站起身，振作精神。如果我当着一群观众摔下台阶的话，我也会像它一样做。我挂上停车挡，跳下车，站在我的皮卡旁。我们交换了一个眼神。"我需要你提供保险信息！"我对鹿喊道，它马上心领神会，一溜烟地跑了。

"下次要听妈妈的话，两边都要看！"我对着夜空呼喊，真心希望小鹿会听。我心想，我现在收集的动物种类是不是足够兑换宾果游戏大奖了。

我回想起了自己的叔叔，一个大声炫耀用步枪猎鹿经历的缅因州糙汉。我有一次用时速 23 英里（约合 37 千米）的本田天际线"猎杀"了一只鹿。（我到现在都觉得，如果鹿也有枪的话，打猎要公平得多。）我的车头瘪了，大灯碎了，中网上全是棕色的鹿毛。之后两周里，我像躲瘟疫一样避开动物频繁出没的夜间行驶。此法奏效了，直到我在南达科他州的最后一晚。当时田里刮起了大风，将上千只豹纹蛙——我最喜欢的动物——逼上了公路。在猛烈的闪电风暴下，我救下了几十只豹纹蛙，把它们转移到了阿伯丁（Aberdeen）南侧的高速路。我还帮助了两只乌龟。尽管我曾经意外伤害过不少动物，但我至少希望能赢得两栖动物的人气票。

下一周我回到了东海岸，预约了一家汽修店处理鹿和浣熊造成的损伤。几天后，我走进停车库，发现皮卡的整个前保险杠都掉了。看上去有一个在保险单上署名"凯文"的司机误判了停车位的尺寸，误差大约有校车的一半长。

人生有时候就是这样。

但这让我不禁思考，动物们在恶劣天气下到底会做什么？我听说在 2004 年 12 月 26 日印度尼西亚苏门答腊岛地震前夕，大象和其他哺乳动物表现怪异，奔向内陆。它们感知到了纵波，也就是地表剧烈震动之前的波，然后在致命的海啸到来之前赶忙去内陆躲避。随之而来的潮涌造成超过 22.5 万人死亡。我好奇的是，动物是不是也有气象预测的本能。

研究得越深，我就越是意识到，动物与人类一样会遭受自然灾害。2017 年 4 月 29 日得克萨斯州坎顿（Canton）龙卷风过后，我遇到了庞大数量的鸟，它们全是坠地而亡。我惊骇不已，但在之后的重度雹震过后，我会反复经历同样令人难过的场景。

于是，我回想起了在龙卷风时见过的外逃野兔，我还发现过鸟儿聚集在飓风眼中的证据。2017 年，4 级飓风"哈维"袭击得克萨斯州罗克波特（Rockport）时，飓风眼中出现了一块蓝斑，按照雷达评估是锯齿形或不规则形状的轮廓。结果发现是鸟群，它们无法逃脱风暴的内吸力，逐渐被卷进了飓风眼。2020 年飓风"萨莉"肆虐时也发生过同样的事。

1938 年有一场恶名远扬的飓风横扫新英格兰南部，最高风速可达每小时 186 英里（约合 299.3 千米）。其间，佛蒙特州有史以来首次发现了黄嘴的热带鸟类。飓风在马萨诸塞州珀鲁市（Peru）登陆一周后，当地发现了一只科里猛鹱。之后几天里，马萨诸塞居民还找到了一只大鹱和一只乌燕鸥。我们不清楚这些鸟最终有没有回到原生生态的环境。

第二十一章　万事不如意

我的人生或许是顺利的，但这并不意味着所有事情都尽在掌控。事实上，事情发展常常与我的希望背道而驰。

生活中的所有方面都是如此：私事，公事，还有天气。"拒绝"是我的中间名。我每个月仍然能收到差不多一沓以"我们遗憾地通知你"开头的电子邮件。这种感觉就像在交友App（Tinder）上永远被别人往左滑。

15岁的时候，我给各家报社写了总共大约90封电子邮件，然后才有科德角的一家报纸给了我写作的机会。毕业之后，我越发感觉怀才不遇了。我开始思考，气象学是不是与我无缘。

回想起来，每一次痛彻心扉的拒绝都是一次隐秘的祝福。上天自有安排，威斯康星州阿普尔顿（Appleton）或内布拉斯加州奥马哈（Omaha）不是为我准备的。每次被拒绝都是人生的助力，帮我比料想中更快地找到"家"。我得到的教训是，有时候只要相信事物发展的过程，心怀信念就好。说起来容易，做起来却很难。

有时，大气同样会迅猛出击，打得让你怀疑人生。但是，每一丝谦逊都可能会花费几百美元乃至几千美元。风暴追逐是一项昂贵的爱好（或者说是一种生活方式，如果我们是一样的人的话），一次预测错误就会让海量的油费、住宿费、过路费和驾车时间打水漂。

2020 年是全方位的失望之年。开年遭遇新冠疫情，中间的追风季里，5 周内只发生了我遇到的那次龙卷风，其他一次都没有，最后是命途多舛的智利之行。没有年底时来运转这一说。

我曾期盼飞去南美洲观看 12 月 14 日的日全食。与约 16 个月前的那次一样，它会在智利和阿根廷境内投下一条窄窄的阴影带，持续时间是 2 分钟多一点。此次日全食的路径落在距上一次以南约 605.6 英里（约合 960 千米）处。这一次能看见日全食的地方不是智利沙漠和草原，而是以峰峦、湖泊和火山闻名的阿劳卡尼亚（Aruacania）。

它位于安第斯山脉以东，天朗气清的阿根廷深受气候学偏爱，被视为最有希望看到日食的地方。相比东部国境与太平洋的平均距离只有 110 英里（约合 177 千米）的智利，阿根廷的国土要宽广一些，因此也更方便转移和躲避云层。不过，疫情防控期间阿根廷拒绝外籍人士入境。这意味着，智利是我唯一的选择。

在我出行之前的几周里，跨国旅行基本是不可能的事。我不知道有任何人乘飞机去过外地，更不用说国外了。而智利政府就像一个移动靶，政策、旅行限制和各地区的"逐步解封"阶段都在不断调整。我用了好几周时间起草了一份标着不同颜色的方案，有备用方案，另外还有 6 套应急方案。最后，我不得不选用紫红色标记的 G 方案。

在我出发前两天，智利政府宣布，全国主要国际机场所在地、拥有 600 万人口的圣地亚哥将会退回"过渡"状态第 2 阶段（共有 4 个阶段）。因为只有到了第 3 或第 4 阶段才允许跨区市流动，所以我只能放弃在圣地亚哥逗留两天的计划，乘飞机去卡拉马（Calama）的计划也泡汤了。卡拉马位于地球上除极地以外最干燥的荒漠阿塔卡马沙漠。我刚到圣地亚哥，就直奔比亚里卡湖（Lake Villarrica）湖畔的普孔（Pucón）。我向南开车9个小时，入住了一家舒适的爱彼迎民宿。

日食前几天一直在下大雨和冰雹，气温在45~55华氏度之间（约合7.2~12.8摄氏度）。我小心翼翼地摆弄着炉子里的木头，不停地添柴保暖。尽管不停落在铁皮屋顶上的雨滴给人一种美学上的安慰，但也潜藏着我最害怕的事：日食会被雨给搅黄了。我头顶悬着一条大气河，也就是窄长的水汽急流。它离开的时间似乎恰好与日食的时间重合。我无事可做，于是忧心忡忡地游览了一座火山，朝山顶攀登，直到冷空气冻得我嘴唇发麻。

日食终于快到来了，凌晨2点，伴着阴沉的天空和点点灯火，我起床了。天气模型显示，海岸线云层出现裂口的可能性更高，于是我踏上穿越草原的土路，驱车5个小时抵达海边。日食发生于午餐时间前后。随着一片黑雾短暂地笼罩了云彩下的大地，原本穿透云盖的弥散暗淡阳光突然间消失了。别的什么都看不见，美妙的日冕几乎绝迹。

我飞越8 000英里（约合12 874.8千米），花费2 000美元，导航到另一个大洲的一座周围空无一物的养马场，结果全是白费。我坐在地上，哭了起来。眼泪混在了之前留在脸颊上的雨滴中。半个小时后，大气河的后端离开了，天空随之放晴。人总不能事事如意。

追逐失败是事业的一部分。错过大事件，哪怕只差了几分钟或几英里，都会让胜利的追逐更加甘甜。人生也是如此——唯有遭遇坎坷，才会品味成功。我知道，成功肯定会再来。

＊ ＊ ＊

我的一部分失败是不得不为之，比如 2021 年 3 月 25 日，我在亚拉巴马州追逐一场高风险龙卷风的暴发。在那段严重红色天气警报的日子里，学校停课，单位也提前下班。家人聚在电视机和收音机旁。每次树叶的沙沙作响都会让人不安。我最初的目标是近距离记录龙卷风，但到了最后，保命还是比欲望更重要。

那天下午，我在亚拉巴马州塔斯卡卢萨（Tuscaloosa），这座城市曾在 2011 年 4 月 27 日遭受过 EF4 级飓风的残害。4 点 18 分左右，我来到了城南近郊的芒德维尔（Moundville），一座人口 2 500 的小镇。

警报声响起，一对龙卷风超级单体正朝着东北方向推进。我等的是北侧的那个，但随着南侧的超级单体开启野兽模式，北侧的单体很快就沉寂了。风暴预测中心警告称，"预计会有长路径强到超强的龙卷风"。

在呼啸南下的同时，我心里明白及时到位的机会非常渺茫。那是我在追逐期间见过的最诡异的龙卷风雷达图示，手机上平平无奇的像素其实代表着 1 英里（约合 1.6 千米）宽的雨龙卷。地图散发出一股隐形的死亡气息。

我向南驶入风暴的途中没有冰雹，也没有风，穿过了让我想起新罕布什尔州的丘陵密林。我的目的地是格林斯伯勒镇（Greensboro）。我从北边进入超级单体风暴时，正在下雨，但对于 4 英里（约合 6.4 千米）外发生的事情，我是一无所知。巨型龙卷风正朝着我行驶的道路席卷而来。我终究还是来到了地理意义上的不归路。

我能做到，我想着，**3 分钟**，肯定行。如果我继续走的话，这就是我与龙卷风相遇之前所拥有的时间，只有 3 分钟。我很可能会成功，但只要速度慢一点儿，有一处封路，或者路上有一棵树，我就逃生无门了。这不是亚拉巴马，那里横平竖直的交通图都能拿来当方格纸用。我要么前进，要么后退，别无选择。眼前看不到其他的车辆。我试探着继续往前开。

在开车的过程中，我在雷达图上显示为一个小蓝点，它似乎正要撞上裹挟着碎片且把雷达图都盖住的巨球。我不再是追风者了——我是在搏命。我叹了一口气，抬起油门踏板，把车停在了路上。**今天还是算了**，我想。

接下来发生的事至今让我脊背发凉。过了大约 4 分钟，天空突然变暗。不是变暗了一点，而是仿佛安上了减光器，进入了睡眠模式。风停了，一种无法形容的黑暗悄然从我身边漫过，逼得万物不得不停止活动，在大地上留下永久的印记。40 秒后，我回到了普通的暴风雨中。我活了下来，来日可以再追风。

每一位追风者都知道要听从肯尼·罗杰斯（Kenny Rogers）名曲中的那句歌词："你要知道什么时候叫牌，什么时候扣牌，什么时候离场，还有最重要的一条，什么时候再来。"大气是丰饶美丽的源泉，也是值得敬畏的造物主。毕竟，它是主人，它永远是赢家。我们必须记住，我们只是客人。

第二十二章　寻找北极光之旅

我错过了龙卷风，挫败感达到了顶峰。假如我没有登上从华盛顿特区飞往西雅图的航班，系上 31D 座位的安全带，那我就应该在得克萨斯州"锅柄"地带，把车停在某段土路的路肩上，观看旋转蒸腾的黑色气团跨过我前方的高速公路。

我在沮丧地刷着推特，在飞机缓缓滑行时，气鼓鼓地嘟囔着碎屑球和钩状回波。

"龙卷风还会有的。"艾伦轻声安慰道，他坐在我右边的靠窗座位。我回了一个利刃般的眼神。我知道他说的没错，但坐以待毙从来不是我的专长。**至少我们是要去度假**，我心想。

这是我第一次带上艾伦的远途旅行。他比我大 5 个月，跟我同一年毕业。尽管他就读的是耶鲁大学，按道理说应该是我的死对头，但我们很快就成了无话不谈的好朋友。好的冒险伙伴很难找，艾伦已经很棒了。

艾伦在学校研修的是统计学专业，但他真正热爱的一直是音乐。他从幼时起就迅速掌握了钢琴的诀窍，到初中时，已经算半个神童了。这份热情延续到了小提琴和单簧管上，他高中那几年周游全国，多次参加地区级和国家级比赛。进入大学后，他更是与耶鲁大学交响乐团走遍了世界。现在，他的正式工作是一家大型（无聊的）公司的咨询师，这意味着他可以在任何地方工作。

飞机降落在跑道上时，我不禁咯咯笑了起来。这是一次临时起意的冒险，鲁莽和顽固在其中发挥了同等的作用。两周前，我开玩笑问艾伦，他想不想坐飞机去阿拉斯加费尔班克斯，寻找北极光。他当真了，还买了票。经过一阵相互怂恿，我们踏上了北极苔原之路。在那里，我们打算划掉几条从小就列在各自愿望清单上的项目。

我规划的出行时间恰逢"罗素－麦克弗伦效应"的高峰期。这是一个鲜为人知的空间天气预测领域的隐秘规律。在它的作用下，北极光在春分和秋分前后，也就是 3 月 21 日和 9 月 21 日左右最为活跃。我还有美国航空公司的里程余额，而且疫情快把人搞疯了，我迫切需要来一次冒险。这样做看起来是符合逻辑的。

这次临时起意的旅行本来一切顺利——直到几天前，我没来由地发了 104 华氏度（合 40 摄氏度）高烧，浑身发冷，出现了新冠感染的所有症状。我的扁桃体发炎了，头都抬不起来。不过，快速检测和核酸检测结果都表明病因不是新冠感染，医生告诉我这也不是脓毒性咽喉炎。

真凶是与温度计有关的伤病。几天前，我为了看一片稀有的云彩，从沙发蹿到了床边，结果打翻了咖啡桌，手被从电视支架上掉下来摔碎的玻璃温度计给划破了。后来发现，一片碎玻璃留在了我的中指里，从而引发恶性感染。抗生素把我的病治好了，但妹妹依然无情地嘲笑我。

等到我和艾伦在西雅图着陆时，我完全沉浸到了假期状态。我已经整整 5 个小时没有查看邮箱了，更让我感兴趣的是地球磁场数据。

我们登上前往费尔班克斯的第二程航班时，天已经黑了。就我所见的数据来看，我有点希望从飞机上看到淡绿色的极光。

飞行了大约两个小时后，地平线浮现出了一抹微光。我眯着眼勉强能辨认出淡淡的绿色，就像在看褪色的旧照片似的。单色光弧固然平平无奇，但我拍下的窗外景色有明信片的质感。**就这**？我开始觉得北极光也许只是一场摄影骗局了。凌晨 1 点在费尔班克斯下飞机时，一切并不乐观。

艾伦和我到行李领取处取回了自己的财物，我给酒店打电话安排机场摆渡车。我们站在出口旁边，大地银装素裹，反射出一道月光。艾伦靠在金属暖气片上，我走了出去，享受宁静夜晚的清新空气。

我的眼睛一下子抽痛，冷气扑在我的脸上，鼻孔里的水汽结成了冰。这感觉就像有人提前把我身上的华夫屋主题运动衫在冰水里泡过，严寒空气侵入了衣服里的每一丝空隙。双手在颤抖，我笨拙地查起了费尔班克斯的当前温度——0 华氏度（约合零下 17.8 摄氏度）。我回机场里了。

"我想说这里没有温度值，"我就事论事地对艾伦说，"现在是宜人的零度。"

摆渡车很快就到了，载着我们穿过了一连串沉睡的社区。地面上方 20 英尺（约合 6.1 米）或 30 英尺（约合 9.1 米）处飘着一层稀薄的云雾，仿佛魔毯一般。这是逆温的迹象，也就是冰冷彻骨的地表空气上方有一层温暖得多的空气。逆温会锁住下方的烟尘、水汽和污染物。

我回头朝车尾看。停滞的尾气悬浮在空气中，仿佛太冷太累，动都动不了似的。尾气在我们后面形成了一道维持 10 秒钟左右的雾气，然后消散，不禁让人想起飞机尾迹。轮胎压雪声刺破了夜的宁静，仿佛摆渡车要建立立足点似的。

10 分钟后，原因就明了了。我从车上下去，踩上了被推到路边的 4 英寸（约合 10.2 厘米）厚的雪堆，不由自主地做了一次我有生以来最接近劈叉的动作。我这个柔韧性尚佳的体操运动员疼得龇牙咧嘴。酒店前门台阶周围丢满了烟头。每个烟头都"烧进"了冰下 1 英寸（合 2.54 厘米），缓缓消散的余温化出了一个坑。大块的岩盐为我破旧的运动鞋提供了些许摩擦力。

酒店房间又小又暗，用"温馨"来形容准没错。大致在两张单人床正中间的位置挂着一幅老气的北极光纸板版画，画面饱和度有些太高了，画框也是便宜货。床头各自整齐地摆着一对枕头。我朝艾伦露出傻笑。

"这也太实惠了吧?!"我提醒他。他笑着翻了个白眼，把他的背包扔到了靠门的床上。我总是靠窗睡。

* * *

第二天早早到来了，因为我们用的都是东海岸时间。这意味着，我们醒来的时间是清晨 4 点 45 分。零度以下本来起床就难，我也不喜欢在出太阳之前醒来。真是双重暴击。

我开始码字，艾伦也昏头涨脑地翻开笔记本电脑，打开了幻灯片。经过一通乱点和敲字，艾伦在 30 秒后跌回床上，重新盖上被子，把床罩裹在头上，就像修女的头巾似的。一张空白幻灯片在循环播放，白色背景上显示着"单击此处添加标题"——这样电脑就不会休眠，显得他在线一样。他这么干就能赚钱（而且比我赚得还多）。我瞪了他一眼，可他看不见。他已经沉沉睡去。

到了中午，我完成了当天的工作，准备午睡。精神焕发、眼睛明亮的艾伦破茧而出了，睡了好几个小时的他精力充沛。

我们顶着刺眼的阳光出了门，白雪背景让我们得了眼盲症。

"面条屋。"艾伦咧嘴笑着说，指着酒店旁边一间平房悬挂的霓虹招牌。经过几十年阿拉斯加严冬的摧残，紫色背板和黄边已经剥落了。我到城里才18个小时，就已经能共情了。

"叮咚！"我们进门时，门铃声还在回响。我的眼睛在努力适应黑暗。地面是倾斜的，摆着好几排空桌子，每张桌子都钉着橡胶台布，还有一套收起来的银餐具。我们溜达到取暖器旁的一张桌子，取暖器发出令人惬意的嗡鸣声，与它散发出的热度同样诱人。

"你好！"一位身材娇小的亚裔女性拿着两张菜单跑到桌边，声音像唱歌一样。我笑着问她叫什么。"拉诺伊。"她答道，然后又问我们从哪里来。没过多久，我们就畅聊了起来。她说自己是泰国移民，自己开餐馆，疫情影响了她的生意。

"你们俩怎么来这了？"她问道。我告诉她，我们是来找北极光的。

"太棒了，"她瞪大眼睛说道，"五彩斑斓。希望你们能看到。"**或许，极光终究不只是旅游业吹出来的泡沫吧**，我心想，**好像连本地人都觉得令人惊艳**。艾伦和我着手制订计划，准备当天深夜去追光。

* * *

睡了3个小时后，我们在快到下午6点的时候醒来了。太阳已经落到了远方的山坡下，让山谷沐浴在暗淡的橙光下。费尔班克斯坐落于盆地中央，因此预测当地天气相当复杂，而且常常是一件西西弗斯式的任务。我收拾好相机设备，拔下电池塞进背包里，同时检查确认我把心爱的镜头们全都带上了。艾伦和我打好包裹，接着便出门追寻极光了。

到了现在这个时候，我大概应该提醒你一个事实了：大部分租车公司不会轻易让不满25岁的人拿到车。你要么必须支付溢价和可恶的青年租车附加费，要么直接被拒之门外。我是出了名的贪便宜，于是想到了另一个方案：我租了一辆U-Haul的货车。我的法子很少有光鲜或者常规的，但几乎总能奏效。

"全体上车！"我招呼艾伦过来。他爬上副驾驶座的时候，我露出了坏笑。我把我的相机丢进货舱，然后跳进我的座位，一上来就是一激灵。我那时才想到，这辆车之前12个小时里都暴露在零下14华氏度（约合零下26摄氏度）的气温下，热车还得一阵子呢。我们是在冰窟里开车。

我隔着手套抓紧冰冷的方向盘，挂上倒车挡。两轮驱动的货车艰难地后退，轮胎徒劳地努力抓地，车子发出呻吟。我把油门踩得更死了，呜的一声，我们飞速倒退，仿佛货车经过深思熟虑，终于决定干活了似的。"哇！"我喊道。

当时才晚上6点30分，但城里已然像被废弃了一样，红绿灯滚动闪烁，监视着空无一车的道路。我们的目标是躲避城市灯火，这意味着要沿着阿拉斯加3号公路往西开。我心态乐观，觉得半透明的云层到了城外会变薄的。

我们开了大约20分钟车，在这之中我们来回往复地相互打趣，像两个过度疲劳、神经错乱的新闻主播。一个招牌上写着"埃斯特加油站"，优雅的白色字母照亮了路边的一长条停车场，油价用绿字和红字显示。我右拐上了旧尼纳纳高速（Old Nenana Highway），转弯转到一半特意加速，后轮外撇，耍了一出漂移。

"哇！"我戳戳艾伦，再次发出嘲讽。他面露笑意，憋住大笑，默许了这次旅程。

我们开车上山，后视镜里的便利店灯光越发暗淡。一条名叫"脉金街"的侧路看上去欣欣向荣。随着积雪变高，路面也变窄了。山路越来越陡，"小冰箱"——这是艾伦给货车取的外号——发出了抗议。我把踏板都踩到底了，还是无济于事。轮胎发出刺耳的声音，但我们依然进展甚微。终于，我们慢到了爬行的速度，接着开始往回倒。

"我觉得能行。"我们从山上滑了下去，我放声大笑，艾伦往窗外看时吃了一惊。我挂上倒挡，往右打轮，给了一点油门，车于是开始原地打转。我看到柏油路护道那边有一条碎石车道，于是奋力把车往左转，拉上紧急刹车。

"陆地来了！"我吆喝了一声。

我兴奋地熄火关灯，希望能看见头顶出现极光。结果迎接我们的是漆黑一片，深渊般的天穹上有几点星光闪烁。

我下车细看，严寒让我上不来气。疼痛麻痹感从指尖顺着手掌蔓延，冰封了手腕和小臂，几分钟内就让四肢疼痛。我放弃了盲目乐观，接受了惨淡的现实，意识到我急需回到车里。我在车门外摸索了 15 秒钟，冻僵的手指才抓住把手。

我们在那里坐了一个小时，簇拥在不堪重负的热风出口前方，就像聚在灯周围的飞蛾一样。我都准备要放弃了，艾伦手指天空。"那里有点东西吧？"他问道。

确实有点东西。一抹浅浅的绿光在头顶闪耀，就像橡皮擦留下的痕迹一样，刚开始的时候几乎无法与云层区分。它亮度渐强，同时另一道横向跨度更大的光带开始爬上地平线。这算不上多厉害，但我们已经"上道"了。

* * *

在北极光登上明信片，让望天客震撼惊呼之前很久，它的故事就在 9 300 英里（约合 14 966.9 千米）外的太阳表面开始了。北极光和南极光是名副其实的空间天气，需要基于实践的太阳物理学知识才能预测。

让我们把太阳想象成一个大威力熔岩灯。气泡在灯的底部被加热，密度降低，升到顶部，最后冷却沉降。太阳就有点像这样。太阳表面温度是 11 000 华氏度（约合 6 093.3 摄氏度），它的核心却是自成一体的巨型核聚变反应堆，温度可达上千万华氏度。

太阳周围包裹着沿纬线方向分布的水平磁绳，它们相互作用，形成磁场更集中的一个个"口袋"。这些口袋在太阳最外层上升到表面，就像沸水里的气泡一样。

这时，太阳黑子就产生了。这些温度较低、颜色较深、形似瘀青的区域能在地球上被看到，散发着磁能。其中一部分能量会倾泻到太空中，另一些黑子抛出的磁场则会重新接入太阳，形成环形结构。磁力本身是不可见的，但外面通常包裹着太阳等离子体，于是就能被人造太空卫星检测到。

每过一段时间，磁场之间会发生激烈的相互作用，从而突然将能量抛入太空。就像被拉长的橡皮筋中蕴含的势能一样，扭曲的磁场会以壮观的方式重新排列和调整。

首先产生的是一道强光，也就是太阳耀斑，它会将高能粒子射入太空，这些粒子只要几十分钟就能抵达地球。粒子以接近光速运动，能够干扰电子和定位信号，让短波电台短暂失灵。它们的影响范围仅限于地球迎着太阳的一面，但对导航和航空会造成严重影响。等到我们知道出现了耀斑，往往已经无可挽回了。

每次能量释放都会伴随着更集中的日冕物质抛射。此时，磁粒子、太阳大气物质和其他粒子会乘上各种星际冲击波，遨游太空。它抵达地球要用 2~4 天时间，但它与地球自己的磁场（磁层）发生相互作用时也会产生巨大影响。

地核是一个 750 英里（约合 1 207 千米）宽的巨球，由铁和镍组成。地核是炽热的，若非在极端高压下呈现固态，本来应该是熔融的液态。但是，地核外围是软黏的，可以旋转。旋转催生出磁场，让地球变成了一块巨大的电磁铁。

日冕物质抛射的能量抵达地球时，会将地球磁场震开。与所有磁铁一样，地球有南北磁极，与地理意义上的南北极大致重合。

地球磁场在两极最强，因为那是磁力线汇聚的地方。磁层就像地球的天然防晒霜。如果没有它，我们就会被高强度射线和危险的太阳能量所炙烤。而在现实中，来自日冕物质抛射的能量会转化为无害的可见光。比较强烈的地磁风暴会让两极充溢能量，推动北极光南下到中纬度地区。

位于科罗拉多州博尔德（Boulder）的空间天气预报中心配备 24 小时、7 天全天候预报员，负责监测太阳的每一次爆发。尽管太阳黑子在每隔 11 年的太阳活动周期高峰期最为常见，但任何黑子都可能会毫无预警地爆发，哪怕是在几乎没有黑子的平静期。我们去阿拉斯加的时候，太阳活动正处于低谷期，下一次高峰预计将于 2025 年到来，但我还是赌天象会有异变。

* * *

有那么几天晚上只有极光"预告片"。我拍了一些很棒的照片，但现实中的效果并不惊艳。我觉得最多也就能做到这个程度了。

第三天是 3 月 14 日，圆周率日。对大多数人来说，3 月 14 日只是冬季末尾的平凡一天，但对理科"学霸"来说，这一天的日期数字就是庆祝的理由。在前往我们常去的极光观赏点的路上，我突然开进了城市边缘一家麦当劳的停车场。艾伦转过身，皱着眉看我。

"我记得你说过这次旅行再也不吃薯条了。"他说，影射的是我前一天晚上干掉了半磅（约 226.8 克）扭扭薯条。我发过誓，这一周余下的日子里要戒薯条。

"今天是圆周率日。我要买个派。"[1] 我们开着吱嘎作响的货车到免下车窗口点餐时，我对着话筒热情洋溢地说道，脸上还做出夸张的笑容。我点单时就像一个自豪地为自己挑选生日帽的孩子。

"你疯了。"艾伦翻了个白眼，大笑着说。我们花了 2.37 美元，要好好庆祝圆周率日。

天公依然不作美。过了两个小时，吃完两盒迷你派之后，我们闷

---

1 圆周率（Pi）和派（pie）在英语里读音相同。

闷不乐地回酒店了，一路无言。然后，就在我们到酒店前 5 分钟，天空焕发了色彩。

"等等，艾伦，你抬头看！"我朝他喊道，尽管他就坐在距我不到 3 英尺（约合 0.9 米）处。我急忙拍了他肩膀一下，以防他没听见。

"哇哦！"他惊叹一声，仰望着一道粉色光带，它是如此明亮，以至于穿透了路灯、红绿灯和费尔班克斯西侧店铺带来的光污染。它缓缓起伏，就像由糖蜜组成的海波。我盯着路面，艾伦则伸长了脖子，想要看得更清晰。

"咱们回埃斯特！"我大声说，同时寻找可以掉头的位置。几秒过后，我们就在荒凉的州高速公路上飞驰，奔向我们的秘密观景点。追逐开始了。

我盯住路面，但这并不妨碍我偶尔偷看天空。再说了，极光那么亮，就算是我专心看路，余光里也能看见极光。我瞥见上空有一道酸橙绿色的光带摇摆，还有几道光柱相互环绕舞动，勾勒出肉桂卷的轮廓。光的顶部永远是令人安心的粉色调。

绚烂色彩笼罩了天空，尽管时间很短。像特艺七彩手环一样颜色丰富的炸裂场面转瞬即逝，等我们折返回去，极光已经进入"小火慢炖"的状态了。我估计也就这样了，骤发地磁扰动开始消退。这让我想起了游泳池。就算你炸了一个大水花，波浪最终也会平息，泳池将回归常态。

我的相机总算装上了三脚架，广角镜头也安好了，场面却已平淡。

"再来一次啊！我没看着！"我对着暗淡无光的夜空大喊。蕴含着沮丧的话语消失在了北极的冰冷空气中，呼出的哈气也消散了。艾伦还留在车里。我在雪中艰难前行，恶狠狠地把三脚架扔进了货舱。我攀上高高的驾驶室，钻进了自己的座位。我用渴望的眼神盯着天空，直到艾伦终于打破沉默。

"你至少亲眼见到了，尽管没拍摄下来，"他轻声说，"这就很厉害了。"

现在是凌晨 2 点 26 分。我在脑子里把当晚的经历重新过了一遍，思考有可能改进的地方。我冒出了一个念头，这真是一场奇异的旅程啊。我身旁是一位在网上认识的好朋友和冒险伙伴（他还真的笑话过我的笑话），开着从 U-Haul 租来的货车，大半夜在零下 12 华氏度（约合零下 24.4 摄氏度）的室外温度下漫游阿拉斯加苔原，而且刚刚在迷人的北极光之下畅享迷你派。世界的其他地方还处于疫情中，而我生活在另一个天地，一个平静的奇迹宇宙。

"我猜人生中有些东西就是只能经历，无需拍照吧。"我说道，主要是说给我自己听的。艾伦点了点头。我继续说："这次是留下回忆了。"

第二十三章　留下回忆

留下回忆是我一直热衷的事。我已经学到，回忆不是自己主动出击找到的，而是自然发生的。人生中最特别的时刻是无法计划，无法预料，也无法复制的。就像天气一样，有时候就是那么赶巧。正是这些时刻为生命赋予了意义。

我家里有人会花上千美元，涌进设施一应俱全的度假村，按照预定好的日程安排活动，以为这样就能创造回忆。这样做有时会奏效，但那不是我的风格。我不需要做某件特殊的事来留下一生的回忆，我觉得太刻意。有些人能让平凡的日子变得不平凡，而对我来说，人生就是要让这种人环绕在自己的身边。

零敲碎打的阿拉斯加之行就有许多这样的时刻。有了一位优秀的冒险伙伴，就连琐事也会马上变得充满欢乐。

就拿第四天晚上来举例，艾伦和我无事可做，觉得无聊，就决定去沃尔玛。结果我们俩在地面结冰、空空荡荡的停车场里摆起了甜甜圈造型，笑得歇斯底里。尽管当时已是深夜，我们还是决定从烘焙店买一块蛋糕，然后在一家宾果游戏厅停车场里大快朵颐。

切纳宾果游戏厅营业到很久，晚上 11 点 45 分还有一场。艾伦说都不说就进去了。

"我下去了。"他笑着说。我把塑料盖子扣到蛋糕盒上，拂去脸上的霜，在侧视镜里看了看自己的倒影，从车座一跃而下。我们悠闲地走了进去，就像两个普通小青年晚上到市区逛酒吧。其实我们是义无反顾地在游戏厅消磨周五的晚上。

切纳宾果游戏厅闻起来像保龄球馆。我们走进老旧的大厅时，迎接我们的是陈年地毯、油炸食品和记号笔的熟悉味道。我环视四周。

"我觉得这里只有我们不是美国退休者协会的会员。"我小声对艾伦说。

"难道这不意味着你会完美融入吗？"他调笑道。我放声大笑，一方面是因为好玩，一方面是因为他所言不虚。

我们买了两个记号笔，每人交了 10 美元，可以玩 5 局，然后就入座了。没过多久，号码就满天飞了：I23、O63、G47、B8……我们在努力跟上步伐。我们总共有 5 张宾果板，每板每局各配 6 张游戏卡。这意味着，每个数字都要查 30 张卡。

"咱们共用一张吧。"艾伦说着把一张宾果板放到我们两人中间。一开始，这似乎是个好主意——谁先完成了个人卡，就去处理共用卡。当然，我们的孩子气很快就上来了，于是一开始是为了提高效率，最后却成了宾果生死战。

没过多久，共用卡就变成了乱涂一气的雷区。艾伦小臂上有一溜蓝墨水，我手腕上有艾伦用他的记号笔误涂上的绿点。

"你准头有问题啊。"我嘲笑他。

突然间，我注意到一件不得了的事。我 5 连成功了。宾果！

"你看这个！"我压着嗓子朝艾伦喊道，示意他看我那张麻脸似的宾果卡。他的目光停在了板子上连成斜线的 5 个墨点。

"你再检查一遍，"他得意地笑着，"你这有点凶残啊。"

"我觉得这一把得有 1 000 美元。"我对艾伦说，同时将我的数字与挂在天花板上的大兑奖板对照。没错，我中奖了。

"宾果！"我斩钉截铁地喊了一嗓子，使劲一推我的椅子，把它推得倒在了地上。我一只手拿着卡片，直冲苍天，另一只手攥着品蓝色记号笔——我看起来就像廉价版的自由女神像。屋里鸦雀无声。

场内的每一只眼睛都转向我。玩家们灰心丧气地把记号笔摔到地上，回荡起一连串富有韵律感的当啷声。无所谓——我要带着 1 000 美元回家了。被打断的叫号员麦克风里传出一阵闷闷的静电声。我整个人蹦了起来，笑容从左耳朵一直穿到右耳朵。

"假宾果！"大厅左后角落里传来一个沙哑的声音。我的笑容消失了。大厅里交替爆发出"假宾果！"和"大家拿好卡！"的喊声，每一波声讨的敌意都比上一波更强。

我的双臂猛地收回，温顺地垂在身旁。之前在前台叫号的中年男子调整了一下金属边框眼镜，叹了口气，然后重新开始摇号。我转向艾伦。

"你按照我说的那样检查号码了吗？"他问我时努力在憋笑，嘴唇都在发颤。我感觉自己像被卡车撞了一样。

"我不明白。"我轻声发着牢骚，就像一个刚刚掉了甜筒的幼儿园孩子。**但我确实达成五连了呀！**

"I 的数字还没叫够呢。"我身后的一个女人肯定地说。她看上去 70 岁左右，但体格不差。实话说，她看着就不好惹，活像一个马上要责备我的认真负责的图书馆员。

我把我的卡递给她检查，但还没等我开口说话，她就推开了。

"这边玩的不是你以为的那种宾果游戏，"她说，"我们玩的是四角邮票。"

她费力地指着大展示板，伸开的双臂上挂着好几个金属链子和手环，碰得叮当响，就像古老的风铃。

"每个角都得有四个。"她粗暴地总结道，然后就拔开记号笔帽，回去盯着她自己的卡片了。我缩回了自己的椅子。艾伦在咯咯笑。

"什么时候他们亮出叉子和火把，"我嘟囔道，一边闭紧嘴，一边憋笑，"我的名誉可就毁了。"

* * *

接下来几天同样充满欢笑。我们骑了雪地摩托，逛了公园（我们觉得是公园，可惜那地方被埋在了雪里），还差点被赶出一家文化艺术馆。（我每看到一张肖像，就按照自己的联想模仿画中人的声音，艾伦放声大笑，憋都憋不住。）我过得非常开心，以至于忘掉了牢不可破的云层害得我没能多看一眼极光所带来的失望。

到了在费尔班克斯的最后一个整天，我们决定去距城东大约 1 小时 15 分钟车程的切纳温泉。说它周围空无一物一点儿都不过分。50 英里（约合 80.5 千米）长的铺装高速公路名唤"切纳温泉路"。我开了几分钟才反应过来，路上连一辆其他的车都没看到。

当时是下午 3 点左右，低垂的太阳不时隐没在山巅之后。森林密布的大地上拖着长长的影子，顶着雪的松树伫立在路旁，仿佛是耐心的登山客。我们跨过了一条大约 100 英尺（合 30.48 米）宽的河，水源估计是白昼融雪。岩岸延伸到河流两侧很远的地方。我想象再过区区几周时间，等到暖季到来，河水就会满溢出来吧。

路越来越窄，铺装路面也变成了松散的沙石。快到了。我们从一道木拱门下穿过，门上写着"欢迎来到切纳温泉度假村"，然后在一辆全尺寸房车旁缓缓停下。我们抄起背包，就开始冲向度假村的大厅。我同时锁上了车门。

温泉就像溜冰场中间出现的桑拿房，周围是一圈大石块垒成的墙。蒸汽从泉中喷射到北极的干燥空气中，随即结成霜冰，在石头上积了好几厘米。我感觉置身于一座斯堪的纳维亚半岛上的堡垒。

时间在温泉里过得很慢，泡澡的暖意将潜意识里的关切、担忧和紧张通通融化。我差点没注意到海蓝色的暮光降临到了昏暗的大地上。

"我们该走了。"我说道。

我们顶着严寒，稳住身形，从宜人的水中走出，踮着脚穿过了我们和大堂之间的刺骨冰冷。我就这么快走了 30 秒钟，头发就冻住了，湿泳衣像液氮一样贴在我身上，"烧"得我火辣辣的。换好衣服，再次穿上冬装后，我们拖着脚步去了餐厅，分食了 3 份儿童餐，然后壮起胆子往外走，返回汽车里。

"哇，它来了！"我凝视着上方的一道光弧说道。当时才晚上 9 点，夜还有很长。我们赶忙上车，打火，开回费尔班克斯，找一片空地或者岔道，欣赏正在萌发的胜景。

我们等到一片云从头顶飘过才走。它说厚也厚，足以挡住极光；说薄也薄，月亮在它上面能留下鬼魅般的光晕。雪片翩然落地，就像平静落下的礼花炮。

我们要看的东西都看到了，于是心满意足地踏上了返回费尔班克斯的漫长旅程。刚上路不到两分钟，云就散了，繁星再次现身。雪不见了踪影。

根据天气预报，当天阵雪概率为 20%。这些雪的高度显然很低，水汽来源都锁在地表 2 000 英尺（合 609.6 米）以下。至于我们之后靠近费尔班克斯时，这些相同的水汽会发挥多大的作用，我就不清楚了。

我们继续在黑夜中前行。我内心的那个小孩子把空旷蜿蜒的公路当作《马里奥赛车》里的彩虹桥地图。

"这趟玩得很开心，谢谢你。"我对艾伦说。我说的是真心话——我从来没有一周里大笑过这么多次。

"你在这边还有什么想看没看成，或者想干没干成的事吗？"我问他。他低头看着仪表盘，思索片刻，然后咧嘴一笑。

"驼鹿！"他说完就笑了。他一整周都在讲想看驼鹿。

"你们祈求，就给你们，"我如实说道，"你想要驼鹿，我就给你驼鹿。你给我一个小时。"

* * *

"妈呀！"我大喊一声，双手紧握方向盘，身子坐得笔直。我迅速左打方向盘，尽可能扩大转弯半径，松开油门，急踩踏板，接着急转弯回到右道，避开双黄线上的结冰。

我轻踩刹车，车子渐渐停了下来。我仰天呼吸，小声说了句"谢谢你"，被宇宙的幽默感给逗笑了。时间才过了 43 分钟，驼鹿来早了。

"你还好吗？"艾伦看上去疑惑地问我。

"你什么意思？"我问他。他之前全程凝视窗外。

"你急转弯干吗？"他问道。我蒙了。

"因为路上有你要的驼鹿，你个傻子！"我叫喊的同时在环视四周，仿佛在看有没有摄像头。我的人生就是一出情景喜剧。

"等等，你说真的？"他问道。我看得出来，他是认真的。

"艾伦，我们刚刚经过了它，距离不到 18 英寸（合 45.72 厘米）。我们**非常**幸运。"我说。它当时在一个不明显的路弯上，就在右道正中间。鹿角险些刮到车的天线。我估计它有将近 1 000 磅（约合 453.6 千克）重。艾伦要的驼鹿离他不到 3 英尺（约合 0.9 米），而阴差阳错之下，他竟然都没注意到它。我不会让他坐飞机回家前没看上驼鹿。

我心里又乐又气，挂上倒车挡，确保周围没有车灯。我们之前 20 分钟连一辆车都没见过。我倒着开了大约 300 英尺（合 91.44 米），然后在被刹车灯照亮的后视镜里看到了一个庞然大物。我缓缓把车开下了高速，它则在路上优哉游哉。

"艾伦，这位是驼鹿先生，"我打开艾伦一侧的车窗时假装在介绍他俩认识，"驼鹿先生，这位是艾伦。"

"哦，天哪！"艾伦与他要看的驼鹿面对面时说道。上天实现了他的愿望。我重新与动物王国结下了善业，正好与前几个月的造孽相反。我乐于认为，帮助蜥蜴和乌龟有一部分功劳。

我明白他之前没看见驼鹿的原因了：驼鹿和普通的鹿一样，眼睛在前大灯照射下不反光。它的眼睛是黑色的，融入了宁静的夜景和黑色的路面。驼鹿晃晃悠悠地下了公路，似乎对两位惊呆了的新看客毫无兴趣。

"我给你的驼鹿拍张照片。"我对艾伦说，打开车门，背着摄影设备，绕到副驾驶一侧。

"别上头了！"他喊道，但我知道自己是安全的。上天不会送来一只凶驼鹿，对吧？我打开货舱拉门，组装好相机，确定开的是"关闭闪光灯"模式，然后开始拍照片。我的想法是，万一驼鹿靠得太近，我就关门，安全地躲在车后舱。

结果驼鹿一动不动地站着，歪着脑袋摆造型拍照。它与我的距离只有24英尺（约合7.3米）。拍了几张照后，我觉得是时候与驼鹿告别了，时间有点晚了。

"拜拜，驼鹿先生！"我喊着溜回了车的另一侧，钻进了驾驶座。

"拜拜，驼鹿。"艾伦轻声说。他用渴望的眼神盯着窗外，而驼鹿渐渐遁入背景，再次消失在夜色中。

* * *

我们开车进入抵达费尔班克斯之前的最后一座山丘。那时快到凌晨1点了。沉睡的城市在大山间安然休憩，冰雾弥漫在城市。一道道光柱穿透了迷雾。

等一下。**光柱**?!

"光柱！"我兴奋地大叫道，不小心吵到了艾伦。他从座位上弹了起来，大概是害怕又出来一只驼鹿，撞上我们的挡风玻璃。

"光柱是什么？"他问道。该我上场了。我把车开到路边停下来，无法抑制心中的激动之情。

"快下车。"我说。艾伦不仅爱冒险，也有耐性，于是照做了。我走过去，和他一起到护栏边上。空气闪闪发亮。

"看见空气里的点状物了吗？"我问他，"那是钻石尘。气温实在太低了，以至于稀少的水汽都会凝结为晶体形态。这种现象通常发生在 10 华氏度（约合零下 12.2 摄氏度）以下。"

我接着从兜里往外掏手机，但艾伦已经先我一步了。

"横屏竖屏。"他这是明知故问。

"横屏，"我答道，内心里感激找到了一个这么了解我，又这么耐心，能容忍我的恶作剧的朋友，"谢谢你。"

他点点头，让我知道他已经点了"录制"。我开始热情洋溢地解释什么是露点，空气能容纳多少水汽和冰晶。我双手乱挥，就像二手车店外面常有的那种跳舞气球人偶似的。我简直不能自已。

"冰晶都是六边形的，"我对着手机说，手里比比画画的，仿佛在指着一幅天气图，"它们就像小镜子一样。这意味着，光源向上发出的光会朝我们反射回来。于是就产生了光柱。"

空气是干净的，这意味着水汽是以过冷液滴的形式存在，也就是温度低于冰点的液滴。必须先有冰能够附着的东西，然后水才会结冰。在极端情况下，过冷水可以在零下 55 华氏度（约合零下 48.3 摄氏度）以液体形式存在。但是，液滴在地面高度很容易结晶，在马路、人行道和任何没有做防冻处理的物体表面形成冰层。气象学家将这种现象称为"冻雾"[1]。

我们站在斯特塞高速公路的路肩上，旁边是一座 U-Haul 的车库。车库共有 7 座，每座都每隔 30 英尺（约合 9.1 米）挂着一盏明亮的白灯，上方各有一道窄窄的光柱。我知道光柱其实并不在灯的上面，只不过看上去在那里罢了。造成光柱现象的每一颗冰晶其实都在各个光

---

1 又称"雾凇"。

源和我们中间附近的某个位置。

大约八百米外的路上出现了一道分成两岔的新黄白色光柱。光柱在移动，光源来自树林下面的一条小路。最后，一辆轿车从路弯后面绕了出来。随着车的靠近，光越来越亮。车从我们身边经过，又开了大约 50 英尺（合 15.24 米），光戛然消散。

我拍了几十张照片。等到寒意避无可避的时候，我终于累了。我们回程期间临时停了四五次车，现在是时候回酒店了。当然，话虽如此，我还是拽着艾伦满城转悠，目瞪口呆地看光柱，跟我小时候对着圣诞节彩灯大呼小叫一个样。有着无穷耐心的艾伦坐在我右边，呆若木鸡，介于睡与饿之间。

"哎呀，回酒店还有好市多买的玛芬蛋糕要吃完呢！"我迫不及待地说。艾伦摇头微笑。凌晨 2 点 20 分，我们停在了桥水酒店的停车场。我抓起相机，跟艾伦大步走进酒店，依然为周围的光柱惊奇不已。

"什么鬼？"我们走进昏暗的电梯时，艾伦说道，他的目光停在了费尔班克斯旅游局的一张小幅电梯广告上。图中是一小群独角鲸，但他的脸被拼接到了鲸鱼的身体上。他哈哈大笑。我已经忘了我出发前干过这事了。

"你疯了。"他一边说，一边摇头大笑。

* * *

第二天是星期五，清晨阳光明媚。我们最后一次去了面条屋，与拉诺伊道别，然后回酒店退房。去 U-Haul 提车载艾伦去机场的路上，我不禁悲从中来。我结束冒险回家时从来都不好受，但我会试着期盼下一次冒险。

"再有一个月就可以追逐风暴了。"艾伦笑着安慰我说。我一整年都在期盼去大平原的那一个月，今年，我有了一个和我一样疯的副驾驶。

在艾伦的航班起飞前，我们还有一点时间要消磨。他预计下午 3 点 25 分飞往西雅图，我则是到凌晨 1 点 30 分才起飞，于是我们决定去机场时顺路逛逛宠物商店 Petco。我们浏览了鱼，端详了蜥蜴，还试着教鹦鹉说话，但是没戏。

终于到了离开的时候。我们最后一次钻进汽车里，却发现方向盘助力不知为何失灵了。我们可以呼叫拖车，或者等费尔班克斯唯一的一辆优步，也可以试着硬开。我给我的汽车达人老爸打电话，问他这样做安不安全。对短途旅程来说应该没问题。

"哎呀，就 6 英里（约合 9.7 千米）嘛。"我一边启动，一边对艾伦说。我费了好大劲，总算是右打了方向盘。轮胎转了一点。

"你的汽车不想让你走。"我笑着对艾伦说。

"我也不想走。"他说。我们定的航班目的地都是华盛顿，次日清晨会坐同一班转机。唯一的区别是艾伦要在西雅图逗留 12 个小时，能睡一晚上好觉。（我知道他肯定会坚持在机场里过夜，于是给他订了一家酒店。）

把艾伦送到以后，我默默驱车前往大学路边的 U-Haul 服务站，停在两辆厢式货车之间，然后拿走了杯托和中控台上的个人物品。我把行李拖进了租车中心。

"你看成极光了吗？"迎接我的是一个熟悉的声音。是阿隆，他很可能是我遇到的最友善的店员。我一周前抵达费尔班克斯时，第一个打交道的人就是他。简单的提车操作变成了半个小时的谈话，我们交换了社交媒体资料，他还邀请我和艾伦陪他和他妻子吃饭。他甚至主动说，我下次再来的时候可以住他家空着的客房。论好客，南方人也比不上阿拉斯加人。

"还行吧，但也没这么好。极光总是这样吗？"我问道。

"啊，那你是没见到真格的，"他说，"你见着就知道了。"

当时才下午4点。我必须在午夜回到机场，之前都无事可做。我打了一辆车，去我之前去过的一家酒店旁边的餐馆，风卷残云地吃掉了一个平平无奇的比萨。我觉得我也许还可以再点一杯白葡萄酒和一块巧克力蛋糕，我的假期还有好几个小时呢。

我对独自吃饭是又爱又恨。我喜欢宁静平和的氛围（而且没人会指摘我点的分量），但20分钟没跟人说话我又会觉得孤单。这时，我一般默认会刷手机。

我点开了 SpaceWeatherLive.com，这是一个数据集合网站，显示各种空间天气和地磁场状态的指标。数字马上吸引了我的眼球——行星际磁场很强，Bz 是负的，Kp 指数在攀升，当时已经到 4 了！这些数字在一般人听起来或许是胡言乱语，却足以让我心跳加快。也许我终究还是会看到北极光的，在 35 000 英尺（合 10 688 米）高空。

Kp 指数对应的是地磁场扰动程度，最低是1，最高是9。在费尔班克斯，Kp 值到2或者3就能出现极光了，到4的话，效果一般就很好了。模型显示，Kp 值会在午夜攀升至5，恰好是我的航班起飞时间。北极光会一路延伸到美加边境。

我那时意识到了大问题：我没有指定座位。我必须坐在飞机左侧靠北的窗边才能看到极光。在一架满员的飞机上，这种情况发生的概率几近于零。

接下来还剩 6 个小时，我去了自己唯一能想到的地方：切纳宾果游戏厅。这意味着要拖着 60 磅（约合 27 千克）重的行李走数百米，包括一个破破烂烂的三轮行李箱。我拖着行李箱在冰雪覆盖、坑坑洼洼的地上走着，半个小时后总算到了游戏厅，浑身发抖加出汗。

我这一次还是没赢。

* * *

"你的位置是在 16A。"友善的阿拉斯加航空登机办理工作人员说道。她看上去 60 岁出头，一头白色卷发，涂着正红色口红，笑得像马上要端出来一烤盘曲奇饼干的老奶奶一样。她递给我登机牌和托运行李票："在紧急出口排。"

她当时还不知道，她给了我一生仅有一次的体验。

我赶忙通过安检，加速走向登机口。离飞机起飞还有很长时间，但我觉得快走能让时间加速，我也就能更快上天了。

我的期望显然落空了，因为我们遭遇了 45 分钟的延误。我嘟嘟囔囔地看着 Kp 指数上了 5。我就只希望飞机能现在起飞。

我溜达去了礼品店，心里很清楚要找的是什么：驼鹿毛绒玩具。再过一周就是艾伦的生日了。我迅速相中了一只长着黄色大眼睛的 6 英寸（合 15.24 厘米）驼鹿，蹄子上缝着"费尔班克斯"这几个字。他肯定会喜欢。

我在登机口与亚利桑那州来的一家五口交上了朋友。他们也是临时起意来看北极光的，但也只看到了我和艾伦碰上的那种不出彩的。

我告诉他们，一股高速运动的太阳风即将击中地球磁场。

"会有的。"我肯定地说道。我一查手机，Kp 指数已经升到 6 了。一场彻头彻尾的地磁风暴已经将准星对准了地球。

登机时间终于到了。我把相机甩到身后，颈枕套在脖子上。乘客们鱼贯而入，基本每个人都在打哈欠，明显是困了。乘务人员快速念完安全要求，关掉机舱灯，然后系紧安全带。飞机平淡地进入跑道，升入夜空。

我把脸紧紧贴在有机玻璃窗格上，警惕地关注着任何可能的光彩迹象。极光在哪里？我想到地磁风暴有可能太强了，以至于让极光带向南偏移了。紧接着，奇观出现了。

天空变绿了。不只是有一点绿，而是全绿。明信片到底没有撒谎！驾驶员关掉了小翼灯，更适合观看了。他仿佛听到了我潜意识里的请求。大多数乘客都睡着了，我确信只有我一个人在看窗外。我感到震惊，这些人错过了一生一次的美景！

这只是开了个头。我看着极光在我眼前变换着形态，越发妩媚多姿，幻化无常。我惊呆了，这不可能是真的！

弥散却鲜明的缤纷色彩聚合成了一条彩带，道道光柱交织，阵阵光波荡漾，就像晾晒的衣物在风中摇曳。不时有闪烁的等离子旋涡划过天际，完全不同于我之前见过的相对贫乏的同类现象。除了绿色以外，还有鲜艳的紫色、粉色和青色光影。我扫视天际时害怕眨眼——我不想错过任何美景。

我产生了必须拍照的念头——没有人会相信我见到的景象！我立即翻出广角镜头和尼康 D3200 机身，把相机紧贴在窗户上，开始咔咔拍。

我很快注意到，每排座椅上"禁止吸烟"标志上的小顶灯反光也被拍进去了。于是，我把 U 形旅行枕套在镜头外面，夹克衫披到头上，用作窗户的遮光罩。下一张照片将成为我一生中最爱的作品之一。

我激动不已。无定形的极光在舞蹈，五彩斑斓的旋涡正在我头顶正上方旋转。大气层仿佛正以延时摄影的速度涂上水彩色。此番美景让我想起了交响乐团，泛音和种种更微妙的演奏交叠，汇成惊心动魄的和声。流体看来是有知觉的，正如宇宙是有生命的。我正在目睹宇宙的通感低语。

这达到乃至超过了我曾经希望看到的一切，但我在狂喜中又有一丝愧疚。还是缺了点什么——艾伦。他没有在这里与我共享此刻。他在西雅图沉睡，我却在欣赏我一生中最不可思议的美景之一，这看起来简直是不公平。**我们必须回去**，我心想。

15 分钟后，壮丽的景色逐渐平息。我一边按着相机，一边对窗外领首，感谢宇宙满足了我最大的愿望。我笑着入睡了。

第二十四章　火的洗礼

我不需要豪华！我心想。那是 2021 年 4 月 21 日，我正在做自己最喜欢的事：一年一度，为期一个月的大平原风暴追逐。这意味着我在得克萨斯州朗维尤（Longview）订了一间廉价汽车旅馆，就在 20 号州际公路边上。

每年的大平原"朝圣之旅"都要开很远的路，但今年我打了一点提前量。我没有从华盛顿特区一路开过去，而是提前一天在亚拉巴马伯明翰提车。3 月 25 日我去那里追逐过龙卷风，之后一直把车停在当地。

我前一晚住在密西西比州默里迪恩（Meridian）。美美睡了一觉后，我敲了两篇早晨发布的文章，还发了两条广播快讯。现在是时候上路了。

今年的出发时间比往年略早。由于疫情肆虐，大部分人居家办公，所以我不用上班（或者说，根本不用去华盛顿）。我只需要一台笔记本电脑和基本稳定的网络。这意味着，任何一家苹果蜂、奇利斯和唐恩都乐的停车场都能成为我白天的实际办公地。再说了，《华盛顿邮报》没有培根生菜三明治、可颂和辣味薯条，奇利斯有。

与前些年的宽松驾乘不同，我今年有严格的时间表。我最晚周四晚上8点前必须到达拉斯。我到得克萨斯州东部城市朗维尤时是周三晚上7点，从午饭时间算起，我已经开车371英里（约合597千米），精神状态良好。这里的设施过个夜看来是够用的，而且6号汽车旅馆一晚上只收55美元。我很快就会发现原因了。

＊ ＊ ＊

在天气恶劣的季节，情况瞬息万变，计划都赶在了一起。我周二才启动此次旅程，定了第二天晚上飞往伯明翰的机票。大约就在同一时间，我给波士顿的朋友加布里埃尔发了条短信。我们已经有多年未见，但他2017年2月时开玩笑似的要我许下了一个承诺，"有朝一日"带他去追逐风暴。我向来诚信，哪怕"有朝一日"要多年后才会到来。

加布里埃尔刚刚结束了在马萨诸塞大学波士顿分校的4年心理学和人力资源学习生涯。他比我晚一年毕业，先在波士顿一家公司的人力资源部工作，然后跳槽去了亚马逊。他业余时间会呼吁人们关注社会正义运动。我们截然相反，却成了好朋友。

我手头有点紧，但我在边疆航空的里程额度刚好能帮他买一张优惠机票。我预定要在周四晚上7点到达拉斯－沃斯堡国际机场接他。

同时，艾伦也一直在计划同来追风。我们最早在阿拉斯加就讨论过5月来追风一周。当我周二晚上给他发短信说，"这个周五条件合适"时，他的回答很简单："我来。"他一个小时内就订好了票。

我觉得他们两人会相处融洽，而且他们买了同一时间到达拉斯的机票，很方便。在他们抵达前24小时，我坐在华夫屋得克萨斯州朗维尤店内，给他们发最后的旅行信息。

"你一定要签免责条款，扫描下来，所有信息尽快传给我，"我发给他们的短信里说，"只是例行公事，没什么好担心的。"

如果你的好朋友让你签免责条款，那可能确实有一点吓人，但事关恶劣天气，我可不会闹着玩。从开始追逐的那一秒开始，我就完全是公事公办了。

加布里埃尔只过来短短两天，他周日上午要回达拉斯，从那里坐飞机返回波士顿。艾伦的时间很宽裕，于是计划陪我一周时间。由于加布里埃尔的日程安排，不管周五追逐成果如何，我们都必须快去快回。我知道这是一场高风险的赌博。

几天来，我一直在关注潜在的冷核低压结构。高空冷空气和气旋波将会越过大平原中南部。同时，低空急流将会冲向地表低压，产生向北运动的暖湿空气带，造成不稳定的气象条件，从而可能引发强力雷暴发育。

气象模拟模型一片宁静。事实上，按照预测，一滴雨都不会下。直觉告诉我，模型错了。**这简直是 2020 年 4 月 22 日的重演**，我心想。那天有一串珍珠云（4 个旋转着的小型超级单体雷暴）穿过了俄克拉何马城以南的 35 号州际公路。其中有 3 个单体都产生了巨型龙卷风。你干这行的时间足够久了，就会产生本能般的直觉。

我给艾伦和加布里埃尔发了一张基本物资清单，大致讲了食宿安排，在华夫屋付钱结账。然后我溜达到餐厅停车场，开车几百米到我的酒店，路上经过了麦当劳、"全美最实惠酒店"骑士旅馆，还有一个我不认识的牌子，名叫"快捷酒店"。我不是享受型的人，基础型酒店就可以，前提是干净安全。

但当我开车进入 6 号汽车旅馆的停车场时，我开始思考它到底安不安全了。我停车位前面的水泥地上到处是空的小酒瓶，空气中偶尔还飘来大麻的味道。放在平常，这倒算不了什么，但我若无其事地拖着行李箱和相机包去楼下前台办理入住时，人行道上的客人看我的眼神让我浑身起鸡皮疙瘩。我觉得怪怪的，有什么东西不对劲。

由于疫情，大堂里一次只许进一个人，意味着我要等15~20分钟。终于排到我的时候，我迅速交了钱，感谢了工作人员，然后研究起了墙上的地图。我住的237号房在旅馆二楼后侧。我又把行李拖到外面，扔进汽车的后备箱，慢速开车绕过了旅馆。

这是一座两层的方形水泥楼。外墙面涂成马尼拉草坪的颜色，金属门是绿松石的颜色，门框是正绿色。每间房都是从户外进入的，所以二楼走廊围了一圈金属护栏和扶手。一条走廊上挂着一张大大的红色帆布招牌，上面写着"无线网络在此"。

从酒店背面能看到底下有一家塔可钟和一座墓园。长得过头的大树从树墙中伸了出来，仿佛在悄悄引诱我走近细观。黄昏已经降临，层叠的树叶融成了一片诡异的黑影之网。

我把车停在楼角旁边，金属防雹罩挂在汽车后备箱往外几米。再过仅仅36个小时，它就要安装到顶棚上了。我拎起相机包和旅行箱，环视四周，寻找我的房间。它在二楼的左边。地砖破碎不齐，被我拖着走的三轮旅行箱吱呀作响，确实是不灵便了。**真得买一个新的了**，我心想。我若无其事地绕开虫子尸体，脚步声回荡在金属楼梯上。

"甜美的家啊。"我把房间钥匙捅进插孔，向下拧开把手时，嘟囔道。迎接我进入这间"无烟房"的还是熟悉的味道，缺乏通风的霉味和烟味。房间设施不高级，但我需要的东西都有。我把背包扔到床单上，床单不仅褪色，还点缀着好几个烧穿的洞。地板上有稀疏的头发和残留的面包渣。壁挂式空调机的出风口里面藏着一包盐。

"管他呢。"我叹了口气，走到门口，想要插上门闩。结果没有门闩。但我见过了停车场的样子，身边还有价值 7 000 美元的相机和电脑，所以我还是想采取一些安全措施，于是决定把冰箱顶在门口。这简直大错特错。

"哇呀！"我大喊一声，吓得直往后跳。3 只蟑螂从冰箱背面爬了出来。我马上踩死了一只，但两只更大的钻进了墙缝底下。有一只头发丝似的触角伸了出来，勉强能看见。

"好吧，卡普奇要走了。"说着我马上拿起背包，重新拉出行李箱把手。离开前，我拿走了卫生间里的免费香皂和沐浴露——算是给我的一点精神损失费，踮着脚出了房间。我迅速拍了一张地面有蟑螂的照片，然后发到了推特上，文案是"年纪大了，受不了这个"，后面跟着一个笑脸表情。我咚咚咚地重新下了楼。

"这房我不住了，我不想要蟑螂室友，"我对女前台说，"我不想抱怨，但我要求退款。"

她甚至眼皮都没抬一下。显然，她以前听过同样的话。

回去找车的路上我在思考各种选项。真是筋疲力尽，我都有心理阴影了，不想住在朗维尤的任何地方。

"这里离达拉斯不远。"有人喊道，仿佛读取了我的内心。那是工程车上的一名电工。

"我们的房间也很差，"他说他和我是同病相怜，"我们要走了。祝你好运！"

听了这话，我知道我还得往前开车两个半小时。**好吧**，我心想，**至少明天我不用开车去达拉斯了。**

* * *

我是被闹铃吵醒的。早晨 7 点 30 分。我在达拉斯郊区理查森（Richardson）的一家欢朋酒店，睡得跟石头一样。房里也没有吓人的爬虫。

我把笔记本电脑从床头柜上拿过来，马上开始消化模型数据和地表观测结果。达拉斯那天早上很冷，气温刚过 60 华氏度（约合 15.6 摄氏度），但当地的暖锋已经在北上了。

到了明天的这个时候，它就会到雷德河附近了，我心想。暖锋伴随着几片雨区，将达拉斯－沃斯堡都会区笼罩在云层下。我的预测到目前为止还是对路的。我走到窗边，拉开了百叶窗。

"哇！"我高兴地一跃而起，喊出了声。天空就像波涛汹涌的洋面。阴云刻进了一眼望不到头的波浪般的云海。我抄起相机就跑了出去。

我马上开始狂拍照片，心里清楚眼前的正是经典的波涛云。这是一种罕见但震撼的现象，有时会伴随着春季暖锋形成。如此壮观的场面可不常见，一分钟都不容耽搁。我掀开停在停车场的皮卡的副驾驶座椅，从里面掏出前一天晚上在华夫屋自提的华夫饼和薯饼，决定坐在马路路边上享受晨间野餐。

波涛云形成需要稳定分层的大气条件。换句话说，气团必须分成平稳的密度层。你就想象成往一个鱼缸里倒意大利沙拉酱。过一阵子，酱汁里的油、水和醋就会稳定分离，按照密度大小一层摞一层。那天早晨的大气也是同理。

设想你往鱼缸一角投下一粒石子。波纹会从那一点向外散开。再假设你随机扔了三四粒石子。所有波纹会相互融合或抵消，产生混沌的干涉图案。达拉斯数百千米外可能有雷暴，或者大规模的气流垂直运动和升降的来源，我正亲眼看见"干涉图案"。

大概过了半个小时，我觉得是时候投入工作了。毕竟，当时快到东部时间上午9点了，我给《华盛顿邮报》的供稿又不会自己写出来。我回到酒店房间，正好听见电话响了。

"你好啊，马修，我是明蒂科普（Absolutely Mindy）节目组的托里！"电话里的人说道。我意识到那是月底的最后一个周四，我本来约好要到那档天狼星XM台的热播广播节目里做临时嘉宾，结果我完全忘掉了。这档节目由元气女神明蒂·托马斯（Mindy Thomas）创办和主持，专门为早晨上学途中的儿童提供教育和社交内容。我想成为他们的常驻嘉宾。

"你觉得今天聊什么话题好？"制作人托里问我。我想了一会儿。

"这个嘛，我刚到得克萨斯，明天就是本季的第一次风暴追逐了。"我说。

"哇！那你可以讲讲冰雹、风暴和龙卷风吗？咱们就讲这个吧！"

然后，我就开始讲解我希望追逐的环境条件了……不过，蟑螂那段就不讲给孩子们听了。

* * *

"跟着喇叭声走。"我在短信里写道，同时定期短按一下喇叭。我在A航站楼停车场27号门旁边。加布里埃尔一个小时前就到了，艾伦的飞机是在我到之前的几分钟着陆。我引导他俩来我的位置。

"想坐副驾驶就快点来。"我给艾伦发短信说。再说了，我也想让他坐前排，他的导航水平特别高。

我的电话响了，是加布里埃尔。

"你在哪？"他问道。

"你从一楼停车场 A27 门出来。"我说。我查看着上下客区旁边的自动门，在一辆停下的大巴后面发现了艾伦。我按了两次喇叭，引起他的注意。他笑着点点头，开始往我这边走。

"你能打开位置共享吗？"加布里埃尔要求道。

"怎么开？"我问他。经过他的讲解，我成功发送了链接。

我从座位上下来，接过艾伦的行李箱，板板正正地塞进了后备箱。他爬上了前排副驾驶座。

"我在亚拉巴马给你买了点小猪商店（Piggly Wiggly）的薯片。"说着我递给他一包土豆片。我们之前聊搞笑品牌名的时候提到了小猪商店。

"谢谢。"他笑着说。

过了不到一分钟，加布里埃尔就出现了。我接过他的包，给他打开右侧后门，然后返回了驾驶座。左侧后座放着我用来保存冰雹的便携冰箱，还有缠成一团的数据线、转接头、充电器和相机。我下午的大部分时间都用来收拾车了，为周五的风暴追逐做好准备。

艾伦和加布里埃尔很快就聊了起来。我们一行三人去了橄榄园意式餐厅——没有什么比无限续的面包棒更适合启动追风了。我们买单时问能不能把面包棒带走，但服务员把面包棒拿走了，再也没有回来。这大概是宇宙在告诫我要少吃碳水食物吧。

* * *

"好，目前的状况是这样的。"我的口气跟教师似的，准备讲解环境条件。我穿着睡衣，嘴里戴着保持器，声音有点像小婴儿，但我觉得睡前天气简报能帮助艾伦和加布里埃尔了解明天可能会发生什么。就算我讲错了，他们也是认真的听众。

"发育中的低压正从新墨西哥州涌出，高空有大量冷空气，"我一边说，一边把我的笔记本电脑屏幕对着他们，下拉展示计算机模型模拟结果，"于是，接近地表的暖空气团得以上升并形成风暴。风随高度而变化，这意味着任何运动中的气流都会旋转。"

艾伦点点头，加布里埃尔歪着脑袋，专注地盯着彩色地图。

"所以说，我们明天要留在这里吗？"他问道。

"不，"我说道，"情况很微妙。暖锋是伴有些许偏转，但我认为得克萨斯州东部暖锋沿线空气会迅速汇聚，引发大乱。另外，如果我们以西北方的冷锋为目标的话，那可能连一场风暴都看不到，但如果风暴启动的话，规模就会非常大。"

当时，我正在两种选择间犹豫。我知道我会选择哪一个，但我又想给只逗留48个小时的加布里埃尔找点东西看，在这样的压力下，我重新进行了思考：我是想要高风险高回报，还是没那么惊艳的保底项目？

冷锋具备壮观天象的所有条件，但上方气团很强。上方气团可能会压得地表空气根本无法上升，结果就是晴空万里。但如果地表温度升到对流温度以上，达到74华氏度（约合23.3摄氏度），那上方气团破裂的可能性就很大。

我决定让艾伦和加布里埃尔投票定夺。我简要说明了两种情况和我的考虑。

"如果我们不在这里的话，你会怎么做？"艾伦问道。

"得克萨斯州夸纳（Quanah），毫不犹豫。"我说。尽管按照模型，西北方向的冷锋不会带来降雨，甚至连雷暴形成都没有显示，但我还是怀着很高的期望。

"那就去吧，"加布里埃尔答道，"要么来波大的，要么直接回家。"

我笑了，很高兴自己在潜意识里推卸掉了一部分追逐风暴的责任，至少我感觉推卸掉了。我又回去查看传入数据，大声分析着每一个光点、光斑，每一条直线和曲线。艾伦听得聚精会神，不时发出追问。加布里埃尔早就睡着了，都开始打呼噜了。

* * *

凌晨 5 点，我被再平常不过的手机默认闹铃声吵醒。外面还是漆黑一片，但我有三篇文章要写，两段广播快讯要录。依然穿着睡衣的我悄悄下床，像跳格子似的穿过好几个行李箱，坐到小电脑桌旁。我打开笔记本电脑，投入了工作。

昨晚，弗吉尼亚州沃勒普斯岛（Wallop's Island）上空发射了一枚火箭。我知道贾森想要一篇相关文章。我开始写这篇文章，然后又开始写一篇讲大西洋中部春洪风险的文章。到了上午 10 点 30 分，我写完了一篇详细介绍即将到来的大平原恶劣天气威胁的报道，这也算是本日天气预报的练习。我越熟悉当日气象条件背后的数据就越好。

我掏出 iPod Shuffle 播放器，插上外接麦克风，录制两条国家公共广播华盛顿特区分台的下午天气预报，每条内容的开篇都是我的招牌开场语："好啊，兄弟们……"我觉得华盛顿是一个节奏快、压力大的地方，而我可以加入一点个性，让我的预报更像是对话，这会有长远的好处。

我高低起伏的念叨声吵醒了艾伦和加布里埃尔，不过反正那时也到了该启程的时候了。他们昏昏沉沉地揉着眼，我则在他们身旁走来走去，忙着从 6 个墙面插座上取下相机电池、充电器和耳机盒。我检查了电视机后面和床底下——没错，那里我也没放过。

"公交车 11 点出发。"我实事求是地说道。夸纳是一座得克萨斯州边境城市，对面是俄克拉何马州西南部，离雷德河不远，坐车过去需要 3 个小时多一点。我知道我们最晚必须下午 3 点到。这样说来，我们的时间已经很紧了。

我把我的行李箱从车里拖了出来，然后又进去放相机设备。我把吸盘式相机支架固定在仪表盘上，把海洋天气收音机夹在我座位上方的遮阳板上，并确保我的所有相机都可用。艾伦和加布里埃尔现身了，拉着行李，一前一后走出了酒店。

"这是什么？"加布里埃尔问道，同时拿起座位上的一堆东西放到大腿上。艾伦那里也有一套类似的东西在等着他。

"那是你们今天要用的全部装备，"我说着将手机插上充电器，挂上前进挡，"头盔是给大冰雹准备的。高尔夫球那么大的冰雹就会留下大片瘀伤了。被鸡蛋大小的冰雹砸伤的话问题就更大了，要是棒球那么大或者更大的话，那可能会要了你的命。如果你不管因为什么一定要下车的话，头盔要戴好。需要的时候我会告诉你们的。"

"真会有吗？"加布里埃尔问我。我看了看后视镜，他有一边眉毛抬了起来，嘴巴半张。

"还给你们提前装好了防护镜，遇到破坏性冰雹时也戴上。"我继续说道，语调像空乘人员熟练地念写好的安全须知一样。

"不过防雹罩应该也有用吧？"艾伦问道。

"有用，但不是万无一失。我不会拿碎玻璃闹着玩。"两人都忧虑地点头。

"闪电的威胁确实没有办法解决。只要是风暴追逐，就永远会有挨劈的风险。如果出现云对地闪电的话，我会让你们在车里等待。如果路上遇到倒掉的电线杆，我们要尽量躲开，但为以防万一，你们要交叉双臂和双手，双脚抬离地面，就像在拥抱自己一样。"

我看得出来，艾伦有一点焦虑。加布里埃尔倒是傻乐呵，正在兴奋地发着 Instagram，拍戴着定制安全帽的自拍照。

"你们面前的椅背袋子里放着一张安全信息卡，"我继续说道，"我说真的，请你们读一读，熟悉熟悉要怎么做。"

我提前制作了塑封卡片，上面列出了在冰雹、大风、洪水、火灾、龙卷风等各种场景下应该做什么，还有根据风力大小准备的三种不同行动规程。这听上去有点迂腐，但我的行事风格就是安全。如果一件事做不到安全的话，我就根本不会做。要是有了客人，那更要加倍安全。

"遇到夹杂着碎屑的低空风，把座椅放低到水平，脸贴在椅面上，身体不要超过窗户的高度，双手遮住头和脖颈儿，"卡片上写着，"戴上防护镜和头盔。"加布里埃尔将卡片内容加到了他在社交媒体 Snapchat 帖子里。

"最后，你们各有一把长得像锤子的橙色物件。那是安全带切割器兼紧急破窗锤。"我最后说道。两人一直没有说话，加布里埃尔在微笑，艾伦则在逐行通读安全信息卡。

加布里埃尔还要打一个工作上的电话，艾伦和我则闲聊起来，主题是如果一个姓"豪"（Hall）的人向大学捐款，那么大学会不会将一座楼命名为"豪"？如果一个人姓"温"（Wing），然后给医院捐了一栋楼，那难道叫"温楼"吗？哈佛大学有一座楼叫"哈勒楼"，与我们这场"深入"的思想讨论相关。[1]

最后，在离开城市区之前，我们就需要给车加油了。车里剩下的油只够再跑 90 英里（约合 144.8 千米），艾伦和加布里埃尔也饿了，想吃午饭。我把他俩放在得克萨斯州弗里斯科市（Frisco）的一家奇波特利（Chiptole）墨西哥式快餐厅门口，我则去隔壁加油。

前往目的地夸纳的旅程波澜不惊。我们沿着 380 号州际高速公路往西开，途中经过了农田、拖拉机和养牛场。地平线上有一丛丛矮树、灌木和黑莓植株，头顶上依然悬着穿不透的阴云。下午 1 点时，气温只有 66 华氏度（约合 18.9 摄氏度）。我有点躁动了。

我们在迪凯特（Decatur）转往北开，驶入连接沃斯堡和威奇托福尔斯的 287 号高速公路。负责音乐播放的艾伦已经把他的手机连上了蓝牙，正在播放音乐剧《摩门经》的原声带。加布里埃尔礼貌地点头微笑。

穿过鲍伊市区时，我讲述了一年前的经历。当时一场 EF1 级龙卷风席卷这里，而我就在城里。我听上去就像一个住在养老院里，很少有人探望的老爷爷，将自己年轻时候发生的，早已被遗忘的故事娓娓

1　Hall 既是人名"豪"，也有"大堂"的意思；Wing 既是人名"温"，也有"翼楼，配楼"的意思；"哈勒"（Haller）是人名，与 hall 读音相近。

道来。我每次讲故事都是这样。我看不出艾伦或加布里埃尔是不是真的感兴趣，但他们最起码在顺着我，装得很热情。

我看了看仪表盘上的温度计，69 华氏度（约合 20.6 摄氏度）。云彩还是顽强地挂在周围的天上，但至少"天花板"看起来比之前高了一点。这是令人振奋的迹象。

我在夸纳以东 60 英里（约合 96.6 千米）外的威奇托福尔斯下了高速。我之前承诺要到布劳姆冰激凌店给艾伦和加布里埃尔买甜筒，那是我在大平原南部最喜欢的主食。他们点单的时候，我到外面打电话。

"谁啊？"艾伦走出来问我。

"没谁。"我说。

其实是同一条路 2 英里（约合 3.2 千米）外的橄榄园餐厅。昨天晚上，服务员拿着面包棒一去不返，艾伦深受打击的表情我可还没忘呢。如果他追风前没有足足地吃上一顿蒜香黄油面包棒，那我可太不像话了。

我回到车里，打开全播报所有灾害的美国国家海洋大气管理局的天气收音机，一边等着两人回来，一边焦虑地敲着方向盘。风暴预测中心是美国国家气象局下属的专门机构，负责雷暴和龙卷风。该中心之前发布了一篇中尺度风暴讨论文章，强调可能会有 3 英寸（合 76.2 毫米）雹暴和多个独立的龙卷风。

对流初生（雷暴的迅速发育）预报将发生于下午 2 点 30 分至 4 点。现在是下午 1 点 56 分，我们还有 50 英里（约合 80.5 千米）的路要走。在上方云团破裂，骤然释放出大气中积蓄的能量之前，我们只有这些时间了。

等到他俩终于进车，我顺路就开去了橄榄园餐厅，冲进店里，然后拿着一包面包棒出来了，面包棒总共有 12 根。我用力打开驾驶座一侧的车门，把还温热的面包棒甩给艾伦，接着就上路了。

"你用不着这样的。"他大笑着说。

"闭嘴吃你的面包棒，"我半笑不笑地说，眯眼紧盯着前方路面，"你也是，加布里埃尔。今晚会很漫长。"

* * *

那天是晴天，更准确地说是大晴天。气温飙升到了 75 华氏度（约合 23.9 摄氏度），天空的晴朗是一种假象。我把车停在遇到的第一间加油站，滑下座位，伸了个懒腰。

"欢迎来到风景如画的得克萨斯州夸纳市。"我对艾伦和加布里埃尔说，张开的手掌指向身后那条小小的主干道。

"你的仙人掌就是在这里买的？"艾伦指着旁边的一块地问我，上面摆满了几百个金属小雕像、草坪雕塑、旋转玩具和生锈的老式招牌。他说的没错。一年前，我就是从这家店里买了一个 3 英尺（约合 0.9 米）高的金属仙人掌雕像，它现在就摆在我家客厅。墨西哥湾的新鲜清风吹动着店里的风车，发出高频率的嗡嗡声。

"没错！"我一边说，一边疑惑地望着天空。南风这么大，风暴肯定会吸入大量暖湿空气，也就是入流。

"好了，你们都过来帮帮我。"我说。

艾伦和加布里埃尔分别站在车的两侧，同时我爬进车的后斗，用手指摸索固定防雹罩的破旧绳索。我把防雹罩拉到我的头顶上方，艾伦和加布里埃尔帮忙把它向前推到了车顶的架子上。这样一来，挡风玻璃上方就有细铁丝网保护了。我分别拧紧四个固定接头的时候，他俩就负责把防雹罩扶稳。

"哎呀，这不是马修·卡普奇嘛！"我身后传来一声大叫。我们三个人都把头扭了过来。我不认识这位中年男子，但他看上去很友善，棒球帽和笑纹会让任何人显得和蔼可亲。

"我叫詹姆斯，是您的头号粉丝，已经关注您很久了。"他笑着说。

我本来在车顶趴着，随即下来跟他握手。没过多久，我们就深入聊起了当天的环境条件。他不是气象学家，但也追风好几年了，是通过我在《华盛顿邮报》上的作品认识我的。

又有两个追风者过来一起聊天，甚至提出要合影。我从来都不是什么人物，但在这个封闭的小圈子里，我显然成了一个冉冉升起的新星。艾伦向我投来困惑的一瞥。我刚刚侧着脑袋，露出得意的笑容，好像这是家常便饭似的。

我们随意交换了自己的笔记，彼此讲述了最精彩的风暴故事，在分享最惨痛的追逐经历时相互安慰。与此同时，我一直在关注着西边的雷雨云砧。它已经在翻腾了，雨很快就下完了，但这表明上方云团几乎就要破裂了。这只是一个时间问题。

"龙卷风预警启动了！"詹姆斯看着手机宣布。

"好啊，拉里和克里，我要跑去厕所了，"我对艾伦和加布里埃尔吆喝了一声。他们显然没听懂，"你们都在这等着，我们等会儿就要出去了。"[1]

卫星图显示，在我们西侧得克萨斯州柴尔德里斯（Childress）附

---

1 拉里和克里是 20 世纪美国喜剧组合"三个臭皮匠"的成员。

近有几处积雨云正在形成。雷达数据显示，那里已经开始降水了。

4 分钟后我回来时发现，引擎盖多了一个新装饰：加布里埃尔正四仰八叉地躺在车头上。艾伦站在旁边，尴尬地拿着手机拍照。

"我无意打扰你们拍照，不管拍的是什么，但我们得走了。"我说。他们两人挤进车里，我迅速给车加满油，涂上防雨剂。然后我们就上路了。

"我们要去哪？"艾伦问道。我瞥了一眼我的手机上的雷达图，它固定在仪表盘上。

"往西开车大约 20 分钟。"我答道。

原因已经是显而易见——剧烈雷暴发育开始了，还有 2~3 个风暴单体排列在干线上。干线就是从得克萨斯州"锅柄"地带东进的干燥沙漠空气的前侧边缘。天空已经在变暗，一簇形似花椰菜的云遮住了太阳。在头顶上，初生的风暴云砧已经取代了先前的蔚蓝天幕，下面垂着荷包似的乳状云。

尖利的紧急警报声从我的天气收音机中传出：严重雷暴警报现已生效。在靠近风暴的过程中，我在它的左侧（南侧）发现了一片毛糙的乌云。风暴的生命周期刚开启不到 20 分钟，就形成了一面翻滚着的云墙。

我关掉了音乐，静静地体会风暴。经过此前漫长的 11 个月，我终于又回到了大自然。艾伦和加布里埃尔看上去兴奋、紧张，又有一点躁动。

"艾伦，我需要在前面几千米内找一条至少能让我们往南走 4 英里（约合 6.4 千米）的路。"我指挥道。

几分钟后，我们就上了乡村土路，路上的石头颠得车厢直晃。这里的道路组成了间隔 1 英里（约合 1.6 千米）的路网，在乡村土地上刻出了方格地貌。风暴依然在我们西面，我们从右侧车窗能看见大约 10 英里（约合 16.1 千米）外的风暴。从地面到上升气流下方的底部无雨区之间的空隙被黄色占据，这意味着可能会下大冰雹。

"你懂的，这个东西可能会变成龙卷风。"我说。在我们继续南下的途中，我让艾伦拿好手机，焦点对准云，同时我负责讲解。

就在这时，我的收音机再次发出尖锐的警报：龙卷风警报已发布。

"天哪，我们这是有的看了吗?!"加布里埃尔问道。我扑哧笑了。

"我们会**有的**看。只是我无法保证看到的是什么。"我说。

我继续开了一两分钟的车，接着右转入一条空闲的农场道路，停了下来。路的南边是一道铁丝网，北边是草地和黑莓灌木丛。我把手伸进面包棒袋子，一边嚼，一边集中精神决定下一步要怎么走。

风暴的底部无雨区勾勒出了旋转中的上升气流，它就在我们西边盘桓。它慢慢盘旋靠近，染上了海蓝色。右侧是电光闪烁的如注大雨，那是风暴的下沉气流。除了间歇传来的远方雷鸣，它都是静悄悄的。风几乎是静止的，尽管草丛泛起了涟漪，落叶和碎石也在地面沙沙作响。大气正在耐心等待，却又躁动不安。

我也一样。我们转向东方，努力保持在风暴前面。考虑到拖拖拉拉的风暴速度只有每小时 20 英里（约合 32.2 千米），这很容易做到。我们慢悠悠地往东开了大约 5 英里（约合 8 千米），直到被一群牛挡住了路。

"求你们了，走开吧。"我轻轻按着喇叭恳求道，直到它们穿过街道。

"风暴要往哪去？它平息了吗？"本来在看手机的加布里埃尔抬头

问道。

"没有，加布里埃尔，我们拐弯了。你从后窗往外看。"我翻了个白眼，笑着说道。我扭头看艾伦，他也在得意地笑着。

"哇。"

春天降临在大平原南部，大地青翠起来，许多长得光秃秃的树也开始发芽了。远处的超级单体风暴正在靠近，不祥的黑色板架云悬在地表上方，雾蒙蒙的雨雹来到了我们北侧。有几片毛糙的飞云跃入上升气流，表明被雨水降温的空气正被吸入上紧了发条、扶摇直上的风暴中。我抬起头看：一条低空云传送带正快速向北边的风暴输送空气。这东西转得跟陀螺一样。

出于我至今都不能解释的原因，我在下午 5 点 39 分停止了追逐风暴。风暴用雷达和肉眼看都很不错，但没有产生任何令人感到难忘的效果。我有些不耐烦了，迫不及待地想给艾伦和加布里埃尔展示点什么，证明我是一名气象学家。假如我是一个人的话，就永远不会临阵脱逃，但我担心加布里埃尔已经开始无聊了。

正常情况下，我会选择"追尾"，也就是一条线上最南端的风暴。那个风暴通常会有不间断的，从南方来的入流供给。但我们追逐的风暴钉在了低压的三交点上，也就是干燥空气、湿润空气和冷空气的交汇点。暖锋在三交点东侧与之相交。这是龙卷风形成的经典教科书条件，数十名风暴追逐者停在高速公路边上，等待风暴的大动作。

而我则是开车拉着艾伦和加布里埃尔往南边的晴朗地带前进。一阵短暂的太阳雨落下，仿佛是来自我信任的初生风暴的一个告别湿吻。隐隐约约，我知道我会后悔自己的决定。

我的目标是这一系列风暴里的下一个：一个低降水超级单体。这个高达 10 英里（约合 16.1 千米）的旋转云团只降下垒球大小的冰雹，不会有雨遮蔽可以从南侧看到的上升旋流。这样一来，我觉得艾伦和加布里埃尔既能拍到上相的"理发店的旋转灯柱"，又能和我一起等待最北面的风暴上演大戏。

这是一步臭棋。南侧的风暴正在减弱，旋转和上升的力道正被北侧的风暴缓缓吞噬。初生风暴开始从我们身边绕走，而我没有雷达数据。我不知道风暴底部下方已经有漏斗云在舞动了，就在我们 20 分钟前刚刚离开的地方。

在一片正在消散的云下面又漫无目的地晃悠了 15 分钟后，我决定及时止损，飞速向北折返，试着赶上初生风暴。我之前把天气收音机关了一段时间，但当我打开它的时候，我的血液开始沸腾了。

"已确认龙卷风位于洛克特（Lockett）以西 7 英里（约合 11.3 千米）处，正以每小时 20 英里（约合每小时 32.2 千米）向东运动。"完美保罗的合成音效说道，这是自动龙卷风警报更新的公告。

"可恶。"我暗骂一声，对自己很生气。我踩下油门，沿着泥泞的土路加速飞驰，一路向北。当我们从后方插入正在远离的风暴后侧雨带时，东边出现了一道鲜艳的彩虹。这是风暴追逐中的死亡之吻。加布里埃尔将相机对准天空。灿烂的阳光从西边照射过来，产生了令人惊叹的美景。我恨死它了。

艾伦和加布里埃尔察觉到了我的紧张和沮丧，大家都安静了下来。在我们沿着 2877 号县道往东行驶的路上，谁都没有说一个字。终于，我们驶上了一条铺装公路，以接近 70 英里（约合 112.7 千米）的时速往北行驶了 4 英里（约合 6.4 千米）。感谢这里的限速比东海岸的高。

70 号州际高速公路是一条典型的东西向不分离、双排双向行驶的公路。当我们靠近它时，手机信号突然恢复了。40分钟了，我第一次有了雷达数据。我瞪大眼睛看着更新的数据：距我东边7英里（约合11.3千米）处有一个碎片球，表明当地有龙卷风将碎片卷到了高空，以至于远处的雷达感知到它，并且将它标记成了冰雹。如果不堵车的话，6分钟内我可以行驶7英里。或许尚未万事皆休。

鸣的一声，汽车加速狂飙，就像飞机起飞一样。艾伦和加布里埃尔还是一言不发。终于，加布里埃尔打破了沉默。

"你是不是看到了什么东西，我们现在要去追？"他怯生生地问道。

"也许吧，7分钟后再问我。"我嘟囔了一声。

路是湿的，但太阳是明亮的。对普通人来说，风暴后的平静是安宁祥和的时刻。而我不是普通人。我想要在黑云压城下呼吸。前面一辆往西行驶的车从我们身边经过，带起的雾气刚好形成一道彩虹。我狠狠瞪了那辆车一眼。

在前方大约4英里（约合6.4千米）远，我注意到有一条模糊的垂直线。在云渐渐后退这样的低对比度背景下，那根线若隐若现。片刻过后，它左边出现了第二根线，是一团几乎无法与环境区分的倒三角形物体。我摘下了墨镜。

"龙卷风。"我平静地说道，一下子引起了他们的注意。被午后阳光晒得神情恍惚的艾伦骤然清醒，加布里埃尔则是把身子往前探，好把挡风玻璃外的场面看得更清晰。

"就在那，"我说，"我们刚刚做到了。"

不到40秒，我们绕到了足以看清象鼻状漏斗云轮廓的地方，艾伦已经将我的摄像机对准了它。我把摄像机固定在仪表盘支架上，同时他开始手机录视频，对着我拍社交媒体内容。

"好啊，兄弟们，我是首都气象台播报员马修·卡普奇，"我开口道，"现在那边地面上有破坏性的龙卷风。我们正从后侧靠近它……"

我们眼看着涡旋在东边大约 2.5 英里（约合 4 千米）的地方跨过公路，鬼魅般的白色漏斗云似乎不为我们的雨刷器所动，激烈地拍打着它。空气湿度饱和了，意味着龙卷风可以直通地面，烟囱状的风暴蹂躏着紧贴着一排树和建筑后面的农田，真可谓风景如画。我只觉天旋地转。

漏斗云摆向右侧，也就是南方。贴地部分开始收缩，与上方汹涌云海相接的部分则开始扩大。漏斗云底部云雾缭绕。不到一分钟，它便消弭无形。涡旋已经萎缩，原先的位置只飘荡着一片扣子似的悬云。接着悬云也不见了。

"哇，哇，哇！"加布里埃尔说道。

"太酷了！"艾伦惊叹应和道。

"有一个，就会有好几个，"我说，"龙卷风常常成群出动。风暴要转起来了。"

我们现在正驶入洛克特镇西。这是一座人口密度约为 125 人 / 平方千米的小镇，位于得克萨斯州乡村地区的威尔巴格县（Wilbarger County）。弗农县（Vernon）在洛克特东北方向约 6 英里（约合 9.7 千米）处。我们遇到了十余名追风者，他们的车停在路边，他们的相机镜头仍然锁定在天上。我要进入第二回合了。

"产生龙卷风的南方环流已经平息了，"我对艾伦和加布里埃尔解释道，"我估计东北方向会有一个新的龙卷风形成……艾伦，你能让我往东移动 3 英里（约合 4.8 千米）吗？"

"收到。"他说。片刻过后，我们来到了一处三岔口，往左是 70

号高速公路。他指示我继续朝前行驶。

天上开始落下玉米皮和玉米叶。这场神秘的碎屑雨让我想起了礼花炮。它既催眠又令人不安，又有一种独特的美与平和。大气正在为最后的表演积蓄力量。一道旋转着的新云墙正在我们的东边成形。

我们躲避着停在路肩上的车。一群追风者聚在这里，仿佛四面八方的风暴追逐者都来了。我不能责怪任何人想在前排观看大自然母亲最极端的状态，那真是太了不起了。我绝不会错过。

突然间，我的手机又有信号了，上面出现了一幅新雷达图。我看了一眼。我们在钩状雨霾带的正下方。环流在我们头顶，随时可能下探。

我一直没有说话，又往东行驶了 1.5 英里（约合 2.4 千米），同时小心翼翼地保持着克制和冷静。

"你们看见附近有龙卷风就告诉我。"我说话时一直盯着道路。艾伦和加布里埃尔笑了，以为我在逗他们。"我认真的。"我说道。

我们继续往东走了一会儿，直到被加布里埃尔的一声狂呼打断。

"就在那里！"他喊道。

我转头一看。西南方向约 1.25 英里（约合 2 千米）外的地面上有一道龙卷风。我们的位置简直完美：不是太近，也没有太远。这锅粥火候刚刚好。我靠边停车，目瞪口呆地盯着忙乱的天空。

不远不近的地方悬着一道棱角分明的圆锥形漏斗云。阳光闪耀，鸟儿啾鸣。龙卷风之王睥睨万物，矗立在晴朗蓝天的前方，还披着一件灰色披肩。我把车停在公路边缘的一条沙砾铺就的私人车道末端。除了正从开阔原野上吸取红土的龙卷风以外，当时的景色优雅而宁静。

我抄起数码单反相机，扯开缠在扶手上的带子，迫不及待地跳了出去。

"你们可以出来了！"我敲着艾伦和加布里埃尔旁边的车窗，对他们喊道，"我们这里是安全的。"

他们不情不愿地跟着我出来了，尽管我催他们拿上头盔。

"RFD 随时可能到这里。"我说。RFD 是 rear flank downdraft 的简称，意思是"后侧下沉气流"，它会在龙卷风周围卷起阵风和冰雹。超级单体雷暴是巨大的大气复合体。

我做了一期龙卷风的"当日直播"节目。艾伦是摄影师，镜头对着优美的龙卷风，而我在讲解风暴的结构。我打着手势，仿佛自己站在电视演播室的气象图前面似的。加布里埃尔储存了大量 Snapchat 素材，艾伦拍摄我，他拍摄艾伦。

"冰雹现在要来了，"我对艾伦和加布里埃尔说，既担心他们的身体安全，也忧虑他们的心理健康，"你们大概是时候回车里了。"

他们看了我一会儿，就无声地往回朝车里挪动了，而我在继续拍摄漏斗云的高分辨率照片。

"还有戴上安全镜。"我大笑着说。我没有时间把襟翼安装到防雹罩上了，襟翼的作用是抵御风力催动的冰雹。我希望 RFD 的风力不要太大。

没过多久，一个白色的东西就从我身边闪过。接着又来了一个。片刻之后，地面就像布满了单色爆米花的雷场——乒乓球大小的冰块到处乱蹦。场面既欢快又危险。附近的树正遭受磨难。

龙卷风开始解纽，拉伸成像铅笔一样细的涡旋。龙卷母云在向东运动，与地面的连接部拖在后面。这就是龙卷风的返场表演吧……它蜿蜒蛇行，越来越长，最后消散。太阳将万物沐浴在纯白的光辉下。

这是一场气象洗礼。时隔一年，我感觉我重获新生。

"哎呀！"我叫了一声，冰雹的个头儿变大了。我一路小跑回了车里。

"会变多大？"加布里埃尔问道。

"我觉得不会比棒球大多少。"我说。

"**棒球**？！"加布里埃尔难以置信地问我，"那个，会造成损伤吗？"

"会啊，"我答道，"我担心挡风玻璃。我没安襟翼。"

恰好在这时，轰隆一声巨响打断了冰雹砸到车上产生的有节奏的乒乒乓乓声。冰雹越来越大，下落也越发不规律。

"现在是鸡蛋一般大了。"我说。

"你光听声音怎么知道冰雹有多大？"加布里埃尔问道。我思考了一会儿。

"如果我把你眼睛蒙上，然后朝你扔一个台球，你肯定知道它比弹珠大，对吧？"我问他。

"我猜……"他答道。

"我经历过的雹暴次数可能比你去星巴克咖啡厅的次数还多，"我说，"我最爱的就是大冰雹。"

又来了一大块冰，把车砸得直晃。接着又是一块。加布里埃尔愁眉苦脸，艾伦在座位里缩成一团。撞击接连不断，每来一下，我的笑容就灿烂一分。

"因为我们被包裹在侧后下沉气流的冷空气中，所以冰雹是从北边斜着落下来的。"我自顾自地解释着。RFD 正绕着龙卷风刚刚升起的位置逆时针旋转。"这意味着最大的坑会在左边。"

"挡风玻璃会没事吗？"加布里埃尔匆忙问道。

"嗯。大体没事吧。我要行驶到一条南北向的路,好斜插进风里。"
我答道。

但我们还没到呢,一块炸开的冰就在挡风玻璃左下部分留下了一
条裂痕。

"好啊!"我喊道,"我们干碎了一块挡风玻璃!你们现在都是真
正的追风者了!"

艾伦和加布里埃尔察觉到我丝毫不担心裂成蜘蛛网的挡风玻璃,
于是看上去放松了一点,尽管加布里埃尔还是把安全帽紧紧扣在头上,
仿佛冰雹要凿穿车篷似的。他攥着安全镜,就像它有被吹跑的危险一
样。我很想提醒他,风在车子外面呢,但整体上我还是很兴奋的,我
们终于能见到真家伙了。我们的"豪赌"得到了回报。

挡风玻璃上的裂缝又变长了,车厢里回荡着巨大的崩裂声。幸好
裂缝只传到了我这边。我骂了自己一句,我就知道应该安装那个倒霉
的襟翼。

"你们都想要纪念品吗?"我问道。他们看上去一脸茫然。我慢慢
减速到路边停下,戴上安全帽下了车。空气是清新的。一块粗壮的冰
雹砸中我的后背。哎哟!

我绕着车跑了大概 10 秒钟,捡起我能找到的最大的冰雹,就像
收集复活节彩蛋的孩子一样。我把冰雹都抱在怀里。

"请你打开冰箱,好吗?"我问加布里埃尔,同时将冰雹扔到了驾
驶座上,以免它们被我的体温融化。我挨个对着每一颗冰雹露出微笑,
仿佛是一名骄傲的家长,然后焦急地把它们放在了冰箱底层。冰箱
显示屏上写着零下 12 摄氏度。我稳稳地站在车厢和开着的车门之间,
小冰雹和雨滴继续击打着我。没过多久,车门内侧和座椅局部就湿透

了。唉，好吧。

我瞄了一眼雷达，觉得今天的节目已经结束了。现在是晚上7点40分，风正在往外吹，或者说正在变成外流主导。因为风暴排出的气比吸入的气多，所以我预计它会逐步减弱。那时我才意识到自己有多么累和饿。此外，我浑身泥点，被雨水和汗水浸透，而且有一块冰雹不知怎的跑到了我的背后。

"好啊，兄弟们，咱们找点吃的去吧，"我说，"艾伦，请导航去俄克拉何马州阿尔特斯（Altus）。"

* * *

当我们匀速行驶在283号高速公路上时，太阳正在落下。跨过雷德河进入俄克拉何马州的大路只有寥寥几条，县道都是修到河边为止。

遥远的东方电闪雷鸣。我敢发誓，有两片相邻的云在对话，交替的闪光就像你来我往的莫尔斯电码一样。在某种意义上，那就是电码——云离得很近，一片云放电就足以增强或改变另一片云的电场。这就能激发或者影响闪电。苍白的云团看起来就像一块块圆润的土豆泥球。

在我们的西边，新的雷暴带沿着干线形成了。不同于之前强度更大，如今已经跑到锋线前方，向东而去的风暴，这些新风暴产生的冰雹不比25美分硬币大多少。事实上，形成中的飑线太细了，只比地平线高一点的太阳都能穿透雨帘。毫无凸起的地平线与上方的云底之间只有窄窄的一线天，太阳从下面照亮了云彩。我累了，但我知道不拍照会后悔。

"很快，伙计们。"我说着下了高速，进入县道。西边1英里（约合1.6千米）外有铁轨，我想把铁路道口拍进去，好看是一部分原因，但主要是因为我单纯喜欢火车。

周围空无一人，意味着我可以站在土路中央。天空着火了。地平线附近是炽烈的橙色，渐渐过渡到更柔和的桃红色，融入上空的深紫色。这一幕是如此平和纯净，以至于我忘记了那是雷暴。就在我按下拍照键时，北方突然划过一道闪电，把我吓了一跳。

"不会吧。"我说道，相机液晶屏上显示出了我的照片。我无意间捕捉到了完美的瞬间：形如藤蔓的电光曲曲折折地划过天际，正下方就是铁路道口。于是，一张原本就庄严的日落照片变成了真正的超现实作品。这为完美的一天画上了句号。

当然，这并没有阻止我10分钟后又看到了一个美妙的天象。当时我正在向北行驶，太阳已经落下，黑夜降临了，尽管东边还有云彩发出微弱的白光。我自然必须凑近观赏。

我靠边停下车，从座位滑下去，到了旁边的一块地上。结果那不是平坦的泥土，而是大约5英寸（合12.7厘米）厚的积肥。我就像跳进了一缸流沙似的往下陷。完了。（更糟糕的是，我还穿着崭新的鞋子。）我尽可能做出记忆中太阳马戏团成员的动作，抓住防雹罩把自己拉进皮卡后斗，然后像人猿泰山一样从后面荡回驾驶座。（杂技显然不是我的强项，因为第二天醒来时我浑身酸痛。）

"你们肯定喜欢'胖老爹'。"我在快进城的时候说。

"那是餐馆吗？"艾伦问道。

"没错，是最棒的餐馆，"我说，"他家的鸡肉三明治绝了。"

"你怎么知道这些乱七八糟的地方的？"加布里埃尔问道。

"你要是每年都来大平原待一个月，大多数城镇你就会烂熟于心了。"我说。

这是实话。大平原是我的乐园，而且在某种意义上，还是我钟爱的时间胶囊。无垠的大地与广阔的天空给了我思考的空间，慢节奏的生活更给了我减压的机会，让我更关注当下，你可以逃避一切。一个没有真正的变化、时间仿佛停滞的地方会让人安心。每年我回来，一切仿佛都没有变化，这让我有机会反思我的拥有。

我们沿着北大街驶入城区。现在天已经完全黑了，但宽阔水泥路上的水洼里倒映着每一个便利店的霓虹灯招牌、加油站的顶棚，还有汽车大灯。白天的时候，这座城市其实挺古朴的。

"你可以把'苏珊'关了。"我说。苏珊是导航仪的友善内置语音。她陪伴我走过了好几年数万千米的路程，从来没有因为我拐错路口、停车凝视云彩或者看天而吼我。我希望自己有朝一日也能像苏珊一样耐心。

"你知道我们要去哪里吗？"艾伦问道，把手机从充电器上拔了下来。

"知道，"我肯定地说，"甜甜圈店旁边或对面。"

艾伦和加布里埃尔看上去一头雾水，但还没等他们开口，我就插了进来。

"阿尔特斯人对甜甜圈是真爱。幸福甜甜圈是我个人最喜欢的一家，但甜甜圈加炒饭那家店也很不错。"

他们翻了个白眼，哈哈大笑，显然是习惯了我的可笑举止，还有我对一切油腻、油炸或浸在猪油里的食物的执念。

比如我在胖老爹点的火烤奶酪培根三明治，当然还有他家的招牌扭扭薯条。我看着食物露出微笑，沉浸在完美一天的喜悦中。在一年一度的大平原纵横穿梭追风之旅中，我第一次没有感到孤单。实话说，我的感觉恰恰相反：我被让我快乐的伙计们包围，包括一位愿意陪我去任何地方、做任何事的新冒险伙伴。于是，我突然想起了保存起来的冰雹。

"等等，"我突兀地来了一句，抓起钥匙，站了起来，"我去去就来。"

我跑到车里，拿了几块比较大的冰雹，回屋把它们胡乱倒在一张餐巾纸上。艾伦直盯着我看，加布里埃尔则露出了经典的疑惑表情。

"你们征服了风暴，就要喝它的血，"我眯缝着眼说，尽力发出邪魅的大笑，"哇哈哈哈哈。"

我把几块冰雹倒进了我的塑料水杯，品了一大口，叹了一口气，心满意足地"啊"了几声。我把一块装进艾伦的杯子，接着转向加布里埃尔。

"你也要？"我笑着问他。

"嗯，我还是算了，谢谢。"他一脸鄙夷地说。

"那就都留给我了。"我咯咯笑着说。

我在手机上查看可预订的酒店，但看上去阿尔特斯的酒店都满员了。唯一合理的选择似乎就是东南方向85英里（约合136.8千米）外的威奇托福尔斯，开车过去大约要1小时20分钟。我们确实必须开始掉头回达拉斯了。

吃完了饭，我不情愿地走回车里，又要长途驾驶的前景让我一点都激动不起来。我之前承诺要给《华盛顿邮报》周六上午版写一篇1 000字的文章，记述风暴追逐的始末，另外还有华盛顿美国大学广播台（WAMU）的早间广播快讯，8点还要讲两个小时的清晨公开课。现在已经快到晚上10点了。我凌晨2点前能睡觉就算运气好。

这是一趟漫长却平静的车程。后座的加布里埃尔很快就发出了鼾声，但艾伦的眼睛一次都没有闭过。与大多数长途自驾行一样，我们全程都在聊天，说话声音很轻，免得吵醒加布里埃尔。

"你是个靠谱的副驾驶。"我说，对他的陪伴心怀感恩。热闪电不时点亮不知疲倦的风暴云，它现在已经在距我们西南方向100英里（约合160.9千米）外了。

"谢谢你开了这么久的车。"他说。我很高兴他能见到龙卷风，目睹我的所作所为。对我来说，风暴永远是特别的，但为它赋予意义的是与他人分享，尤其是我在意的人。

第二十五章　天旋地转

得克萨斯州洛克特龙卷风过境后，生活平淡了一些，但也有许多可以追的东西。4 月 27 日，一个可怕的超级单体在一条高速公路上降下龙卷风，与洛克特只隔着几个镇。这次龙卷风包裹在雨里，所以我放弃了南下，没有像其他几个人一样去"穿心"。我内心有一部分依然希望当初我赌了那一把。

4 月 28 日，我们来到了得克萨斯州中西部。当天的大部分时间里，风暴都处于挣扎状态。晚上 7 点，我们放弃了，向东驶上通往沃斯堡的 20 号州际公路。艾伦安排我在沃斯堡与一位大学时的老友吃夜宵。开到一半，无线紧急预警在我们的手机上闪了起来，于是行程被打乱了。龙卷风警报发布了，餐厅也在警报范围内，让我吃了一惊。西北侧城区挨了一阵密集的棒球大小的冰雹，但我们错过了。（同时圣安东尼奥和俄克拉何马州诺曼市也遭遇大型雹暴，经济损失达 10 亿美元以上。）

到了月底，天气平静了下来。高压占据控制地位，我们没什么事好做，便决定留在达拉斯－沃斯堡都会区。我决定不再浪费带薪休假的时间，回到了每天给《华盛顿邮报》供稿两到三篇的节奏；艾伦也恢复了一天 30 分钟的"全职"咨询工作。他还是挣得比我多。

我们在达拉斯找到了很多事情做。在艾伦的劝说下，我明知不可为而为之，去了位于阿灵顿的六旗主题乐园，玩了空中秋千项目，它离地有400英尺（合121.92米）高。我为了宝贵的生命而紧紧抓住座椅，风当然也没让我好受。我把大部分精力集中在闭眼和保命上，但内心的科学家忍不住算起了物理学公式。结果是，我摔到地面需要4.98秒。**真是令人安心呢**，我心想。

我们还决定考察一下达拉斯的宾果游戏业态，于是去了位于欧文的"赌一把宾果厅"（Betcha Bingo）。店名起得不错。混搭风的大厅到处是怪异的装饰品，包括真人大小的胡萝卜人偶，它们双眼像亮晶晶的小珠子似的，笑容过分热情，让我想起希瑟[1]。有一个胡萝卜戴着皇冠，打着领带，还有一个身穿务农的服装。它们样子瘆人，仿佛无所不知、毫无生机的眼睛端详着我们，就像鬼屋里的洋娃娃。

4月30日打完保龄球，我把艾伦送去了机场。我无精打采地回到酒店房间，钻研天气模型。什么都没有。高层空气平淡无奇，意味着5月要像绵羊一样悠然到来了。我只希望它能发掘内心的雄狮。

这个过程用了两周时间。达拉斯房价见涨，我又没什么事情做，于是沿着35号州际公路行驶了几个小时，来到俄克拉何马城。我在那里发现了一家每晚只要44美元的希尔顿酒店。我的一个粉丝在那里工作，让我用了他的5折员工亲友优惠。如果无所事事的话，那么一顿有比利时华夫饼配打发奶油的免费自助早餐至少能缓解天气带来的惆怅。

5月8日，我驱车前往堪萨斯州中南部与凯比会合。她在科罗拉

1　指希瑟·米歇尔·奥罗克（Heather Michele O'Rourke），美国童星，曾出演恐怖电影《吵闹鬼》的女主角卡罗尔·安妮。卡罗尔读音与"胡萝卜"（Carrot）相近。

多大学博尔德分校法学院读大一，正要开车回家。她表达过对风暴追逐感兴趣，所以我会带她去大草原上玩一天。白天的风暴平平无奇，但之后有一阵猛烈的雹震陪着我们往东走，一直到奇利斯的日落晚餐。我们过夜的地方以前是假日酒店的天顶室内娱乐中心，深夜会有超级单体风暴把高尔夫球大小的冰雹和漏斗云送到我们房间门口。这是属于你的五月大平原体验。

艾伦预定在 5 月 16 日回归。他的航班是晚上 10 点到，意味着我要在威尔·罗杰斯全球机场附近晃悠一整天。那真是折磨人啊。一个棱角特别分明的低降水超级单体雷暴产生了高对比度的绳状龙卷风，在拉伯克（Lubbock）附近的旷野上当着一群观众悠哉漫步，而我只能无助地看着雷达图。很多人都把风暴发到了社交媒体上，称之为"年度风暴"。我无法反驳，它实至名归。我在酒店洗衣房里伤神，泪眼婆娑地洗衬衫，咀嚼着放久了的曲奇饼干。**这就是我之前为什么一个人追风**，我心想。

* * *

"这是怎么……"我喃喃道。现在是早晨 6 点 45 分，我正在床上昏昏沉沉地看风暴预测中心的消息。我昨晚不情愿地接来的艾伦还在睡觉。得克萨斯希尔县（Texas Hill County）的二叠纪盆地周围画着一个大大的红色靶子，相当于 4 级（最高 5 级）恶劣天气风险。特大冰雹被宣扬为最大威胁。风暴预测中心在消息中写道："可能会出现部分直径超过 3 英寸（合 76.2 毫米）的冰雹。"

我知道我们必须上午 10 点前上路，那样才有机会及时赶到显而易见的目的地，于是我慌忙开始写稿子。前一日风暴的残余外流边界自西向东排布，从拉伯克南郊一直延伸到得克萨斯州西摩（Seymour）附近。那样一来，低空东风会加强，风矢端图（气象学家用来判断大气中风切变规模的一种图形）也会扩大。

总体来看，龙卷风的危险并不突出。主要的风险是茶杯大小或者更大的巨型冰雹。如果有机会出现一两道旋风的话，那也仅限于肉眼不可见边界变得稳固的地方。我们的任务是确定风暴具体位置在哪里。

风暴将在下午 4 点左右暴发，位于从西面推进过来的干线前方。干线前侧的露点为 60~70 华氏度（约合 15.6~21.1 摄氏度），后侧露点则因为沙漠空气东泄，所以只有 20~30 华氏度（零下 6.7~ 零下 1.1 摄氏度）。从环境条件来看，超级单体应该会分裂，风暴迅速增多，融合成一个混乱的气团。我们必须赶在那个目标风暴还处于对流周期初期，且尚未被搅乱和吞并之前扑上去。

上午 9 点 20 分，我的文章正在收尾。裹在毯子里的一坨东西开始表现出了生命迹象，我知道那是艾伦。我翻了个白眼，打开我的 iPod Shuffle，给远在华盛顿的 WAMU 电台录制了两条午后广播快讯。如果他当时还没醒的话，我那句热情的经典开场白"好啊，兄弟们"应该能把他叫醒。

我吃了两块蓬松的华夫饼，又给《华盛顿邮报》的贾森打了个电话，然后我们就驶入了 H.E. 贝利收费公路。我一边大快朵颐前一天在沃尔玛买的 10 英寸（约合 25.4 厘米）长条酥饼，一边调皮地望着晴天。

"我要往导航里输入什么地址？"艾伦问道。他在副驾驶的岗位上渐入佳境。

"咱们去拉米萨（Lamesa）吧。"我说。米德兰－敖德萨（Midland-

Odessa）是得克萨斯境内的一座有些孤立的双子城，人口数约 25 万，拉米萨就在它东北偏北方向约 35 英里（约合 56.3 千米）外。我之前去过一次。空油田周围是赤褐色的居民区，平房和没有车的停车场拼凑在一起，仿佛在枯黄平坦的草原上下跳棋。

"它说到达时间是下午 3 点 14 分。"艾伦说。我笑了。

"你是说圆周率时分（3 点 14 分）？"我龇着牙回了他一句。尽管我专心盯着路面，但我能感觉到他在坏笑和翻白眼。

我们在中午前后通过了伯克伯内特（Burkburnett），我脑中闪回了将近一年前，遮天蔽日的母舰风暴在雷德河上空盘旋的场面。现在，空气里的杀虫剂全被吹走，刀刃似的草叶在风中摇曳。下一站是威奇托福尔斯，油还够行驶 81 英里（约合 130.4 千米），但我知道永远不要在油量少于 100 英里（约合 160.9 千米）时上乡村公路。（我是 2018 年在堪萨斯收费公路上学到了这一课，那时我为了买 1 加仑汽油，不得不跑步 1 英里（约合 1.6 千米）给一位居民付了 20 美元。）

我提前安排好时间在西摩市吃了顿午餐简餐。西摩市是贝勒县（Baylor County）的所在地，人口数量有 2 700，183 号高速公路绕城而过。我在岔道拐进 82 号高速公路，路上经过了拖拉机商店、"潮地没法耕"酒铺和"W 先生烟花店"，就在大街往北隔着一个街区的地方。我们来到了**得州**——得克萨斯州。

"你想干啥？"我问艾伦。索尼克餐厅是不能去了，而现在去吃冰雪皇后（DQ）冰激凌也太早了。

"我可以吃鸡。"他说着指向一座斑驳的黄色建筑，它长得跟乐高积木似的，红色斜屋顶，招牌上写着"吃鸡快线"。我狐疑地看着他。

"他家的招牌是一只被大力扔出去的卡通鸡，你真想在这里吃鸡肉？"我半开玩笑地问他。

"我乐意，"他说。

我们停好车，走进店里。餐厅闻起来像是在柴油机里走过一遭的油炸专用油。面包屑和死苍蝇堆在窗台上，挂在墙上的塑料菜单看上去仿佛从 20 世纪 70 年代以来就没换过。我在一个泡沫盘上看到了一块陈年鸡肉，就像被扔在加油站热灯底下的玩意儿似的。**免了，谢谢**，我心想。

"我马上回来，"我对艾伦说，"我还有数据要看。"趁他排队的时候，我开车去了一个街区外的赛百味餐厅，10 分钟后拿着一个培根生菜番茄三明治和一包薯条凯旋。我咧嘴笑了。

"我的不太好。"艾伦郁闷地嘟囔道。我哈哈大笑。

"你的小饼干可以留着路上吃，"我说，"咱们走吧。"

* * *

我们下午 4 点左右抵达拉米萨。头顶上有几朵卷云，龙卷风监测已经启动。我们在麦当劳停车时，太阳还在闪耀，但我知道闪不了多久了。停车场里有几辆挂着空挡的车。

"你是马修·卡普奇吗？"我走出汽车巡视天象时，有一个声音问道。我转过头去，看到一个比我大一两岁的小伙子，正在一辆咖啡色轿车旁边。从他保险杠上的"天空警报"[1] 贴纸和坑坑洼洼的引擎罩来看，我猜他来的原因和我一致。

1　一个美国志愿者组织，接受训练后观察气象信息，并报告给美国国家气象局。

"哦，啊……是我。"我说道，着实吃了一惊。这是我这一趟第三次被别人认出来了，看样子，我在追风之乡有点知名度。

"我叫安德鲁，"他说，"你发布的东西我都在关注，很喜欢。你今天是什么想法？"

我们攀谈起来，开始对比笔记，审视传入的地表观察数据。对流初生马上就要来了，但我们举棋不定。我们是应该去西面和北面，去追干线上发育中的暴雨呢，还是应该沿着风暴边界，往更南和更东走呢？

"放弃60度出头的露点是真难啊。"我说，这里指的是，东南方向35英里（约合56.3千米）外比格斯普林（Big Spring）的露点是62华氏度（约合16.6摄氏度）。拉米萨的露点只有56华氏度（约合13.3摄氏度）。显然，我们南边不远处就有更多水汽，意味着云底会更低，风暴也会更猛。

"幸好你装上防雹罩了。"安德鲁说。我点点头。对流有效位能（CAPE），也就是天气不稳定程度是相当可观的，但在冰雹增长区（大冰雹形成的大气高度，通常位于18 000英尺至30 000英尺之间，合5 486.4米至9 144米）最高。于是，今天将成为经典的大雹日。

我最后一次查看雷达，与安德鲁握手，看了一眼天空，点点头就走回了麦当劳。

"是时候走了吧？"长着一双大大的棕色眼睛，正在埋首吃麦乐鸡的艾伦抬头问道。

"对。"我答道。

我们到比格斯普林时，天阴森森的。空中有一片新形成的雷雨云砧，边缘粗糙，下面挂着乳状云。我们在20号州际公路边缘停下来仔细观看。

事情并未按照计划发展。风暴顶部的高度在 40 000~50 000 英尺（约合 12 192~15 240 米）之间，但在雷达上显得颇为零碎，用肉眼看也无甚可观。风暴位于我的西侧，上升气流在左边。它看上去像羽毛一样，而且模模糊糊的，这是干燥空气夹卷的迹象。要么是"前菜"，要么是失望的预兆。

下午 5 点 45 分左右，艾伦和我坐在后挡板上往西看，气温还是在 85 华氏度（约合 29.4 摄氏度）左右。间或有几道闪电，偶尔跟着几声炸雷，星星点点的小雨在雾气蒸腾的柏油路上溅起水花。

"哪怕只有闪电，你大概也是时候回车里了。"我命令艾伦。他服从了。我的职责是不惜一切代价保护他。

雷暴底部中心开始出现一片阳光，缕缕暮光将黄昏的天空涂成了尖桩篱笆似的图案。尽管风暴顶部在萎缩，但南边的上升气流似乎正在加强。我绞尽脑汁思考这是怎么回事。

等等，我想着，**它在分叉**。尽管风切变颇为可观，但它在性质上还是有大方向的。风速会随着高度变化，但风向相对恒定。这种环境有利于风暴内部的顺时针或逆时针气旋。

当一个超级单体在正风矢端图（只有风切变）控制下分裂时，顺时针旋转的左分叉就会向东北移动，产生大冰雹。偏向东南方，逆时针旋转的右分叉更有可能形成龙卷风，如果它没有被另一个分叉的超级单体吸收的话。原因是右分叉进入的环境有更温暖湿润的空气。

在 20 分钟的时间里，左分叉向西北飘移，在比格斯普林西北很远处的诺特（Knott）和阿克利（Ackerly）之间跨过 87 号高速公路。它形如一个遥远的蘑菇，底部清晰分明。艾伦和我盯着右分叉，尽管它一拱一拱地升到了 47 000 英尺（合 14 325.6 米）高空，却没有多大动静。它的雷达图形让我直打哈欠，但它的一个视觉特征吸引了我的注意。它的底部色深且均匀，右侧还有一个界限分明的穹窿在形成。那里最终会降下大冰雹。

上升气流的北侧边缘似乎变得越发清晰。那里存留了一道灰绿色的云墙，它似乎阻拦住了豆茎似的上升气流的残余部分。如果它能保持孤立状态的话，它会进入一个风切变更强、水汽更充足的环境。趋势站在我们一边，假如它一直不被周围其他风暴打扰的话。

我们在 20 号州际公路上往东行驶了几千米，路上听着美国国家海洋大气管理局的无线天气预警装置里传来的呆板的合成音效。我的目光在车辆稀少的路面和后视镜之间来来回回。在粉橙色的背景中，云下面悬着一道幻灯片似的灰色雨幕。

突然间，一道巨型闪电跃出我前方的一座云塔。接着又是一道。在那一两分钟里，闪电几乎接连不断。我们东边几英里外已经形成了新的雷暴，它的孤立形态激发了我的好奇心。我脚踩油门，开始追赶它。艾伦转过头看我，察觉到我们要更改目标了。他很了解我。

"要我调整路线吗？"他说。

"你可以把导航关了，"我说，"我们要直接飞过去。"

多普勒雷达显示，东边的单体风暴强度暴增，不到 15 分钟就从 20 000 英尺攀升至 40 000 英尺（合 6 096 米至 12 192 米）。它的西南侧正在形成云墙，我从西边逼近时就能看见。我知道这个萌发中的环流很快就会被降水包裹。当时是下午 6 点 6 分。

风暴追逐是一种下落式选择游戏，是《价格猜猜看》节目里弹珠板[1]的大气版。每个决定都会带来另一组选择——我的目标是三交点还是干线？我要往北还是往南？我要追东边的还是西边的超级单体？我现在夹在两个风暴中间，必须做出抉择。

与之前的追逐不同，这一次并不着急。风暴移动速度在每小时 25 英里（约合 40.2 千米）左右，而且即便东边的单体风暴正在后退，我也知道我很快就能追上。但我决定在中间等待机会，于是停在了一条匝道的砂石路肩上。我想静观其变。

这时，大气决定让局面变得更复杂一些。第三个单体风暴在之前的两个之间蹦了出来，迅速增强并分裂。左分叉从西侧向我们逼近，天很快就黑了。最西边的超级单体依然完整，没有分裂的迹象。

"正常情况下，我会跟着先出现的单体走，但我觉得这个左分叉要把那个吞掉了。"我说。艾伦点点头，支持的成分大于赞同。"如果这一趟最后是白费力气，那我提前向你道歉。"

我打开车窗，把胳膊伸出去。风是温暖的，从南方来，再次坚定了我的决定。我重新系上安全带，插进卡扣，挂上前进挡，动作富有节奏感。我先检查了一遍盲区，然后便驶入空荡荡的 163 号高速公路，一路南下。

路的两旁是沙地、灌木和仙人掌。植被高度刚好足以遮蔽我的视线。每一圈雷达扫描过后，在西边尾随的完整超级单体看上去都更凶猛了一些。它开始回波了。游戏开始。

"初始的超级单体看上去不错，"我说，"如果我们要看的话，就

1　弹珠板（Plinko）的玩法是，竖着摆放一个中间有多层格挡的板子，从板子上方扔下一个球，球遇到每一层格挡都会随机向左或向右掉落，最后落入某一个板底的格子里。

必须穿过这个左分叉。"

一把尖刀可以划破空气的紧绷氛围。尾随的超级单体正在迅速形成"本日最佳风暴",但我们与它隔着 20 英里(约合 32.2 千米)的开阔草原,中间没有可通行的公路。艾伦看得出我很紧张。我们离得这么近,但障碍就在眼前。一个镜像超级单体挡住了我们的去路,它发出了挑战,要我们穿过冰冷而凶险的屏障。

小雨开始淅淅沥沥地打在挡风玻璃上。于是,我拧了下雨刷器旋钮,又伸手去开了大灯。

"安全镜。"我提示艾伦道,结果还没等我说完,他就递给我一副。他知道流程。

雨短暂变大,但我们依然能看见一片暗黄色的强对流天幕,上方是华盖似的云幔。在我们靠近最大的超级单体前方的晴空途中,半美元硬币大小的冰雹断断续续地砸下来,砰砰作响,颇为刺耳。

"再过差不多两分钟吧,你就会大开眼界。"我说的时候确信事情会像我希望中一样发展。我满脸笑容,接连传来的每一帧雷达图都让我笑得更坚定一分。

"你能不能跳到雷达页呀?"我问他,对着杯托支架上我的手机点头。屏幕上是苹果地图,而且就算冰雹已经结束了,我也不想松开方向盘上的一只手去调出气象图。路面到处都是冰丸,密谋削弱车的抓地力。

广播杂声中传出了"噫噫噫……!"我知道要来什么了。

"国家气象局已发布龙卷风警报……位于得克萨斯州西部格罗斯库克县(Glosscock County)东北部、米切尔县(Mitchell County)西南部和霍华德县(Howard County)东南部……"广播里宣布道。我会心一笑，觉得既无所不知，又一头雾水。目前一切顺利。

在我们从超级风暴左分叉南侧下方离开时，天空突然变晴，所有方向的能见度都有 10 英里（约合 16.1 千米）以上。左边的天上悬着气泡纸似的乳状云，在无色的夕阳映衬下显得格外美丽，令人难忘。

"成了。"我说着将汽车转进一条土路岔口，往前开是一条围着篱笆的私人车道。当时是 5 月份，但翠绿的草地上还是一片片枯枝。我们上方的天空被铁板一块的雷雨云砧盖住。西边的雷暴有一面凹凸不平的云墙，龙卷风警报说的就是它。我招手示意艾伦下车，爬上后挡板，观察粗壮树干外面的景象。

我闭上双眼，与风暴一同吸气，放肆享受着飞入茶碟状云的强劲南风。我感觉挪不动步了。风暴来临前几分钟的鲜明对照里有一种内在的美——安宁的光旁边就是凶险的暗，祥和平静与剧烈躁动毗邻。片刻之间，安静就让位于喧嚣，滚滚而来的风暴显出狂躁的面目。它就要醒来了。

"你看这个切面纹！"我对着风尖叫。**这个升得真快啊**，我心想。我转向艾伦，向他解释上升气流层次的重要性。各层纠缠着冲向天际，形似双螺旋，将地球大气的"DNA"显露得明明白白。

这是我第一次可以不慌不忙地欣赏龙卷风形成的初期阶段。我们正与经典的超级单体风暴独处，这仿佛是一场近距离的不失优雅的选美，大气向我们揭示了它的内在机理。

"它在朝我们过来吗？"艾伦指着云墙问道。现在，一个往地上钻的圆锥形漏斗云已经固定住了云墙。

"没错！"我喊道，放肆地释放着快乐。我知道龙卷风正在旷野中漫游，所以我用不着节制或约束情感，不会看到有人的房子或生计被毁掉。迫切的情绪正在血管中穿梭。

"拿好了!"我对艾伦喊道,他正站在我左边的后挡板旁。我把一个18—55毫米焦距的尼康镜头扔给他,他在半空中接住;我换上了广角镜头,希望能在一个画框里拍下整个超级单体。我意识到自己忘记使用礼貌用语,于是补了个"请"。

我跳到地上,跑过街道,注意到大约半英里(约合804.7米)外的路上有一对大灯。我把眼睛对准取景器,按下快门。**咔嚓!** 这是一张可以上愿望清单的照片:一个风暴,一片云,一个龙卷风。**昨天再见吧**,我心想,**这才是年度最佳风暴**。

"下来了吗?"我在街对面朝艾伦喊,为了聚声,还把手拢在嘴的两侧。漏斗云已经探到了树木线。

"我觉得下来了。"他答道。

我刚才看见的车现在只有几百米远了,只见它放慢速度,停在了我们后面。我跑回汽车里,把广角镜头换成了长焦镜头。

"对,"我小声说道,"它触地了。"

"卡普奇!"一个熟悉的声音喊道。原来是我们的新朋友安德鲁,真是不可思议。

"我看你还是信任高露点啊。"我哈哈大笑。他露出微笑。

"这是我第一次目击龙卷风!"他高兴地尖声大叫。

我们头顶上的云正向北疾驰,速度比我见过的云都快。它在疯狂积蓄动量,为风暴提供养料。我们正在目睹教科书示意图的现实版。主体龙卷漏斗云在我们西边3英里(约合4.8千米)外,周围舞动着小涡流。这些涡流凭空形成,彼此激烈冲撞,就像一股股纱线编织成了绳索。

"我要往南走！"安德鲁挥手说着，跑回了他自己的车。我看得出艾伦紧张了，但龙卷风还要大约10分钟才会穿过我们的位置。我们没事的。

龙卷风从远处的一处风力发电站旁擦身而过，细针似的扇叶指着那匹害群之马，仿佛在谴责它。漏斗云底部卷起的烟尘散入风中，就像肉桂粉似的。

我朝天望去。触手似的飞云正被裹入风暴。此情此景令人神迷——我们正站在大气旋转木马的正中间。龙卷风碾过得克萨斯牧区，过了10分钟，它开始上升。原本越往下越细的龙卷风平展开来，就像当你停止搅拌咖啡时，杯中的旋涡就会回归平衡状态。

"你绝对是幸运符，"我对艾伦说，"我想拍这个场面有好多年了。"他笑了。

"完了吗？"他问道。我摇摇头。

"我们要是不往南跑的话，环流会追上来的，"我说，"我们得快跑了。"

一个新的漏斗云开始从散发着荧光的风暴下侧凸起，我们随之转移位置，往南行驶了1英里（约合1.6千米）。风暴腹部有一处如同真空的低压带，周围汹涌的下沉气流冲向地面，遮盖了新生的龙卷风，同时中尺度气旋的边缘在抬升。乳白色的天空中充斥着草绿色、绿松石色和橘皮色的电光。

"你能不能下车拿住这个呀？"我问艾伦，说着把我的手机递给了他。他用不着我费口舌说服。几秒钟后，我们就在汽车的后挡板上录制解说视频了，阐述流入龙卷风母环流的气流结构。我不需要演播室的灯光，也不需要气象图。有天空就够了。

我们正解说到一半，空中闪过一阵骇人的闪电。龙卷风的身影伸向地面，就像一根努力伸长抓痒的手指。我让艾伦进到车里，而我则在外面待了一会儿，看龙卷风最后一眼，接着倾盆大雨就突然到来了。我赶快进车和艾伦会合。

"往北四分之一英里（约合402.3米）就在下'棒球'呢，"我告诉他，同时用两根手指放大手机屏幕上的雷达图，深蓝色像素点在品红色阴影上显得很扎眼，"雨带后面那里有巨型龙卷风。它就要横穿马路了。"

事实确实如此。龙卷风的强度有EF2级，但只要出了扩张中的涡旋周围的小小熊笼区域，它就看不见了。我没有去碰运气，而是选择向南跑。在风暴追逐中，宁愿留下遗憾，也要保证安全。如果你判断错误，过于谨小慎微，后果无非是少拍几张照片。但如果你赌一把，然后输了，代价可能就是你的生命。

福桑（Forsan）以东最近的下一条铺装公路大约在我们东边20英里（约合32.2千米）外，而且过去要绕一大圈，花费时间在70分钟以上。日落将近，风暴也远去了。雷达显示，它从我们身边经过时正处于最高强度。我知道追风之旅结束了。

* * *

一个半小时后，艾伦和我到了得克萨斯州圣安吉洛（San Angelo），在一家热闹餐厅的卡座面对面坐着。我累极了，但这个累是让人开心的累：度过精彩一天后的疲惫。

"要加面包棒吗？"女服务员问道，瞥了一眼艾伦和我。当然了，我们是在橄榄园，我不用等他开口就知道他会说要，他有着十足的孩子气，和小朋友一样喜欢恐龙形状的鸡块。

"要的，谢谢，"我说，实在是累得说不动话了，"来双份吧。今天可真是漫长啊。"

艾伦笑了。任务完成。**我再也不要独自追风了**，我心想。

第二十六章　当一切都顺利时

有时候，事情就是顺。不是计划得当，而是上天赐福。这话真是太对了。不管是气象还是生活，船到桥头偶尔真会自然直。

就拿 2019 年 6 月 4 日来说吧，我当时正开车去新墨西哥州克洛维斯（Clovis）。我想要在这个州"打卡"，我还预测这里到晚上会有强力风暴。冷锋即将越过干线，到了黄昏时分，我用肉眼就能看到每道边界下都垂着一条条蓬松的积云，看着跟项链吊坠似的。当两个气团碰撞时，就会产生印度洋季风般猛烈的雷暴。

第二天我过得很随性。我本来是时候踏上返回东北部的疲劳车程了。当时，我给新公司投的简历都还没有回信，《华盛顿邮报》的贾森也要几天后才会给我打电话。于是，我一时兴起，决定将回程推迟一天，好像不宣布追风季"结束"就能把未来往后推一样。我在得克萨斯州拉伯克住下了。

恶劣天气发生的概率极低，我也没抱多大希望。一面是前途未卜的沉重压力，一面是前方折磨人的 32 个小时车程，我在房里打了个盹儿。睡觉是逃避现实的一种方式。

我醒来时仿佛置身于 20 世纪 30 年代风格的黑风暴片场。房间被染成了卡其色，窗户里透出一股诡异的赤褐色光芒。我披上衬衫，揉了揉惺忪的睡眼，从希尔顿花园酒店三层窗户往外看。西边天色阴沉，地平线上堆着一团模模糊糊的棕色东西。

"哈布沙暴！"我心想。我慌忙提上裤子，带上车钥匙和相机，跌跌撞撞地往外跑。我对这一趟追逐期望不大，但总归是有点东西。我懒得看雷达了，直接往西开，途中经过了一家甜甜圈店"卡卡圈坊"。我竭尽全力才没有停车去吃。

不到半个小时，我就与一道800英尺（合243.84米）高的尘暴墙面对面了。这是多年来拉伯克遭受的第一场沙尘暴，而我纯粹凭运气成为它前排中央的目击者。我的天气收音机用"极危状况"来形容它，警告机动车司机"靠边停车……珍爱生命"。

一道发育不良的乌云向我飘来，表面裹着一层烟尘。我的鼻孔瞬间就堵了，眼里也进了沙子，努力靠眨眼赶走入侵的尘土。时速60英里（约合96.6千米）的风在草原上滚滚而过，能见度降到了不足200英尺（合60.96米）。细沙吹得鼻孔干痛。我从未想象过自己会在得克萨斯丘陵地带经历沙尘暴——或者哈布沙暴。

一个小时后，我来到了一家投币式洗车店，用高压水枪的喷嘴对准挡风玻璃。我一边摸索25美分硬币，一边揉眼睛，但这都不重要，这是成功的一天。天空有时会在你最意料不到的时候送上礼物。我常常忘记生活有它自己的时间表。对于我这样条分缕析、追求精确的人来说，盲目的信仰是一种不可得的德性。

2021年5月，我再次学到这一课，而且是两次。5月22日，艾伦走了，但我还有更多风暴要追。我在科罗拉多州阿斯彭（Aspen）附近抓到了一个小龙卷风，当晚下榻于堪萨斯州科尔比（Colby）。第二天早晨起床时，我本来预计要休息一天。显然，我错了。

一整个上午，天上都挂着阴沉的乌云，气温在 59 华氏度（合 15 摄氏度）左右。这天气感觉不像会有龙卷风，我都准备换上夹克衫了。尽管空气凉爽，但风暴预测中心给科尔比周围画上了一片栗子色的阴影，表示龙卷风风险为 5%。我下定了就地追风的决心，于是叹了口气，决定先把稿子赶完。

下午 1 点钟，我躁动了起来：堪萨斯州西部和科罗拉多州东部局部已经发布了龙卷风监测通告。雷暴即将来到我的南边，我不会错过。我跳上车，奔向仅仅 20 英里（约合 32.2 千米）外的阳光，沐浴在温暖晴朗的空气中。气温是 80 华氏度（约合 26.7 摄氏度），我已经来到了大低压系统的温暖区域。

我还不知道自己正在踏入人生中最艰苦的驾乘之旅。堪萨斯州西部不久前下了很多雨，而我选择的"近道"不仅泥泞，开起来像蹦床一样，还没有手机信号。在那 30 分钟里，我紧握方向盘，跋涉在湿黏的淤泥中，生怕松开油门踏板，手指关节都攥得发白了。我要是减速停车，车速就再也起不来了，也没办法求救。

之后的 4 个小时毫无回报。我发现了一个怪兽级的超级单体，但不管是什么原因，反正它什么都没"生"出来。不过，科尔比附近冷暖分界线附近的一个风暴倒是产生了好几个漏斗云和龙卷风。我不应该置身于暖空气团内部，而应该靠近冷暖空气碰撞的交界面。那里才是风暴边界会产生旋风的地方。

我在 6 点左右放弃了。我艰难地开了一天车却毫无结果，精疲力竭，现在准备返回科尔比了。再说，凯比正要从俄克拉何马州的家里出发，沿着 70 号州际公路往西去科罗拉多州博尔德分校的法学院上学，准备跟我约个晚饭。

回酒店的路上，我注意到了一件怪事。北边凹凸不平的云呈现出一种诡异的蓝色。我之前从未见过类似的东西，但它在恳求我凑过去细看。我给凯比打了电话。

"嗨！"我说，"你到哪儿了？"

"大概还有 1 个小时吧，"她说。我们本来计划晚上 7 点左右见面。

"咱们改到晚上 8 点可以吗？"我问道，"这有一片看着蹊跷的怪云。我应该用不了太久。"我笑出了声。

"没问题。"她说。她有着无穷的耐心，我只能仰望。

向北拐进 83 号国道时，我内心涌起一股紧迫感。那片云刚才仿佛蓄势待发，正准备干点什么。它本身只是一片菜花形状的积云，但它在隐藏着什么东西。

当我靠近 24 号国道的交叉口时，地图上的它周围出现了龙卷风警报。追逐突然就开始了。公路转入东北偏东方向，让我与风暴成平行关系。我比它落后大约 5 分钟车程。

北边不远处悬着一堵巨大的品蓝色云墙，其中有些区域发出明亮的绿柱石色光芒。雨核估计是在风暴后侧，又窄又小，但就在公路往北 1 英里（约合 1.6 千米）外。我决定向东奔驰。一道奇怪的漏斗云透过烟雾显现了出来。

在我靠近的过程中，视野中的漏斗云也越发突出。它不只是漏斗云，而且是龙卷风。当时在下雨，但随着我进入涡旋周围的暖空气"护城河"，雨很快就不见了。我距离强风有四分之一英里（约合 402.3 米）远。

我几乎不敢相信自己的眼睛——我是少数几名往东行驶的人，结果目睹了像照片里一样完美的计划外龙卷风。整片天空都在飞向区区几百米外的对立点。**我真希望艾伦也在这里**，我心想。贪婪的涡旋周围是一个隐隐发光的蓝圈。

在 10 秒钟时间里，漏斗云就完全沉降到了地面。它不再只是一个云雾笼罩的乳头，而成了一根连通天地的脐带。我能看见塞尔登（Selden）城里的房顶被抽上了天，就在我前面。钢骨架建筑危在旦夕。

我靠边停车，迫不及待地想要记录这番景象，它就在我前面不到 1 500 英尺（合 457.2 米）的地方肆虐。我出去时雨已经停了，但出乎我意料的是，外面并不寒冷。我本来应该在侧后下沉气流周围的冷空气中，结果空气温暖而干燥。我后来得知，其他追风者也经历过类似的温暖侧后下沉气流，这种罕见现象常常会增强龙卷风形成所需的升力。

过了 60 分钟，我跟凯比碰头了。我湿透了，浑身盖着泥巴和尘土。我的车门合不上了，我要把胳膊伸出去把门固定住。那是我一生中最美好的追风日（两天后又有一场罕见的低降水超级单体），我几乎说不出话。

吃饭的时候，餐厅里泛着橙色的光，像着火了一样。凯比和我冲到外面，凝视着不似凡间物的落日余晖照在那片风暴上面。风暴已经平息，正飘然向东。

冥冥之中有定数的日子很少，那一天就是其中之一。

第二十七章　九霄云上[1]

"你觉得饮料车什么时候会过来？"我在狂风怒吼中对艾伦喊道。那是 6 月 18 日，我们在佛罗里达州泰特斯维尔（Titusville）上空约 3.5 英里（约合 5.6 千米）的一架比奇 King Air 200 涡轮螺旋桨飞机上。那是一个适合升空的绝美上午，飞机却不是普通的达美航班：我们即将跳下飞机。艾伦紧张地看了我一眼，显然没有被我的笑话逗乐。我咧开了嘴。

我从大平原回来还不到三周，但自从回到华盛顿特区，我的漫游癖就犯了。我努力做到随时都至少有一场计划中的冒险，那样就总有个盼头。而在风暴追逐之后，我就没有安排了。

我到家才两天，就又想上路了。我成年以来第一次决定来一场不工作的假期，佛罗里达环球影城正推出优惠票。艾伦就更不需要我说服了。

订好环球影城的票和奥兰多的酒店房间后，我回想起了几周前与艾伦之间的一场对话，我们当时正开车穿越无边无际的堪萨斯旷野。

1　20 世纪 50 年代，美国气象服务将各种云系分成了 10 类，其中第 9 类代表海拔最高的积雨云。因此，be on nine cloud 就有了"快乐得上了天"的引申义。作者在这里用了双关的修辞手法。

我们谈到了人生是多么短暂，列愿望清单的人又是多么少，真正去实现的人还要更少。结果我们的愿望清单上都有跳伞这一项。

以前在华盛顿吃饭时，我问他到底想不想试试，他哈哈大笑。"好啊。"他答道。现在到了 18 000 英尺（合 5 486.4 米）高空，他笑不出来了，但我在笑。事实上，笑得跟疯子一样。

＊ ＊ ＊

与跳伞相比，去佛罗里达前的几天要更令人兴奋和焦虑。WTTG第五频道是福克斯集团的华盛顿特区地方分台，我之前看到它在网络上招聘编外天气播报员。我自从第一次搬到亚历山德里亚就看这个电视台的节目，于是我决定应聘，其实也没抱太大期望。

前两年的报社生涯并未磨灭我的电视志向。如果说有变化的话，那是不减反增。我在国际电视台上做过飓风眼直播节目，而且在《华盛顿邮报》和 WAMU 工作期间收获了大量社交媒体粉丝，但找一份有工资的电视行业岗位似乎机会渺茫。我开始思考我的梦想到底能不能实现了。再说了，电视业是一个很难挤进去的行业，气象专家的人员流动率也非常低。

美国被划分成了 210 个不同的指定市场区域（Designated Market Area，简称 DMA）。每个都有自己的一套电视台，通常是每个主要电视网配一个，通过天线传播节目。大多数电视台与有线电视公司也有合作。

市场按照规模大小排序，依据是各个指定市场区域内观看电视的家庭数量。最大的市场——比如纽约、洛杉矶和芝加哥——可能每天向数百万家庭播放节目。最小的市场可能只向几万户家庭输送内容。比方说，密歇根州阿尔皮纳（Alpena）是 208 号市场，用户数为14 280 户；新奥尔良是 50 号市场；底特律是 14 号市场。

底部市场的基础工资低到了尘埃里。200 号市场挣得最多的人，到手年薪可能只有 15 000 美元到 28 000 美元，每周工作时长常常要达到 50 个小时。就算是 70 号和 80 号市场，大多数一线员工也要靠加班或者副业来维持生计。很多电视业员工都享受辅助营养协助计划[1]待遇。到了 50 号市场往上，薪资会迅速上升。观众多了，意味着广告收入也多。这些指定市场区域被称作"大市场"，要进去往往需要多年工作经验，有些人在业内干了 10 年以上才成功。

大部分学生刚开始进的都是 100~210 号市场，然后渐渐往上走。爬梯子的过程可不好看。家长往往不得不资助孩子，因为孩子一边拿着接近贫困线的工资，一边还往往背着要命的学生贷款。

前 10 位指定市场区域被视为"主要电视市场"。大多数人终其一生都没有走进这些演播室。那里的播音员业务熟练，记者经验丰富，技术也是尖端的。华盛顿特区是 7 号市场。

我提交申请时没有抱多高的希望。我没有演播室样片，也没有正式工作经验，只有风暴追逐期间拼拼凑凑的社交媒体视频。我的求职信大意是"如果我能顶着冰雹介绍龙卷风，那在气象图面前也没问题"。我使了一招激将法，就看公司敢不敢试试一个 23 岁的小伙子。

让我惊讶的是，我大约一周后收到了新闻部主任保罗的回信，他邀请我参加线上面试。我熨平了正装夹克，搬出我的幸运蓝色领带，

---

1 美国于 2008 年推出的福利计划，前身可追溯到 1939 年的食品券计划，旨在为低收入人群提供基础营养保障。

还确认了家里的灯具工作正常。我化了淡妆，将绕耳式耳机的线伸到衬衫后面，然后让椅子对齐提前在地板上画好的标记。如果我要争取一个电视行业的岗位，我肯定已经进入了角色。（不过，我还穿着运动裤和人字拖。）

下午 5 点钟到了。我记得那天是周四晚上，我不知道自己会遇到什么。与我在咨询和科技行业的朋友们不同，我没有面试案例可供研究，也没有编程题目可供练习。我只能靠临场发挥。

"马修！"一个亲切的声音喊道，屏幕突然动了起来。我认出了保罗·麦戈纳格尔（Paul McGonnagle），我前一天晚上在谷歌上检索过他。他穿着蓝色牛仔裤和蓝色条纹纽扣领衬衫，让我想起新英格兰夏天烧烤聚会上会见到的那种典型的邻居大叔。结果还真是：他在桑威奇（Sandwich）生活过多年，离我在马萨诸塞州长大的地方就隔着两座镇子。他还有个和我一样大的儿子。

他旁边有一名穿着 Polo 衫的卷发男子。保罗介绍他叫凯尔·卡米安（Kyle Carmean），是新闻部副主任。我笑了笑，做了自我介绍，然后垂下肩膀。我看得出，这场面试与对冲基金的面试会太不一样了。

对话自然地展开了，我不经意间就进入了角色。我的劲头起来了，身子倾向镜头，双手翻飞，讲述了我最近的一次风暴追逐。保罗问我的天气报道思路，我的回答是"软件能提供数据。我提供的是科学与激情"。过了大约 20 分钟，两人向我道别，承诺会保持联系。

第二天是星期五，我收到了一封人力资源部主任发来的电子邮件，要求与我进行一次简短的视频通话。我们聊了短短 15 分钟。

周末波澜不惊地过去了。我跟朋友约了饭，打了保龄球，还在线上上公开课。我录了 WAMU 的常规周六晨间广播快讯，参加了加利福尼亚州一家电视台的电话面试，主题是"野火"。周六晚上我洗衣装包，为周二的出发做准备。我还预订了一辆 U-Haul 的卡车：价钱比租轿车便宜。我们要从奥兰多一路行驶到泰特斯维尔，周三要去跳伞。

周一我馋薯片了，只有去一趟美元树[1]（他家卖其他地方很难找到的冷门品牌）才能满足。任务圆满成功：店里有扎普牌的辣味卡真蒔萝味薯片，有 UTZ 的蟹味薯片，还有一种新的异域蜂蜜烧烤味薯片。我像抱新生儿一样捧着珍贵的袋装薯片，喜气洋洋地走回了车里。

我的电话响了，是陌生来电，不过区号是华盛顿区域的 202，所以我接了。

"你好，我是马修。"我说。

"你好，马修，我是保罗·麦戈纳格尔。你有时间说话吗？"

"没问题。"我答道，一下子起了兴趣。我跳进驾驶座，坐直身体。不知怎的，我确信坐姿有助于给电话对面的人留下一个好印象。

"我想要聘用你，"他说，"不过我只是需要确认你能不能接受轮班。你的工作时间会很长。我们这边马上有很多人要休假。"我惊呆了。这是我人生中第一次感到语塞。

你接到了从儿时起就在等待的电话，而你丝毫没有准备。我的思绪立即搅成了一锅粥，既有急不可待，又有自我怀疑。我脑海中有一个声音直率地宣布，**它来了**。

"那么，如果我确认你接受轮班的话……"保罗又说了一遍，然后是停顿。我意识到我刚刚沉默了好几秒钟。

1　美国连锁零售店，定位类似于国内的"一元店"。

"啊，嗯，行啊，"我结结巴巴地说，突然连一个整句都串不起来了，"保罗，你不知道这意味着什么。这是我一直梦寐以求的电话。"

"那太好了，马修。"他说。我能听见他在电话那边笑了。"我们迫不及待请你加入福克斯 5 台大家庭了。"

通话很快就结束了，留下我坐着消化刚刚发生的事。这就是黄金按钮——我莫名其妙地跳过了梯子的每一级，直接走进了大联盟。我的想法在畏难与自我安慰之间反复拉锯。我说得头头是道，现在必须付诸行动了。

我有两套西装和三件纽扣领衬衫，全都是我最瘦（主要是因为我挑食）的时候在越南做的。我心里过了一遍要完成的事项：减掉 5 磅肉（约合 2.3 千克）、戒酒、找裁缝多做几件衬衫，还要开始熟记华盛顿特区电视观众所在的各县名称。我知道费尔法克斯、蒙哥马利和劳登，但别的县就不知道了。

我在恍惚状态下从美元树往回开，不知怎的，路上一个坑都没有遇到，而且一路绿灯。我的车仿佛飘在空中。过了大约 15 分钟，我想起来给爸妈打电话：我的头等要事就是感谢他们。一切顺利。

即将驶入我的公寓楼车库时，我给《华盛顿邮报》的贾森打了电话。福克斯 5 台华盛顿特区分台让我下周三就去上班，也就是仅仅 8 天以后。我赶不及提前两周通知单位了，我也不想辞职。于是，我承诺每周会为报社工作 20 个小时。我非这样做不可。

* * *

佛罗里达的骄阳无处可躲。我们站在跳伞太空中心机库外的一条小跑道边缘，现在时间才早晨 8 点半，但气温已经到了 80 华氏度（约合 26.7 摄氏度）以上。微风轻轻吹拂着附近田地里安装的风向袋。空气湿得发闷。

我把食指按在小臂上，然后抬起来——没错，我皮肤已经发红了，用不了多久就该起泡了。我开始琢磨跳伞时让不让戴墨镜了。

我累得打了个哈欠，一方面是为保罗打电话之后的内心纠结，一方面是因为昨天晚上看了英剧《弗林医生》（TLC）。以前有一天晚上在密西西比州，我向艾伦介绍了真人秀《一千磅姐妹》，现在他对埃米和塔米同样着迷。我们在酒店里刷台的时候没忍住看了好久的《一千磅姐妹》。这自然把我看饿了，凌晨 2 点去一趟国际松饼屋（IHOP）是符合逻辑的救济。

我们现在尴尬地缩在树荫下，因为我不顾一切地要躲避阳光直射，不想被烤熟。其他跳伞者静静地盯着地面，同样对接下来的活动心怀畏惧。

到了上午 9 点前后，一个文身肌肉男出现了。他身上的背心汗津津的，留着一头帮派分子似的金发，蓬乱的胡须让我想起干掉的日式拉面。他立即发给我们免责声明，让我们签字。在小号印刷字中间，"死亡与重伤"分外扎眼。这几个词的每个字母都是大写。

上午 10 点，我们穿好了装具，双腿、躯干和双肩都缠上了类似安全带的绑带。然后，我们分成 8 人一组。我警惕地望着天空，担心在我们跳伞之前，来自墨西哥湾热带风暴克劳德特的中层云会先一步到达。

跳伞考验的是气象情报和精心规划。在顾客抵达或飞机加油前很久，跳伞公司要研究大量天气数据，并考虑目前的观测结果和未来预期状况，从而得出预报。如果有遮蔽地面的低层云，跳伞活动就要被叫停。有低于跳伞预定高度的云盖时，也会被叫停。教练必须能从飞机上看到地面。

风同样重要，而且不仅是看地面，更要看从上到下的整个柱状空间。高空强风可以将跳伞者吹离预定路线，使其落入遍布树木、电线和建筑的危险区域。同时，风切变对飞机存在威胁，会造成起降升力异常。

跳伞大多安排在上午，尤其是佛罗里达。到了下午，地表气温会达到足以产生对流（上升空气团）的程度，而对流可能会发展成汹涌的云、雨或雷暴。这些气团内部的上升运动往往看不见，却能吹翻和吹跑跳伞者，甚至能让人短暂悬停。湍流还会让跳伞者晕头转向。

让事情变得更加复杂的是位置。我们在离太空海岸只有一箭之遥的沃卢夏县。这里是佛罗里达海风的"首选目标"。陆上的干燥空气热得更快，升到高处，温度略低的海上空气就会涌入，占据空位。海风大多在下午1~2点之前开始吹。海风常常会带来混沌的状况。

下午可能从天朗气清一下子变成凶猛的雷暴，伴随着涌动的下沉气流和地动山摇的闪电。难怪佛罗里达是美国闪电之都。到了夏天，这里天天都有风暴，像钟表一样准时，尽管佛罗里达天气的诡谲程度也是没有上限。在六七月份，晚饭时间来一场雷雨是很有可能的。

跳伞的起跳高度以12 000~18 000英尺（合3 657.6~5 486.4米）之间为主。如果低于12 000英尺，自由落体的窗口期就太短了。高于18 000英尺则需要加氧。18 000英尺大致对应于50%的大气质量，也就是说，这个海拔的空气比地表稀薄50%。（如果超过这个高度，机舱就需要加压，意味着飞行途中不能开门。）

艾伦和我选择升级到 15 000 英尺（合 4 572 米）。我们被告知，自由落体时间约为 70 秒。我们本来选的是 12 000 英尺起跳，但小小的伞降飞机不太结实，看着像是之前在空中拉广告横幅的那种退役飞机。尽管我们无论如何都要从它上面跳下去，但我还是想要牢靠一点。

我们是第三组登上那架比较大的双发涡桨飞机的游客，意味着我们要在机库里等一个小时。我历数午饭备选餐厅，还有下午剩下的时间里要干点什么，主要是为了分散艾伦的注意力，但也有一部分自私因素。出于显而易见的原因，我们都还没吃饭。

轮到我们的时候，我双手交叉，默念祈祷，朝艾伦露出一个傻笑，然后率先登上了飞机。其他 7 名顾客都是第一次跳伞，他们加上各自的教练塞满了飞机，全都挤在硬泡沫长凳上，长凳长大约 20 英尺（约合 6.1 米），从机身的一头延伸到另一头。最后一个上来的人几乎还没坐稳，飞机就开始滑行了——没有起飞前的安全说明，也没跟我们念叨氧气面罩的事。我们向东迎风而行，让最多的气流通过机翼，这样能加大升力。

我跨坐在窄窄巴巴的凳子上，面前的教练开始将安全钩固定到从我的装具垂下来的金属环上。肩带也扣紧了。我从舷窗往外看，下方的郁郁葱葱褪为了淡淡的蓝色。邻近的海岸线在 10 点多的太阳下泛着微光，地球曲率变得清晰可见。

"那是卡纳维尔角吗？"我后仰着脑袋对教练喊道，狂风吞没了我说出的话。振动的机舱发出嗡嗡的声音，它与广袤空旷的大气之间只隔着一扇脆弱的有机玻璃门。我估计我们在不到七八分钟时间里攀升了大约 3 英里（约合 4.8 千米）。

飞机朝机场方向往西绕圈。一声狂啸突然充斥机舱，我的耳朵都不好使了：一名教练把波纹有机玻璃门拉了起来。

"护目镜！"教练拍着我的肩膀喊道。到时间了。

两名跳伞者和各自的教练一马当先，然后就轮到我了。我交叉双臂，蹲在飞机边缘有三四秒钟，露出了微笑。接着，背对着和我绑在一起的教练就跃入了稀薄的大气。

安宁感瞬间压倒了我——那是一种奇特的镇静，来自完全交出掌控权。加速度很大，我却察觉不到，这和过山车或者飞机起飞不一样。几秒钟内，我便以大约每小时 120 英里（约合 193.1 千米）的终端速度向地面俯冲。从左耳延伸到右耳的笑容僵在了我那被空气压扁的脸上。

要是没有空气阻力，我们会继续以每秒 22 英里（约合 35.4 千米）的加速度下落，直到拍在地面上。幸亏地球有大气层。重力把我们往下拉，而随着速度增加的空气阻力会阻止我们继续加速，当两者恰好相互抵消时，就会达到终端速度。

风很大，尽管空气本身不动，但我们正在穿过空气。想象你在高速公路上把脑袋探出车窗，然后把那种感觉放大 5 倍。大风足以将我的脸拍扁成哈巴狗那样，就像有 3 级飓风迎面而来一样。

空气涌入鼻腔的速度快到了让我有呛水的感觉。即便这个高度的大气质量只有地表的三分之二，但进入我身体里的空气还是很多。空气是干燥而凛冽的，我的嘴唇很快就冻裂了。

在这种体验中沉浸了大约 20 秒之后，我抬起头环视周遭。我看见右边海岸外有一片陆地：两条跑道相隔大约 1 英里（约合 1.6 千米），周围是一排铺装地面，两侧是金属房子。我估计每块地都有足球场那么大，尽管看起来像蚂蚁一样袖珍。等等，**那是美国国家航空航天局！我心想，肯尼迪航天中心！**

我的注意力转向笼罩着我的致聋寂静。没有飞机或鸟虫声，也没有人说话，但我听到了**一些东西**。我意识到那是一阵回旋的嗡鸣，越来越尖，越来越响。

我一贯是个"理科宅"，在自由落体期间绞尽脑汁。我很快得出结论，那是涡旋脱落的产物——不可见的微型旋风正从我的脸和耳旁吹过。风吹得电线沙沙作响，还有在州际公路上，你的车跟在18轮大货车后面时会前后摇摆，都是同样的原因。速度越快，声调越高。

我突然大笑起来。**我成了探空仪**，我心想着，被自己的气象学笑话逗乐了。探空仪的运动方向和气象气球的相反，它是被从飞机抛向地面的小型仪器，降落途中探测大气状况。测量指标以温度、湿度、风速和气压为主。在无限制下落的过程中，我心里都在记录这些数据点。

大约在同一时间，我注意到空气变热了。地面附近气压会增大，因为地面附近的空气会被上方大气的重量所挤压。这就是气象学家所说的"流体静力平衡"。地面附近的空气被压缩，又与地表接触，于是温度就会升高。

当降落伞在4 500英尺（合1 371.6米）左右展开时，一道猛烈的上升气流打断了我的气象学白日梦。我们一下子脱离了失重状态。我那时才意识到，我们真是在高空中啊。我紧了紧装具上的绑带。我能看见下面的机场，相同高度上还有另两名跳伞者及其教练，他们正像羽毛一样滑翔。

过程一开始很顺滑，但很快就出现了些许颠簸——我们正在穿过大气边界层。它的一侧是能"感觉"到大气表面摩擦效应的最低端，另一侧是大气的其余部分，在它周围构成了一个空气流动更自由的壳。

随着我们靠近地面，滑翔过程逐渐变得平稳，尽管偶尔会被上升的热气流顶一下。优秀的跳伞者有时可以乘上这些狭窄的上升气柱，像猛禽一样悬浮。

我短暂考虑过学乌鸦叫"哑！哑！"，但艾伦太远了，听不见我的玩笑。教练会觉得我疯了。还是那句话，这是佛罗里达——什么都能飞上天。

我醒着的大部分时间都在思考大气，凝视大气，研究大气，夜里我还会梦到大气。这次我用"炸鱼式"跳水运动员的姿势穿过大气，我对它的广袤空旷有了新的认识。

跳下飞机才4分钟，我就在地上与艾伦闲聊，外加寻找我的墨镜了。但我依然在翱翔。我的头脑中有了一次新的信仰飞跃，而且与这次一样，我知道它会将我带上新的高度。

第二十八章 终于到"家"了

　　我在福克斯5台华盛顿特区分台上班的第一天是2021年6月22日，星期二。我前一天晚上刚刚从佛罗里达回来，只有爸妈和艾伦知道我的新工作。我不想让任何人看我第一次播天气预报，万一我搞砸了呢。

　　凯尔安排我在首次亮相前接受为期一周的培训，清晨时段的天气播报员迈克·托马斯（Mike Thomas）会教我使用图形系统。两年前在亚特兰大天气频道做暑期实习生的时候，我对电视气象图生成软件TruVu Max 有了一点了解。那次实习险些吓得我远离电视行业，雪上加霜的是，副台长管我叫"谢尔顿"，就是《生活大爆炸》里吉姆·帕森斯饰演的那个角色，她这可不是夸奖我。事实上，她根本不喜欢我的书呆子气质。我想福克斯5台会不一样。

　　"马修！"我星期二那天早晨6点到了台里，就听见迈克热情地喊我。我没见过他，但在推特上关注他已经挺久了。我把哈欠咽了回去，心想怎么有人连太阳都没起来，就能这么精神。他带我走进了一座乱糟糟的煤渣砖楼，沿着楼梯到了散发着霉味的地下室，里面堆满了箱子和旧地毯。我的思绪瞬间闪回了自己14岁那年去过的波士顿第五号频道电视台，都是一样的电器味和潮气。迈克解释说，他们台正准备搬到马里兰州贝塞斯达（Bethesda）的高科技新楼。

他的教学水平不亚于播报。我查资料发现他只比我大五六岁，这让我感觉自在了一点。另外，自从那次天气夏令营以来，这是我第一次完全和"技术宅"共事。没过多久，我们就讲起了自己最喜欢的中尺度大气结构。

迈克是两名晨间天气播报员之一。他对所有事物都有着富有感染力的热情，让我不禁想起拉布拉多犬。因为福克斯 5 台华盛顿特区分台不转播全国台的节目，所以每天上午都要做 7 个小时直播。迈克负责天气预报、气象图讲解和早晨 4~6 点的节目。负责上午 6~11 点节目的是塔克，塔克年纪比迈克大 20 岁，是电视台里的老人。

我之前看过塔克上节目。他不是那种喋喋不休、字正腔圆的典型天气播报员。他语气随和，像聊天一样，又有一种逍遥物外的智慧，向主持人抛出一个个俏皮话和题外话，嬉笑怒骂颇得观众喜爱。他浑身散发着自信。他显然是懂行的，却并不特别端着。我可以毫不犹豫地告诉你，福克斯 5 台华盛顿特区分台不是那种陈腐的传统电视台。

见塔克让我犯难。他很酷，而我肯定不酷。再说了，他的工龄比我的年龄还长。苏也一样，她从 1986 年就入职了，是台里名副其实的首席气象学家。我迫不及待地想见到她。从迈克和塔克讲的故事来看，她是台里深受爱戴的女主人。

* * *

"穿好上镜的衣服，预备快 10 点的时候到位。"保罗的短信里写道。8 天过去了，我对图形系统感觉良好，但我在绿幕前的演练还是有毛病。我知道真上镜了就是直播，但对着"空荡的观众席"装出真诚的样子还是让我觉得难堪。

尽管我傻头傻脑，但台里的 6 名全职气象播报员全都花时间教过我，针对我的讲话方式、台风和肢体语言给出了建议。我惊得目瞪口呆——换作其他几乎任何一个电视台，老员工都会痛恨新人闯入一个远远超出其能力范围的地方。不知怎的，这里不一样。他们想让我成功。我有一种感觉，保罗之前在电子邮件里说欢迎我加入"福克斯 5台大家庭"时并不是客套。真就是那种感觉：一个奇特的播报之家。

台里打算在 7 月 1 日的《特区上午好》节目里向观众介绍我。我被告知，我会在塔克播完天气预报后跟观众打一声招呼。显然，台里给我留了一个惊喜。

我到场的时候，塔克平淡地说："你做 10 点 15 分的天气预报。"

"什么?！"我答道，还以为他在开玩笑。他没开玩笑。

"这段快讯归你了，"他说，"来，编辑你的图像吧。"他对着天气中心的计算机示意道。

"我连今天的天气都没看呢！"我气愤地说。当时是上午 10 点 7分了，我刚刚得知自己要迈到绿幕前，而且那天有可能会发生恶劣天气。塔克看上去乐呵呵的。

"你会预报。"他笑着说，笑容里既有宽慰，也有狡黠。我内心深处知道他说得对。

现场导演凯伦递给我一台插话式对讲机，它能连到我的耳机上，让我能听到导播说话。我把颈挂式麦克风伸到衬衫里，接收器别在腰带上。

没什么大不了的，我心想着，皱了皱眉。

一个小时后，我又上了九类云。节目好极了！我介绍自己时磕磕绊绊，但一旦进入预报环节，我马上就进入状态了。那天下午看上去挺劲爆，给了我很多可以谈的东西，这一点也大有助益。我甚至提到了旋转雷暴。

《特区上午好》播完后，我在 11 点开车回家，11 点 30 分左右抵达了我位于弗吉尼亚州亚历山德里亚的公寓。我怀疑地看了一眼计算机模型，然后就上床午睡了。我看得出来，当时的气象条件不寻常。

福克斯 5 台华盛顿特区分台要求我当天下午回去一趟，在 4 点和 5 点的整点节目上短暂露面，还要到《不管你喜欢不喜欢》（Like It or Not）节目里面对 3 位主持人。这是一档大众文化评论节目，每晚 7~7 点半播出。那才是我害怕的东西。大气流体动力学是简单的，但与 3 位"卡戴珊式"主持人一起做节目，对我来说则难如登山。

根据高分辨率天气模拟图，66 号州际公路走廊沿线和华盛顿特区上空有大片风暴区域，下午会转移到 50 号国道。我猜模型显示的是某种停顿边界，尽管还比较模糊。单体风暴首先会在这里兴起，然后持续整晚。我决定早点回福克斯 5 台华盛顿特区分台，下午 3 点左右就回。

我在停车场停好车，拿起幸运蓝领带，在门口扫了工牌。**我不敢相信竟然成功了！**我心想。我蹦蹦跳跳地下了楼梯，跑到地下室后侧角落，取走双肩包。工作台有两个，其中一个坐着一位看上去大约 60 岁的女士，她身穿艳红色连衣裙，金色短发，双目炯炯有神。

"马修！"她说着站了起来，伸出双臂拥抱我。她就是苏。我笑着拥抱了她，介绍了我自己。

"终于见到你了，我好激动！"她说。

凯特琳是另一位晚间天气播报员，与苏轮流上镜。她正在楼上的演播室天气中心工作，为下午 4 点的节目做准备。苏要到下午 5 点才上节目，于是我们有时间聊会天。她问了我的每一次冒险，我们浏览了存在我电脑里的风暴追逐相册，重温了我在海外的狂野旅行，还讨论了我们在气象方面的经历。我们仿佛已经认识了许多年。我觉得这就是人人都喜欢苏的原因吧。她是一缕灿烂的人性之光。

我们不时瞄一眼桌面电脑显示器，在雷暴形成过程中监视着雷达。我的笔记本电脑上安装了高科技雷达可视化软件 GR2 Analyst。苏滑着办公椅过来看我的屏幕，问我是怎么想的。

苏刚刚问我怎么想？ 我心想。自从我 15 岁第一次出席气象学术会议以来，我从未有过这样的感觉。苏不是在装（她太真诚了，不会装）好人，她是真的感兴趣我对风暴的看法。她没有把我当成新兵蛋子，而是把我当作一个可信的同事。

"那道边界让我有点兴趣。"我对她说，分享了我对风暴可能会沿着它"蔓延"，并造成洪水暴发的忧虑。风场并不显山露水，但停滞的边界能够强化局部低层气旋，足以造成麻烦。我们知道这件事有凯特琳盯着，于是回去接着讨论苏刚出生的小孙女了。我看得出苏会成为一位了不起的祖母。

过了大约 10 分钟，华盛顿特区东侧不远处的一个单体风暴周围蹦出了一个红色方框。我在笔记本电脑上用 RadarScope 复核了一遍，确定那不是我的幻觉：龙卷风警报。

"龙卷风警报！"我急忙在椅子上坐直身体，对苏说道，声音比我预想中大了一点。

"咱们最好上楼去。"她说。**咱们**？我想，**对呀，我也在这里上班来着**。

我两步并作一步地奔上楼，苏过了一会儿也到了。凯特琳已经开播了，正在实时报道突发新闻。我在主持桌旁盖上笔记本电脑，准备目睹苏和凯特琳的实况表现。

"这是你的麦。"我身后有人小声对我说。是现场导演莫里斯，他递给我一个无线麦克风和插话式对讲机。我糊涂了。

"苏让你也上镜。"他说。我又惊又喜。首席气象学家（她曾谦虚地笑着告诉我，"我不是首席。我只是干晚班的苏"）让我跟她和凯特琳一起上镜，向观众讲解龙卷风警报。我感动得眼眶几乎要涌出泪水。苏走进演播室，朝说话说到一半的凯特琳点点头，又对我露出微笑。

"今天有一位新天气播报员加入了我们，他叫马修·卡普奇。"她说。我们3人在画外介绍雷达图，凯特琳负责移动在屏幕上转圈的雷达。"马修，你看到了什么？"

我的电视生涯刚开始五个半小时，而我已经在报道龙卷风警报了。几周以来，我一直开玩笑说自己上班第一天就会有龙卷风。大气实现了我的愿望。

"谢谢你，苏。"我说完就开始阐述之前引起我注意的现象。我提到，即将越过50号国道切萨皮克湾大桥的风暴正转向外流主导。这意味着会有时速高达70英里（约合112.6千米）的强烈阵风，但龙卷风威胁较低。我看得出苏重视我提出的看法。我们继续在镜头前讲了半个小时，直到安妮·阿伦德尔县的警报结束。那真是令人振奋。

接下来的几个小时相对平静。播完下午4点45分的日常快讯，客串完讨论潮流新闻的《不管你喜不喜欢》，我解开领带，摘下了麦克风。**第一天收工。**

台里的首席主持人吉姆·洛考伊（Jim Lokay）请我出去吃饭，纪念我第一天上镜结束。我在华盛顿生活期间通过推特结识了他，但我们的轨迹其实在我高三那年就有过交叉，当时我去参观了 5 台波士顿分台。他当时在那里工作。他的星光太耀眼，我那时没敢跟他打招呼或者介绍自己。显然，9 年后我还要重来一遍。我依然感到紧张。

吉姆让我开车跟着他去了克莱德酒吧，它和电视台在同一条街上，相距大约半英里（约合 804.7 米）。饭快吃完的时候，他说不好意思，有封邮件要回。我趁此机会查看了手机上的雷达数据。我一上来就意识到，我们正处于重度雷暴警报的范围内。一场危险的风暴再过几分钟就会抵达我们所在的位置。

"我们大概得赶紧离开这里了，否则就成落汤鸡了。"我告诉吉姆。他结了账，我谢过他，然后便分道扬镳。吉姆回台里主持晚上 10 点的新闻节目，我则要在度过成功的一天后回公寓休息。

我沿着贝塞斯达市威斯康星大道行驶时，天色就不对劲了。当时是晚上 8 点 30 分，黄昏早已降临，但闪电像闪光灯一样闪个不停，在树木、路灯和交通指示牌后方投下时隐时现的影子。充斥着电荷的雷暴到家门口了。当我在红灯前缓缓停下汽车时，我点开了手机上的 RadarScope 应用图标。

我刚看到雷达图就愣了一下：风暴内出现了一片不祥的紫色，已经成了拐角形状。它周围有一个细长的红框，指向华盛顿市中心。**红框？** 我心想。龙卷风警报。又有一场风暴在边界外酝酿。

福克斯 5 台华盛顿特区分台就在一个街区外，虽然我早就下班了，但这是美国首都多年来第一次成为龙卷雷暴的直接目标。我像飞出地狱的蝙蝠一样向电视台疾驰。到了以后，我一边停车，一边扎紧领带，接着冲了进去。我刚到门口，第一轮大雨就伴着浓雾到来了。

闯进演播室的时候，我能看见苏和凯特琳已经进场了，准备录制预定的节目。她们的实时报道经验极其丰富。我快速瞥了一眼新的雷达扫描图，在环流线上发现了一个经典的准线性对流系统（QCLS）拐点。我知道龙卷风就要产生了。

像之前一样，现场导演递给我一个麦，我还戴着上一次的耳机。我朝苏看去，她迎上了我的眼神，微笑着点头。凯特琳正在背诵风暴途经的城镇名单，这个风暴刚刚诱生了一场 EF2 级龙卷风。

我撸起袖子，悠闲地走向绿幕，等着我上场的信号。天气图看上去像一层危险的油膜。

"马修回来了，感谢他加班陪伴我们，"苏对着镜头说，"马修，你看到了什么？"

十年来，我一直对一个从未去过的地方怀着乡愁。现在，我觉得这就是我注定要来的地方。

终于到"家"了，我心想。

第二十九章　自家后院

花了差不多一个月，但到了 2021 年 8 月初，我已经在福克斯 5 台华盛顿特区分台如履平地了。我适应了出镜，与各位主持人形成了默契，而且终于念熟了各档节目的报幕词。我还有很大的精进空间，但我的冒充者综合征已经开始减退了。

每过一天，我就更加意识到保罗和凯尔与传统电视台老板截然相反。根据其他地方的同事告诉我的说法，我本来心里形成了一套新闻部主任的典型印象：性格固执，事必躬亲。保罗和凯尔就不一样了，他们走的是随和的甩手掌柜路线。事实上，整个台似乎都是如此。与我的预期相悖的是，从来没有人试图压抑我的极客本性，反而对此采取拥抱和宣扬的态度。

福克斯 5 台特区分台创意服务部组织为气象部拍摄了一部宣传片，也就是 15 秒的广告。他们给片子起了个绰号"翻译家"，而且令我惊讶的是，我被邀请出镜了。我从来没听说过编外人员进宣传片，之前也确实没有。

"这对你在福克斯的前程是个好兆头。"苏在短信里写道。

创意服务部选择走戏谑路线。先是晨间节目的头牌主持人珍妮特请我做天气预报，然后我就用各种黑话和行话轰炸她，比如"欧米伽"

和"涡度"。

"塔克？"她明显一头雾水地问道。

"要下雨了，珍妮特。"他直白地解释道，连眼都没有离开电脑显示器。

"跟我说的一样嘛。"我闷闷不乐地嘟囔道，然后迈克出现在屏幕上，安慰我犯的新手错误。成片效果搞笑，播放量挺大。**我猜"上头"确实喜欢我吧**，我心想。

那年夏天还有两次龙卷风警报，我当时碰巧都在电视台里。一次是 7 月 29 日，弗吉尼亚州弗雷德里克斯堡（Fredericksburg）附近落下了网球大小的冰雹。我那天本来是放假，但凯尔让我穿好正装，过去录节目。苏、凯特琳和我联袂进行了全程报道，我在直播中剖析了风暴的三体散射长钉和相关系数特征。我在 8 月 18 日又报道了一场马里兰州"锅柄"地带的龙卷风警报，之后我看得出来保罗和凯尔都知道龙卷风非我莫属了。

我仍然在为《华盛顿邮报》工作，最近还开始给 MyRadar 制作视频。MyRadar 是一款热度极高的移动天气应用，月度活跃用户有 1 400 万。这家公司的首席执行官安迪·格林一年前就跟我聊过合作，但我当时还是《华盛顿邮报》的全职员工，意味着干私活要受到规章制度的约束。幸运的是，新合同让我获得了不受束缚的自由身，MyRadar 是我的另一个机会。目前，我同时为电视、广播、纸媒和移动应用打工。

安迪是一个童心未泯的天才，我有多爱天气，他就多爱科技。他的公司在奥兰多，是一座奉献给他的热爱的圣殿：办公室角落里摆着一台 R2D2 机器人的复制品，大厅展示着一台 1987 年的初代苹果电脑。

这是电子游戏玩家的天堂。户外停车场里有一辆 MyRadar 的派对巴士，接待室的咖啡桌里装满了沙子。桌子由一颗弹珠雕刻而成，弹珠的动力则来自多枚隐藏的磁铁。见了第一面后，我就想，**有朝一日我也想成为他这样的人。**

早在几十年前，安迪就是罗得岛州首批互联网服务供应商之一，建立了自己的商业帝国，之后又投身到新的事业中，其中就有创办MyRadar。这只是他的游戏之作，却呈现出野火燎原的势头。没过多久，他便聚集起一个 30 人的团队。他在 Slack 上给自己的职位描述是"秃头老板"[1]。他经常穿着松松垮垮的背心露出微笑。

尽管安迪起初想让我去佛罗里达，但我跟他讲我在首都有家的感觉，于是他就决定让我远程办公。毕竟，我的冒险伙伴也住在那里。再说了，我是不会离开福克斯 5 台华盛顿特区分台的。目前我们还在磨合期，我追踪风暴，制作气象解说视频，然后把片子发给奥兰多办公室的剪辑人员。

8 月底，我为 MyRadar 追踪飓风"亨利"，都追进了康涅狄格州，但飓风最后到了长岛东北部以后就减弱了。除了时速 60 英里（约合96.6 千米）的阵风以外，我这一趟没什么好展示的东西。8 月 26 日，飓风"艾达"在大开曼岛以南形成，给了我一个补偿的机会——每一个气象学家都知道，它会惹出大麻烦。

飓风"艾达"正向墨西哥湾沿岸移动，那里的上层高压会增强飓风的高层流出。墨西哥湾中还有一个水温接近 90 华氏度（约合 32.2摄氏度）的暖流。就连最保守的天气模型都认为，飓风"艾达"迅速

1　出自美国职场主题漫画《呆伯特》（*Dilbert*）。同名工程师男主角的上司，爱画大饼，有一种不切实际的冒险精神。

加强的概率是平常的 5~10 倍。一头凶兽正直指着路易斯安那。

尽管 MyRadar 愿意报销差旅费，而且飓风"艾达"预测将达到 5 级强度，但我无法动身追逐——我 8 月 27 日周五必须在福克斯 5 台华盛顿特区分台录周末晚间节目，8 月 28 日和 29 日也一样。

这是我第一次连上三天班，其间我做了一件不同寻常的事，那就是提前 6 天提到了大西洋沿岸中部发生龙卷风和洪水的可能性。飓风"艾达"的余威将会波及阿巴拉契亚山脉，而且我的直觉告诉我，这次和之前的风暴不一样。

"在大西洋沿岸中部地区，有一件事是我们必须关注的……下周周中到周末可能会有强降水和多场龙卷风。"我在推特上写道。在我的要求下，福克斯 5 台特区分台在未来 7 日天气预报里给 9 月 1 日星期三加上了凶狠的雷暴图标。**我是真的要担责任了**，我心想。

周日晚上，我怀着敬畏的心情看着卫星图，飓风"艾达"那黑色的、空洞的飓风眼正盘旋着向密西西比河三角洲移动，我同时向华盛顿观众解释道，风暴变强的速度达到了迅速加强标准的 3 倍。路易斯安那州弗俄川港（Port Fourchon）刚刚报告发生了时速 172 英里（约合 276.8 千米）的狂风，新奥尔良市域大部停电。我内心有一种错过大事件的强烈感觉，但私底下又松了一口气，因为我安全地坐在电视演播室里，与食人巨兽般的风暴相隔 1 000 英里（约合 1 609.3 千米）。

8 月 29 日晚间 11 点的新闻结束后，我开车回家时是纯粹地耗尽了力气。那是我第二次一天连续工作 14 个小时。我要写实时更新文件，还要参与《华盛顿邮报》的风暴报道；我要为 MyRadar 作图，写推文，制作解说视频；还要接国际电视和广播平台的电话。我忙得连轴转。但是，更漫长的日子还在后头。

到了 8 月 30 日，媒体已经了解了美国南方腹地各州遭受的损失规模，这意味着我的手机响个不停。我仍然在为《华盛顿邮报》和 MyRadar 全力工作，但我已经事实上成为多家媒体的美国气象通讯员，比如德国之声、天空新闻阿拉伯语频道、加拿大电视台和 BBC 全球新闻。我很高兴——毕竟，我拍的每段 4 分钟快讯都能赚 80~200 美元，但要跟上不同时区的节奏让我精疲力竭。我考虑过早晨 1 点、2 点、3 点、5 点和 7 点各起一次床，还要穿着平时上班用的熨平衬衫睡觉。

福克斯 5 台华盛顿特区分台预定在 9 月 1 日星期三再拍一组宣传资料，这一次是照片形式。我前一天晚上给凯尔发了邮件，向他说明了严重天气的威胁，并暗示我拍完宣传照片再工作。他如实告诉我，他们不需要我，所有气象播报员那天都会去拍宣传照，没道理让一个编外人员去播报。我对这个决定感到不悦，但也能理解。

* * *

星期三的早晨来得很早，确切来说是凌晨 2 点。**今天是国庆节（7月 4 日）吗？** 我昏昏沉沉地想着。我家窗外闪电打个不停，还有一对超级单体雷暴正乘上暖锋，旋转着进入了华盛顿都会区。我在死寂的夜晚看着雷达，不可置信地想道，**看上去快成龙卷风了**。但两个风暴还裹在雨中。如果超级单体在凌晨 2 点发动的话，那只要想一想下午 2 点会发生什么，就令我不寒而栗。

早晨 6 点半我起来给《华盛顿邮报》写稿子，总共写了两篇短文，其中一篇是关于华盛顿地区下午的龙卷风威胁。我感觉自己像是"那段时间"的大平原地区天气预报员。我起床时依然疲倦，知道接下来的一天要工作 18~20 个小时。我的头脑似乎在说，**我知道你喜欢这样**。

我写的另一篇文章主题是美国东北地区发生雨灾的倾向。飓风"艾达"的水汽会沿着冷锋汇集，冷锋会将空气中含有的水汽吸出来，就像拧干湿抹布一样。这一冷锋也会引发恶劣天气，目前它停滞不动，与 95 号州际公路平行。你绝对不想见到这种景象。

写完两篇文章，做完几段广播采访后，我一边熨平正装，一边创建了个推特聊天室，与 MyRadar 回顾影响力巨大的预报。正聊到一半，我收到蒙哥马利县学区主管办公室的一条信息。他们正要决定是否要赶在下午龙卷风威胁之前提前放学。我给出了自己的建议，并赞扬了他们的远见。我冲进大雨时还在研究气象图，进行中尺度分析。

下午 12 点 30 分左右，我来到了福克斯 5 台华盛顿特区分台，比轮到我拍宣传照的时间早了一个半小时。我感觉他们会早早用得着我。阳光从片片低层云之间穿透出来。空气已经是温暖而潮湿的了——阳光会促使一些大的不稳定因素产生。

我进楼之前，塔克和迈克就已经在播报当天的第一次龙卷风警报了。警报地点在华盛顿特区以南 80 英里（约合 128.7 千米）外，位于本台收视范围的南侧边缘，但这是有事情要发生的迹象。我扎好领带，化好妆，接着悠闲地走进了凯尔的办公室。

"你们需不需要多个人手呀？"我笑着问道。

"我们这边的气象学家已经太多了。"他重申了在电子邮件里表达的观点。我皱起眉，点了点头。我知道他不是针对我，但我的感觉就像刚刚上了替补席的球员。**我是龙卷风专家！**我用别人听不见的声音嘟囔道。我耷拉着肩膀走进了休息室，看我能不能早点拍照。

"你知不知道凯特琳来了没有？"摄影师问我，"轮到她了。"他坐在椅子上，用大拇指划着翻阅给其他出镜员工拍的照片。

"她在演播室里报道龙卷风警报呢，"我说，"现在先给我拍可以吗？"我从搁着雨伞的金属伞架、反光板和外部闪光灯前走过，来到白色背景板前面摆好姿势。20分钟后，我冲出门去，手里攥着一个弯曲的金属衣架和团成一球的白色纽扣领衬衫，脸上的妆已经花了一半，破烂运动鞋的鞋带没有系，无拘无束地飞扬着。

我一边在车流里闪展腾挪，一边给 MyRadar 的首席气象学家发短信："你们今天要追风吗？"我没有等的时间。对方答道："好啊！"MyRadar 愿意为我支付与福克斯 5 台华盛顿特区分台对等的时薪。我决心要给某一家做龙卷风报道。我有一种奇怪的感觉，很快就会有人用得到我。

我蹦跳着下楼梯去停车场，同时打开手机上的 MyRadar 应用，浏览地表地图。**我一定要去安妮·阿伦德尔县**，我心想。华盛顿东边的气温要高一两度，而我南边正有一批气旋风暴在壮大过程中。切萨皮克湾的温暖海水也会提高龙卷风出现的概率。空气会更不稳定，云底也会更低。

现在是下午 1 点 30 分，云层遮盖了天空。我在阵阵狂风中去华盛顿环路，其间每隔两分钟就会下一场大雨。正当我在来回变道，确信自己选择了最快路线时，我的电话响了。华盛顿的司机们可没有应对瓢泼大雨的素养。

"你好啊，马修，我是格温。"格温是周末晨间天气节目的播报员，她曾悉心教导我，就像父母对待自己的孩子一样。她严格、耐心、要求高，而且和善。我从第一天上班后就再没见过她。

"好啊，格温！什么事呀？"我热情地问她。尽管我全身心进入了龙卷风模式，但还是很想了解她的近况。

"你在台里吗？"她问我，"我要去之后可能会成灾的地方。你有什么想法吗？"我建议她朝鲍伊市的方向去，而且要做好动身的准备。我的东进之心越发迫切，面前的车流却似乎慢了下来。

我总算上了50号国道，向着安纳波利斯（Annapolis）狂奔。天空是泛灰的黄色。现在雷达显示，在我东南偏南方向约15英里（约合24.2千米）外有一片强烈但弥散的气旋区域。我想要赶到它的东侧，以防它进一步加强。

气旋区在我南侧10英里（约合16.1千米）外开始收缩。它快来了。如果我不赶快下高速的话，结果就是在路上遭遇中尺度气旋。我前面的车已经慢到了爬行的速度。我们正承受着来自环流东北部的大雨。

下午2点10分，雨戛然而止，我距离高速出口还有3英里（约合4.8千米）。我头上是一团漆黑的云，它划出一道大大的弧线，一直延伸到我南边。我经过路右边的一片林间空地，然后扭过头看——一道黑柱连通了云与大地。我慌忙拨电话给格温。我没有时间质疑我目睹的荒谬场面了。

"安纳波利斯附近有圆锥状龙卷风，"我上气不接下气地说，"它接地了。"我倏地挂了电话，下了高速出口。3分钟后，我已经在去美国海军陆战队战争纪念馆的路上了。

我要跑上露天看台吗？我心想。龙卷风在我西边2英里（约合3.2千米）外，但我看不见它隐没在林木线下方的底端凹凸不平的柱状云墙形似一个无定形的圆筒，正旋转着穿过森林。我停下车，跳到车篷上，以便获得更好的视野，同时给迈克和塔克发短信说"有接地龙卷风"，然后给MyRadar拍了一段推特视频。

"我可以告诉你，这很可能就是了！"我对着手机大喊，操着一股不符合我平常作风的庄重语调，"埃奇沃特，环流正在你们上方，**就是现在**。安纳波利斯，所有人都要进避难所，**就是现在**。""安纳波利斯可能有龙卷风！"我在字幕里写道。

我在思考下一步要怎么走，一分钟感觉就像永恒那么久。我正在目睹历史性事件，必须尽可能占据最有利的位置。我对当地情况不熟，于是决定再次沿着罗伊大道（Rowe Boulevard）往西北疾驰，朝高速公路前进。我诅咒了顽固阻碍我前进的红绿灯。在我右边，一位母亲带着年幼的儿子若无其事地走进了一家口腔正畸诊所。**他们难道不知道现在出什么事了吗**?！我心想。

我路过了左侧的一座教堂和一座球形水塔，再加上风中盘旋的翠绿树叶，这场面让我想起了自己游历密西西比州和亚拉巴马州的经历。机动车道旁是一条漂亮的铺砖人行道。我在超车道上。

当我靠近维姆斯溪（Weems Creek）上手工修建的豪华桥梁时，我的目光锁定在了前方的水泥路上。我右边的帆船一动不动，拒绝承认微风的存在。我左边是一道翻滚的灰色烟柱，它正在吞没植被。

等一下，我心想。我拐向左边，简直不敢相信自己看到的东西——是龙卷风，我离它不到 800 英尺（合 243.83 米）。它和马路上的我平行移动。我拿起手机，开始拍摄窗外的场面，尖叫着："龙卷风，位置，马里兰州安纳波利斯！"这和我的预测完全一致，同时也完全出乎我的意料。

我只有几分之一秒的时间做决定。我是应该继续开？在路中间停下？还是靠边停车？龙卷风即将穿过我前面的路。我左边是一片树丛，也没有紧急避险车道或者路肩可以停靠。我先是加速，然后在一条没有车的转弯车道踩刹车，停好后迅速下车。

"停下！"我对着无意间驶入环流的车大喊。天上飘下来一团树叶，像是下了一场不正常的雪，里面还有碎铁片和隔热泡沫。这是一种超自然的美，风暴云那毁天灭地的触手似乎因为签署了和平条约而改头换面。缕缕阳光透过凶相毕露的天空的缝隙，倾泻而下。片片草木像羽毛一样滑过空气，扫过阳光时发出阵阵闪烁。大气在努力引诱我靠近。

在我西北方向 200 英尺（合 60.96 米）外的地方，浓雾吞没了马路，一团团凝结的水汽正迅速升上天空。侧后下沉气流将东南面笼罩在了冷空气中，雨水像从浇花软管里出来似的朝我喷来。刹车灯在写着"50号国道"的绿色出口标志牌下方亮着，当时是下午 2 点 23 分。龙卷风似乎要走了。我查看了驶来方向的车，钻进自己的车里，准备再次出发了。"安纳波利斯发生龙卷风！"我发了一条推特，标签 MyRadar。

我注意到自己又呼吸急促了，于是笑出了声。**也就是我吧**，我想。一个小时前，我还身着正装和领带，坐在舒适的电视演播室里；现在，我浑身都是碎树叶，被雨水和汗水浸透，还在泡了水的车座上扭来扭去。**这就是我的天然栖息地**，我心想。我没有典型新闻播报员的假笑和老套表情。我是天生的天气迷，正做着我天生应该做的事情。我需要毛巾，还得好好冲个澡。

我再次开导航上了高速，向东驶过切萨皮克湾大桥，不时瞥一眼雷达。我的手机响了，是凯尔。

"马修，我们需要那段视频。"他说。他肯定已经在推特上看到了。

"等我向 MyRadar 申请一下。"我说。凯尔马上挂断了，他和我一样进入了工作模式。在开车越过切萨皮克湾期间，我让 Siri 打了几个电话，眼看着滚滚风暴云朝我的东北方向退去。龙卷风抬升15分钟内，MyRadar 就授权福克斯5台华盛顿特区分台播出那段视频了，贾森也把视频插进了《华盛顿邮报》的文章里。看到我的所有雇主像一架充分润滑的机器一样合作，我很高兴。

我意识到追不上风暴了，再说它本来也在减弱了，于是我就在切萨皮克湾东岸寻找出口掉头。冥冥中我觉得会有大量灾害状况需要报道。当我汇入高速公路的西行车道时，手机又响了。这一次是马特·加夫尼（Matt Gaffney），福克斯5台华盛顿特区分台的午后档执行制作人。显然，5台终究还是需要我。他把我接上了实况连线。我上镜后几秒钟，苏和凯特琳的声音就从没开免提的手机听筒中传了出来。

"看哪！"苏喘着粗气说，她之前没看我的视频，直到它下午2点44分上电视才看见；凯特琳同样吃惊。

"我已经开始向北行驶了，这时漏斗云很快地下探，迅速收缩……"我解释道。我正在开车，努力跟随导航，但这并没有阻止我猜测电视可能在播出什么内容，还做了半个小时的实况龙卷风播报。"我可以确定它的接地时间至少有12分钟，"我一边说，一边查看第一次从高速公路上目击圆锥形漏斗云时的时间戳，"这不是普通的龙卷风。"

最后，我总算下了高速，驶入公路旁的一条土路，在那里打开MyRadar 应用，开启"超高清速度图"，然后剖析我上播期间看到的东西。**我是龙卷风专家**，我像胜利者一样想着。

上播半个小时后，马特·加夫尼又打来电话，他想让我留在这里报道受灾情况。

"你们给我配团队吗？"我问道。

"给配，但再有 40 分钟就要开播了，"他说，"团队要下午 5 点 30 分才能到。你能上 Skype 吗？"

"没问题，"我说，"不过我身上是运动短裤和湿 T 恤衫。你们有福克斯台衫或者什么的给我吗？"

"没事，"他答道，"我们很高兴你在那边。"我笑了，尽管他看不见我。

我回想起了几分钟前。苏提到西街遭到破坏，于是我就把导航目的地定在了那里。我点开了谷歌地图的"交通"图层，查看有没有封路。这有助于我找到龙卷风真正袭击的位置。

到了下午 3 点 20 分，我已经深陷其中。龙卷风已经越过了安纳波利斯的大动脉西街，而且看样子力道很强。一家温迪快餐厅和汉堡王遭受重创。据警方报告，太阳与大地天然食品商店出现漏油事故。一家民族特色杂货铺的房顶不翼而飞，相邻的珀罗街有多处住宅大部被毁。我估计破坏程度至少是 EF2 级的下限。

路上拉起了警戒线，空气中充斥着电锯、对讲机和重型机械的声音。消防车停在我旁边的路上。我看着像是一个拿着手机的大学生，但其实正准备为一家主要市场的电视台做特别报道。太阳又出来了。树叶覆盖了相邻的埃克森加油站，仿佛涂了一层灰泥。我看得出来，涡旋之前就在南面不远的地方。

加夫尼给我发了 Zoom 链接。下午 3 点半，我就在连线讲述自己的经历了，两位午后档主持人罗伯和安吉真心受到了震撼。我仍然无法相信先前发生的事——华盛顿特区，或者说东海岸都没有一名电视天气播报员现场报道过本区内的龙卷风，就我所知是这样。我希望能引起管理层的重视。

我想到我赶不上晚上 6 点的约饭了。我本来要见帕特里克，他是我的朋友，最近刚从霍普金斯大学毕业，目前在华盛顿特区的一所私立高中教数学。艾伦和我的另一个朋友苏海勒都有事。

"嗨……这个……我进龙卷风里了，"我下午 4 点 18 分给他发短信，在阳光下眯着眼，湿漉漉的地面反射着过剩的阳光，"我晚点到行吗？"

"妈呀，你是在城市上空打着旋跟我聊天吗？"帕特里克答道，显然他是以为我在开玩笑。我没说话，而是给他发了段视频。

"保证安全。"下一条短信写道。

我下午 4 点、5 点和 6 点都在西街做报道。摄影师罗伯 5 点 30 分到了，我之前从没见过他。我当时已经冷得发抖，身上还是湿的，泡在汗水和雨水里。冷空气吹向锋面后侧。他给我带了一瓶水，还让我坐上他车里的暖和座位。我欣然应允。

晚上 7 点左右，我们往西走过一个街区，来到一个一片狼藉的地块。不知怎么，龙卷风漏过了不到 100 英尺（合 30.48 米）外的沃尔特·S. 米尔斯－珀罗小学。学校草坪上的蒲公英仿佛在无忧无虑地反唇相讥。

在录制电视节目的间隙，我为 MyRadar 拍摄视频，报告情况，然后在晚上 8 点连线讨论之前发生的事情。广播快讯也纷纷涌来，我的视频在社交媒体四处传播，收获了超过 25 万播放量。9 点 30 分，我在福克斯费城台做了直播报道。当时纽约市已经被淹了。

正如我预测的那样，极端降水发生在冷锋沿线。纽瓦克国际机场 1 小时内的降水量达到了 3.24 英寸（约合 82.3 毫米），纽约中央公园的是 3.15 英寸（约合 80 毫米）。这两个数字都刷新了当地的 1 小时降水纪录，纽瓦克迎来了有记录以来的最大（近 8 英寸，合 203.2 毫米）降水量。那时我就知道东北部严重受灾，但我不知道那天晚上会有 40 多人死于洪水。

来自热带的飓风"艾达"余威所过之处，南方各州、大西洋沿岸中部地区、新英格兰共遭受 35 次龙卷风，其中新泽西州马利卡希尔（Mullica Hill）有过一次 EF3 级龙卷风。那是花园州[1] 自 1990 年以来的最强龙卷风。

"11 点 40~11 点 55 可以吗？"我晚上 9 点给帕特里克发短信，"我要上 10~11 点的新闻节目。如果我到时候闻着一股雨味，看着像个死人的话，这里提前向你道歉。"

我从凌晨 1 点到现在就没睡过觉，再加上一天的情绪消耗、精力消耗巨大，但肾上腺素支撑着我。话虽如此，我还是需要吃饭和减压的机会。我们决定在阿灵顿的水晶市体育酒吧碰面，那家店开到凌晨 2 点。

等到晚上 11 点新闻开播的时候，我已经记不起自己是谁，自己见过什么了，但我的播报还是干净利落，富有权威感。就在我快要上台前，安纳波利斯警察局的一名警官来到我和罗伯坐着的车旁，敲了敲车门，递给我们一块热比萨。这个体贴的举动让我眼睛湿润了。

晚上 11 点 30 分，我开车回华盛顿的时候，电话响了，是住在科德角的我爸妈。他们被电话里的龙卷风警报吵醒了。我连上雷达，向他们介绍了最新情况。

我在午夜时分走进体育酒吧，帕特里克已经在等我了。

1　花园州是新泽西州的别称。

"看样子你今天挺忙啊。"他坏笑着说。

"我凌晨2~4点还要上德国之声呢。"服务员过来时，我叹了口气。我点了炸薯球和比萨。（如果你从来没吃过炸薯球配比萨，那你可是亏了。）

我那天晚上总共睡了大约2小时50分钟。上午8点30分，我又来到福克斯5台特区分台。他们派我下午回安纳波利斯，继续报道龙卷风。我还在德国之声、BBC新闻和MSNBC（微软全国广播公司）节目亮了相。看来人人都想插一嘴。

我从来没这么累过，也从来没有这么快乐过。但最好的消息莫过于周五下午5点39分的一条短信，是保罗发来的。

"我想要你知道，我对你还有更大的安排。"他写道。下午6点35分，凯尔也发了一条类似的信息。

"我简单跟你说一下吧，你这周干得很棒，"短信里写道，"坚持继续干，大事很快就会来。很高兴你加入了我们的团队，马修。"

我微笑仰望，看着钴蓝色的空旷天空。

"谢谢你。"我小声说道。

第三十章　抬头仰望

与大多数有意义的事物一样,生命是短暂的,转瞬即逝的。地球存在已有 45 亿年,而人的生命最多不过百年。

大多数人都在荒废生命,随着更多人受制于隧道视角,冲向全然是虚构的里程碑。人生是现实版的电子游戏,有等级,有捷径,有陷阱,只不过是围绕积累各种有形之物展开的。有人整日和智能手机如胶似漆,有人封闭在缺乏真正价值的舒适路径上,或者沉溺于冲突对立和鸡毛蒜皮中,只为了让自己有事干。落入陷阱很容易,但改弦易辙从来不算晚。

按照我的经验,人生中最难忘的时刻是无法被规划、预料或复制的。它们源于一时兴起的决定,常常违背惯例或传统,往往是好奇心的产物。它们来自追寻隐藏在日常生活里的冒险。

这些冒险会鼓动某个人和你一起登上即将起飞的航班,或者让你妈妈挤上一辆双层巴士,身上只带着迷你玛芬蛋糕和放久了的比萨。它们会让你沉思自己存在的目的,同时又让你接受洗礼,可能是月球投下的阴影,也可能是在冰雪覆盖的阿拉斯加停车场里的一辆 U-Haul 货车里跟朋友摆甜甜圈造型。它们让你深夜逛沃尔玛找蛋糕吃,在货架之间笑得停不下来,或者让你在休息区一边听最爱的歌曲,一边狼吞虎咽打包的华夫屋食品。它们守护着你的耳朵，抵御附近刺耳的雷声轰鸣。

冒险可以发生在任何地方。有时是在机场，偶尔会在沙漠或者加油站，不时也会出现在宾果游戏厅。冒险没有时间表，也不局限于特定的路线或时区。冒险的高潮可能是凌晨 2 点造访的北极光，也可能是下午 2 点电视演播室里的突发新闻。

冒险并不总是轻而易举。事实上，最棒的冒险往往都不容易。冒险里有攀登陡峭的山坡，有让人心一沉的滑降，还有无数个不眠之夜。冒险可能需要你乘上一辆破破烂烂的小巴，车里有几个座位失踪了，于是你在一袋 30 磅（约合 13.6 千克）重的洋葱上坐了 6 个小时。一场好的冒险可能意味着要在国外飞奔穿过公交车站，或者更换碎掉的挡风玻璃。通常情况下，付出与收获对等。有些冒险可能会耗时数年。

冒险可能在最意料不到的时刻到来。在留给我印象最长久的风暴追逐中，有几次本来不是我积极追求的目标。冒险的形式可能是令人陶醉的日落，或者在南达科他州起雹雾的时候，一片薄雾笼罩了太阳。有时，一天中最棒的冒险是遇到一只在草原上漫游的叉角羚，而你没有开车压过去。我们很容易因为忽视而错失美妙的瞬间。生活每天都充满了简单的礼物。

最重要的冒险与他人有关，反映在一同大笑、专属笑话和"必须有你在"的场合。对的人可以让任何时刻变得特别。关键是找到这些人，让他们环绕在你周围。他们像 EF5 级龙卷风一样稀有。一旦拥有了他们，你就要竭尽全力留住。

我写这段话时，正昏昏沉沉地从智利阿塔卡马沙漠飞往巴塔哥尼亚。巴塔哥尼亚位于南美洲最南端，是一个动物、火山、冰山和潟湖保护区。我们刚刚飞越了佩里托莫雷诺冰川（Perito Moreno Glacier）（这是我遵循的另一条规矩——永远要靠窗坐）。我忙得都冒烟了。昨天晚上我基本就没睡觉，在著名的月亮谷里拍摄一年一度的双子座流星雨。流星雨有益灵魂。

归根到底，我想过抬头仰望的生活。我要学会欣赏和理解生活给予的美，要充分利用这些美的时刻。我的计划是，死的时候银行账户清零，护照盖满戳。

我的人生路径是反传统的，而且坦诚地讲，是怪异的。它将我引上了大多数人根本不会踏足的道路，但我喜欢独一无二。

多年后，我希望有属于自己的节目，核心就是不走寻常路，带着观众一起游历——向人们展示他们甚至不曾想象过的事物。我想向大众介绍新的文化，教他们科学知识，带他们体味真正不可思议的世界，大众认知范围之外的领域。我想要追逐新的地平线。

最后，我希望向人们强调一种意识：只要有合适的同伴和无畏的态度，每天都可以是一场冒险。有时，开启冒险只需要抬头仰望。